工程管理年刊 2018（总第 8 卷）

中国建筑学会工程管理研究分会
《工程管理年刊》编委会　编

中国建筑工业出版社

图书在版编目（CIP）数据

工程管理年刊. 2018：总第 8 卷/中国建筑学会工程管理研究分会，《工程管理年刊》编委会编. —北京：中国建筑工业出版社，2018.9

ISBN 978-7-112-22620-7

Ⅰ.①工… Ⅱ.①中… ②工… Ⅲ.①建筑工程-工程管理-中国-2018-年刊 Ⅳ.①TU71-54

中国版本图书馆 CIP 数据核字（2018）第 198414 号

责任编辑：赵晓菲　朱晓瑜
责任校对：李美娜

为适应我国信息化建设，扩大本刊及作者知识信息交流渠道，本刊已被《中国学术期刊网络出版总库》及 CNKI 系列数据库收录。如作者不同意文章被收录，请在来稿时向本刊声明，本刊将做适当处理。

本刊投稿邮箱：sunjunym@hust.edu.cn，欢迎广大工程管理专业人士踊跃投稿。

工程管理年刊 2018(总第 8 卷)

中国建筑学会工程管理研究分会
　　　　　　　　　　　　　　　　　　　编
《工程管理年刊》编委会

*

中国建筑工业出版社出版、发行（北京海淀三里河路 9 号）
各地新华书店、建筑书店经销
北京红光制版公司制版
大厂回族自治县正兴印务有限公司印刷

*

开本：880×1230 毫米　1/16　印张：13¾　字数：323 千字
2018 年 9 月第一版　　2018 年 9 月第一次印刷
定价：**45.00** 元
ISBN 978-7-112-22620-7
（32713）

《工程管理年刊》编委会

前　言

建筑业作为支柱产业，为国民经济和社会发展提供基础，其发展速度和规模已居世界前列。建筑业快速发展中面临着诸多问题和挑战，如建设工程安全质量管理理论与方法、全过程咨询模式、装配式建筑技术与管理、建筑企业竞争力与中国工程标准"走出去"等，特别是以 BIM 技术为代表的信息技术如何与建筑业深度融合，亟待通过创新推动和支持建筑业发展。工程管理研究分会秉持建筑业持续健康发展理念，跟踪建筑业改革与实践前沿问题，将"安全、绿色、数字"确定为今年《工程管理年刊》的主题，邀请专家学者就相关问题开展了研究探索。

哈尔滨工业大学梁化康等与东北林业大学苏义坤合作选取了发表在 Web of Science 核心集的 1172 篇建设工程安全管理相关文献为数据源，给出了建设工程安全管理领域研究的当前主要发展趋势，以及未来潜在的研究方向。中南大学的周楚姚等应用典型相关性分析方法对建筑业上市公司环境绩效与经营绩效之间存在正相关关系进行了实证研究。东南大学林艺馨等以土建承包商为研究对象，选取 ENR 2015～2017 三年数据，采用 BP 神经网络从国家和企业两个层面进行了竞争力预测和评价。

工程建设标准是国家工程技术实力的标志，中国企业"走出去"的步伐必然伴随着中国标准国际化的进程。华中科技大学的孙峻、雷坤等通过对"一带一路"沿线国家的城市轨道交通建设工程标准进行调研，提出了标准国际化的建议。中国建设工程造价管理协会的张兴旺重点研究了以投资控制为主线的全过程工程咨询工作模式，提出工程造价咨询企业开展全过程工程咨询业务的有效路径。大连理工大学的李忠富、蔡晋根据国内近年社会各界对装配式建筑的争论和异议声音，提出了对装配式建筑的一些认识、思考和建议。为解决当前房屋租赁市场之老旧小区改造的供给与需求矛盾，东南大学的朱诗尧、李德智提出老旧小区"租赁化改造"概念，并对其可行性、租赁模式以及所面临的挑战进行分析，认为老旧小区租赁化改造具有极大的发展空间。

英国诺丁汉特伦特大学的 Benachir Medjdoub 和华中科技大学的高寒等介绍了一种基于约束条件的优化设计方法来自动生成建筑物疏散口的最佳位置。英国诺丁汉特伦特大学周春艳和钟华对可持续绿色技术、被动式设计、人的使用行为方面开展案例研究，以提升中国历史性建筑的绿色改造效果。在工程项目管理中，精益建造被用于解决工作流程的低效问题。

诺丁汉特伦特大学的 Dr Vincent Hackett 等通过对澳大利亚西北部正在进行的液化天然气改造项目进行研究，描述了精益建造指导方针的发展。

上海建工集团的龚剑、房霆宸等结合上海迪士尼乐园工程的建设情况，阐述了数字化项目管理、数字化深化设计、数字化加工、数字化施工、数字化交付运维等方面的数字化技术研发与应用情况。华中科技大学的覃亚伟、谢定坤等将基于 BIM 的数字化管理平台应用于武汉杨泗港长江大桥项目，解决了传统的项目管理模式存在信息采集不全面，信息传递不迅速，信息展现不直观等问题。陕西建工集团有限公司的马小波、时炜等对超大型钢结构工程建造过程中的工厂化加工、机械化装配、文明化施工、信息化管理进行了研究与实践，论述了装配式钢结构的物联网管理技术、BIM 技术、信息化管理技术等数字建造手段的实施过程。北京城建道桥建设集团的刘长宇、李久林等以长安大桥工程为实例，详细论述了基于 BIM 的设计、深化设计、虚拟仿真、成品质量验收和虚拟预拼装等，解决了异形结构建筑的可建造性和精确建造的难题。陕西建工集团有限公司的宫平等以 BIM 作为载体，通过能耗管理、设备的智慧管理，实现中国西部科技创新港智慧学镇的理念。浙江省建工集团有限责任公司的吴飞等研究了群体建筑工程施工管理过程，从工程特点难点、集团化组织策划、集团化组织的效果亮点等三个方面对群体项目施工集团化组织的实践进行了总结。贵州攀特工程统筹技术信息研究所的任世贤揭示了 BIM 核心建模软件开发的内在逻辑及其基本功能。

浙江省建工集团有限责任公司的金睿等开发了结合智能安全帽的施工人员安全行为监测系统，并构建了工人安全行为绩效考核及奖惩机制。华中科技大学的郭谱等根据监测偏移、沉降数据评估由于渗漏造成的对施工项目、周边环境的影响程度，对新旧围护结构冷缝渗漏事件以及其相应处理措施进行了有效的综合风险控制分析。南宁轨道交通集团的莫志刚等基于 RAMS 体系规范，以地铁信号系统为例，构建了 RAMS 评价指标体系，建立了信号系统动态安全风险评估模型。

以上研究对于贯彻落实建筑业"创新、协调、绿色、开放、共享"的可持续发展理念具有积极意义，希望能够对促进建筑业持续健康发展发挥应有的作用。

目 录

Contents

前沿动态

行业发展

海外巡览

典型案例

前沿动态

Frontier & Trend

建设工程领域安全科学国际研究前沿

梁化康[1]　苏义坤[2]　张守健[1]

(1. 哈尔滨工业大学工程管理研究所，哈尔滨　150001；
2. 东北林业大学土木工程学院，哈尔滨　150001)

【摘　要】　目前，为保障施工作业人员安全，建设工程安全管理实践和体系已经成为建设工程利益相关方的重点关注问题。然而，仍然缺少能够系统展现建设工程安全管理研究主题结构和发展趋势的综述类研究。选取发表在 Web of Science 核心集的 1172 篇建设工程安全管理相关文献为数据源，本研究借助多方法对该领域的主要研究主题和趋势展开综合的文献计量研究。研究结果表明：目前建设工程安全管理领域涉及 7 类主要的研究主题和 28 类研究子主题；行为—驱动的建设工程安全管理处于该研究领域的核心位置；技术—驱动的建设工程安全管理代表该研究领域的前沿趋势。最后，本研究给出了建设工程安全管理领域研究的当前主要发展趋势，以及该领域未来潜在的研究方向，为该研究领域的研究和实践提供有意义的参考。

【关键词】　建设工程安全管理；研究前沿；文献计量；CiteSpace

Research Frontiers of Construction Safety Science

Liang Huakang[1]　Su Yikun[2]　Zhang Shoujian[1]

(1. Institute of Construction Management, Harbin Institute of Technology,
Harbin　150001;
2. Novtheast Foregtry University, School of Civil Engineering,
Harbin　150001)

【Abstract】　Recently, construction safety management (CSM) practices and systems have become important topics for stakeholders to take care of human resources. However, few studies have attempted to map the global research on CSM. In total, 1172 CSM-related papers from the Web of Science Core Collection database were examined. A comprehensive bibliometric review was conducted in this study based on multiple methods to present the main research themes and topics in CSM. Research results indicated that：currently, the CSM research area involved 7 main research themes and 28 associated research topics; behaviour-driven management occupies the central position in this research area; technology-driven management represents the emerging trend in the future. Finally, this research gave the main research trends and some potential research directions to guide the future research.

【Keywords】 Construction Safety Management；Research Frontiers；Bibliometric Review；CiteSpace

1 引言

随着经济快速发展和工业化过程，在世界范围内，建设工程行业持续被列为最危险的行业之一[1]。根据国际劳动组织评估，建筑业职业死亡率比全球一般行业平均值要高出 5 倍[2]。建设工程领域的职业伤亡事故通常还会带来巨额财务损失。比如，美国建设工程安全事故每年造成约 150 亿美元的直接经济损失[3]。不同于其他行业，建设工程行业有其自身的独特特点。比如行业的分散，作业过程的动态性和复杂性，作业人员的素质、文化方面差异等[4]。这些特点容易将施工作业人员暴露于各种危险源中，为建设工程安全管理带来了严峻的挑战[5,6]。

近年来，已经涌现出大量有关建设工程安全管理研究文献，为建设工程领域的安全绩效改善提供了支撑。因此，有必要针对建设工程安全管理研究展开系统的文献综述研究以辅助利益相关方迅速掌握该研究领域的新理论和创新技术[5]。然而，目前有关建设工程安全管理研究的文献计量研究仍显现不足，多数研究只关注于建设工程安全管理的某个方面，系统性不足，特别是在计量方法和样本的范围方面，样本量普遍偏少且以定性分析为主。例如，事故分析综述仅关注具体事故或危险源的远端和

近端致因，比如不安全行为[1]。技术应用综述展现数字设计技术和创新技术在施工安全管理中的应用潜力[6,8]。另外一些研究关注具体的安全变量以主控式评价安全绩效，例如安全氛围和安全文化[9,10]。尽管 Zhou 等（2014）针对建设工程安全管理展开系统的综述分析，但也只涉及 10 本期刊的相关文献[5]。因此，亟需针对本研究领域展开系统文献计量综述，为行业实践人员和研究工作者展现本领域前沿趋势和科研动态[5]。

本文针对建设工程安全管理领域展开了系统的文献计量研究，并涉及了多种研究方法：①聚类分析（基于 CiteSpace 软件），通过文献聚类分析识别建设工程安全管理领域主要的主题类型；②内容分析，通过对文献样本的主题编码和归类识别建设工程安全管理领域研究子主题类型；③共词分析（基于 CiteSpace 软件），通过关键字共现分析展现建设工程安全管理的演化，同时佐证内容分析中主题编码的可靠性。与以往综述类研究相比，本研究的主要贡献包括：①涵盖了更加广泛的文献样本，能更好地反映建设工程安全管理领域的整体发展状态；②提出了系统的文献计量方法，能够更为客观地识别建设工程安全管理研究的知识结构和前沿趋势；③研究结论能够帮助相关学者及行业从业人员系统地认识建筑工程安全管

理领域的主题结构和主要的前沿趋势。

2 研究方法和数据源

2.1 研究方法

文献计量最初由 Pritchard（1969）提出，利用量化分析和统计展现某研究领域的前沿趋势[11]。文献计量研究通常通过作者合作网络分析、文献共被引分析及关键词共现分析展现研究领域内的知识结构。本研究主要关注基于文献共被引和关键词共现分析，同时利用内容分析以增加研究的深度。共词分析主要使用CiteSpace软件探索不同阶段作者关键词的共现关系，以评价研究主题的演化过程[12]。共词分析方法通常认为如果两个作者关键词同时出现在同一篇文章之中，两者在某种程度上应存在相关关系。Freeman 提出的中介中心度通常用于表达个体在社会网络中的地位，本研究使用中介中心度指标测量某个研究对象在共现网络中的地位和作用[13]。CiteSpace 提供了聚类分析功能，该方法是根据文献共被引网络中节点之间的相互连接关系，通过算法将样本聚合在不同的类群中，在此基础之上可以识别主要研究主题[14]。本研究主要应用内容分析补充 CiteSpace 在主题分析中深度和精确度的不足，并在 CiteSpace 聚类分析基础之上给出详细的子主题框架，增加本研究的理论研究价值。

2.2 数据源

本研究选用 Thomson Reuters 的 Web of Science（WoS）核心集数据库为数据源，对建设工程安全管理相关文献进行检索。为了避免检索过程中的漏检和误检问题，本研究在设计检索策略时参考经典文献及相关专家建议，针对本研究设计合理的检索式。本研究所使用的

检索策略如下：TS＝（"construction industr＊"or"construction work＊"or"construction compan＊"or"construction organization＊"or"construction project＊"or"construction site＊"or"construction management"or"construction activit＊"）AND TS＝（construction safety）AND TS＝（accident＊ or incident＊ or injur＊ or"safety behavio＊"or hazard＊）AND Languages＝（English）AND Timespan＝1985－2016.本研究在线检索的时间为 2017 年 4 月 1 日，共获取 1510 篇建设工程安全管理相关文献。为了保证研究的样本的可靠性，本研究进行了两次样本筛选。在第一次筛选中，39 篇综述类文献及 3 篇其他类型文献被移除。剩余的 1468 篇文献包括 962 篇期刊文献（65.5％）和 506 篇会议文献（33.5％）。

然后，人工阅读文献题目及摘要，剔除满足以下四类标准的与本研究主题不符的文献：①文章未给出研究中所涉及的具体行业，或者给出的领域与建设工程行业无关；②文章涉及建设工程领域的安全问题，但并未针对建设工程领域。比如，Cawley 针对美国 1992～2002 年间触电伤害职业事故进行流行病学研究，但是事故案例来源于多个行业，并不是局限在建设工程领域[13]；③文章针对结构工程或岩土工程问题，并未直接针对施工安全问题；④文章针对建设管理的其他问题，并不是直接针对安全问题。例如 Love 的研究中虽然涉及安全问题，但主要解决建设工程中的返工问题[16]。最后，剔除掉 294 篇不符合建设工程安全管理主题的文献，剩余的 1172 篇文献包括 760 篇期刊文献（64.8％）和 412 篇会议论文（35.2％），这些文献成为本研究最终的文献样本。

1172 篇文献的发表时间范围覆盖 1991 年 1 月～2016 年 12 月。建设工程安全管理领域

在这 27 年间每年文献发表趋势见图 1。由图 1 可知，建设工程安全管理相关文献数量目前正呈现指数趋势增长，其中文献数量趋势与指数函数的拟合度较好，R^2 为 0.86，表明目前该领域的文献数量增长迅速，同时未来还会有更为显著的发展。

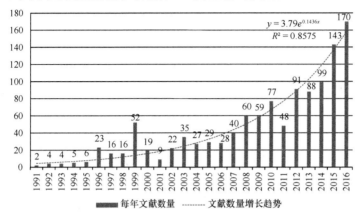

图 1　建设工程安全管理在 1991～2016 年间的文献发表趋势

3　基于聚类分析的主题识别

Small 提出的文献共被引分析被用来识别建设工程安全管理领域潜在主题结构[17]。本研究通过 CiteSpace 软件对由 1172 篇文献所引用的 20158 篇参考文献进行分析，并生成文献共被引网络（图 2）。根据文献之间的相似程度共形成 15 个重要的共被引类群。本研究利用对数-似然比算法对类群进行标签，这个算法能够从各个类群中抽取摘要文本中的高频字段。对数-似然比算法能够分配具有较高区分度和聚合度的聚类标签[13]。表 1 展示了 15

个共被引类群关于标签 ID、规模、silhouette 值、对数-似然比生成的类群标签、代表性文献及每个类群的合成标签。Silhouette 值代表每个类群内研究内容的均匀性，它通常需要大于 0.5 以确保每个类群内部一致性[13,18]。规模指的是每个类群所包括的成员数量。代表性文献指各类群中具有高中介中心度和被引数量的文献，它们在一定程度上决定了类群标签，因此值得进一步关注。合成标签能够代表类群的主要研究内容，是通过对数-似然比法自动生成标签和代表性文献总结得到[18]。

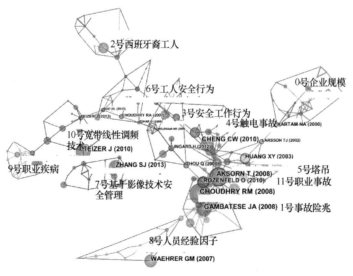

图 2　建设工程安全管理研究共被引网络

建设工程安全管理共被引聚类分析　　　　　　　　　　表1

类群 ID	规模	Silhouette	类群标签（LLR）	代表性文献	类群标签（合成）
0 号	32	0.832	企业规模（Firm size）	Kartam et al.[19]	安全相关行业实践（SSIP）
1 号	32	0.943	事故险兆（Near-miss accident）	Aksorn and Hadikusumo[20]	安全策略和产出（SSO）
2 号	21	0.989	西班牙裔工人（Hispanic worker）	Dong et al.[21]	事故统计和分析（ASA）
3 号	18	0.946	工人安全工作（Safe work behaviour）	Choudhry et al.[22]	行为驱动安全管理（BDM）
4 号	17	0.96	触电事故（Electrical accident）	Cheng et al.[23]	事故统计和分析（ASA）
5 号	17	0.905	塔吊（Tower crane）	Pinto et al.[24]	风险识别和评价（RIA）
6 号	17	0.902	工人安全行为（Worker safety behaviour）	Choudhry et al.[25]	行为驱动安全管理（BDM）
7 号	17	0.985	基于影像技术的安全管理（Vision-based safety）	Teizer et al.[26]	技术驱动安全管理（TDM）
8 号	16	0.990	职业疾病（Occupational illness）	Giretti et al.[27]	技术驱动安全管理（TDM）
9 号	16	0.956	人员经验因子（Personal experience factor）	Mohamed[28]	行为驱动安全管理（BDM）
10 号	15	0.937	职业事故（Occupational accident）	Chi et al.[29]	事故统计和分析（ASA）
11 号	15	0.893	宽带性调频技术（CCS technique）	Teizer et al.[30]	技术驱动安全管理（TDM）
12 号	12	1	施工现场安全（Construction site safety）	Hinze and Wiegand[31]	安全相关行业实践（SSIP）
13 号	7	0.941	风险控制产出（Risk control outcome）	Gangolells et al.[32]	安全设计（DFS）
14 号	5	1	危险源识别（Hazard recognition）	Hallowell and Gambatese[33]	风险识别和评价（RIA）

如表1所示，所有类群的 silhouette 值都高于0.832，表明各个类群显著的内部一致性。类群0号和类群1号有30个成员。类群0号通过对数-似然比算法被标度为"Firm size"，能够被进一步总结为"安全相关行业实践（SSIP）"。代表性文献是 Kartam 等[19]，这篇研究调查了不同施工主体，包括政府、业主、设计方、承包方和保险公司的安全实践，并识别他们当前的安全政策和程序的主要问题。类群1号"事故险兆（Near-miss accident）"被总结为"安全策略和产出（SSO）"。它的代表性文献是 Aksorn and Hadikusumo[20]，这个研究探索影响泰国建筑施工项目安全绩效的主要因素。类群2号被识别为"西班牙裔工人（Hispanic worker）"，有18个成员，能够被总结为"事故统计和分析（ASA）"。它的代表性

文献是 Dong 等[23]，这篇文章探索西班牙裔工人职业坠亡事故的特征。类群 3 号"安全工作行为（Safe work behaviour）"有 18 个成员，并被总结为"行为驱动安全管理（BDM）"。它的代表性文献是 Choudhry 等[22]，这个研究探索了如何开发针对建设工程行业的安全氛围量表。类群 4 号、类群 5 号、类群 6 号和类群 7 号都有 17 个成员。类群 4 号被标度为"触电事故（Electrical accident）"，能够被总结为"事故统计和分析（ASA）"。它的代表性文献是 Cheng 等[23]，这篇文章探索了台湾地区建筑行业职业事故的致因。类群 5 号"塔吊（Tower crane）"被总结为"风险识别和评价（RIA）"。它的代表性文献是 Pinto 等[24]，这篇文章对建设工程领域职业风险评价方法进行了评述。类群 6 号"工人安全行为（Worker safety behaviour）"同样被总结为"行为驱动安全管理（BDM）"。它的代表性文献是 Choudhry 等[25]，这篇文章分析了安全文化的发展以及对提升建设工程安全的潜力。类群 7 号"基于影像技术的安全管理（Vision-based safety）"被总结为"技术驱动安全管理（TDM）"。它的代表性文章是 Teizer 等[26]，这篇文章提出了一个实时的 3D 模型，以侦测和追踪施工现场静态和移动的物体。

最后，CiteSpace 识别的 15 个类群被进一步总结为以下 7 种主题：①安全相关行业实践（SSIP）；②安全策略和产出（SSO）；③事故统计和分析（ASA）；④行为驱动安全管理（BDM）；⑤技术驱动安全管理（TDM）；⑥风险识别和评价（RIA）；⑦安全设计（DFS）。图 3 从研究层面和在项目生命周期的研究阶段，给出了这 7 个主要类群的主要分布。如图 3 所示，7 个主要的主题主要分布在施工和设计阶段，但是在计划和运行/拆迁阶段较少。关于研究的层面，大多数研究关注项目层面，其余的研究主要关注行业层面的问题。这 7 个研究主题的内容将在下一部分详细分析。

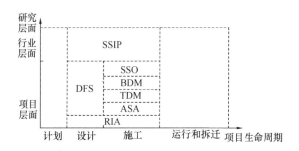

图 3　建设工程安全管理领域研究主题分布

4　基于内容分析的子主题框架构建

在本部分，仅数据源中的 760 篇期刊文献被用来进一步探索 7 类主题下的子主题类型。通过浏览这 760 篇文献的题目、摘要、关键字和主题内容（若必要），统计每篇文献主要的主题类型[5,34]。这个分类过程共识别出 28 个子主题类型（表 2），能够解释 7 个主题类型的主要研究内容。

研究主题、问题描述和文献数量　　　　　　　　　　　　　　　表 2

主题	编号	子主题	编号	数量（百分比）
安全相关行业实践	SSIP	安全实践	K1	48（6.32%）
		安全监管	K2	10（1.32%）
		安全标准	K3	9（1.18%）
		创新技术采纳	K4	6（0.79%）
		保险费率等级	K5	4（0.53%）

续表

主题	编号	子主题	编号	数量（百分比）
安全策略和产出	SSO	安全项目	K6	70 (9.21%)
		安全绩效	K7	47 (6.18%)
		安全管理体系	K8	23 (3.03%)
		安全知识	K9	11 (1.45%)
		安全检查	K10	7 (0.92%)
		安全投入	K11	5 (0.66%)
		应急响应	K12	2 (0.26%)
事故统计和分析	ASA	事故统计	K13	143 (18.82%)
		事故调查	K14	29 (3.82%)
		事故致因模型	K15	11 (1.45%)
		事故成本	K16	10 (1.32%)
行为驱动安全管理	BDM	安全行为	K17	42 (5.53%)
		安全氛围	K18	27 (3.55%)
		安全感知	K19	14 (1.84%)
		安全领导力	K20	6 (0.79%)
		安全文化	K21	4 (0.53%)
		安全沟通	K22	3 (0.39%)
技术驱动安全管理	TDM	安全监控	K23	47 (6.18%)
		安全培训	K24	42 (5.53%)
		安全计划	K25	24 (3.16%)
安全设计	DFS	安全设计	K26	38 (5.00%)
风险识别和评价	RIA	风险评价	K27	65 (8.55%)
		危险源管理	K28	13 (1.71%)
合计				760

主题"安全相关行业实践（SSIP）"，包括5个子主题，调查了建筑行业层面安全规制和政策问题（图3）。子主题"安全实践（K1）"下的文献数量是最多的。"安全实践（K1）"涉及对建筑行业安全问题的调查以探索提升安全的策略。例如，Tam等[35]调查了中国建筑行业的安全管理现状，并识别影响现场安全的因素。主题"安全策略和产出（SSO）"主要关注项目层面，并且解决施工阶段的安全问题。在这个SSO主题下边，7个子主题被识别，子主题"安全项目（K6）"是最多的，它主要关注施工现场安全项目的有效性。例如，Goh等[36]评价了新加坡建筑施工坠落保护计划在减少坠落风险的有效性，以及识别影响其成功实施的主要因素。子主题"安全绩效（K7）"主要涉及领先安全指标的开发、安全绩效模型、影响因素分析。例如，

Shanmugapriya和Subramanian[37]提出偏最小二乘模型以调查影响建筑施工企业安全绩效的因素。在主题"事故统计和分析（ASA）"的四个子主题中，"事故统计（K13）"是最多的，主要通过调查职业事故记录以探索建筑施工事故的重要趋势。例如，McVittie等[38]发现大型施工企业通常会比小型企业有更低的施工事故率。Hinze等[39]提出导致轻微事故的因素与导致严重伤害事故的因素有显著不同。

主题"行为驱动安全管理（BDM）"着重通过减少工人不安全行为提升施工现场安全。在6个主要的子主题中，"安全行为（K17）"是最多的，主要涉及安全行为的影响因素[40,41]、人因可靠性[42~46]，安全行为模型[47~49]及基于行为安全（BBS）[50,51]。子主题"安全氛围（K18）"主要涉及安全氛围量表的开发[28,52,53]及安全氛围和其他安全相关变

量关系[54~56]。

对此相比，主题"技术驱动安全管理（TDM）"主要关注通过采纳创新技术提升施工安全水平。具有推广潜力的创新技术包括BIM、4D计算机辅助制图（CAD）、虚拟现实（VR）、在线数据库、定位、传感、图像和预警技术[8,57~59]。在其所包括的3个子主题中，"安全监控（K23）"是最多的，涉及四种类型：基于位置监控[30,60~62]、基于动作监控[63~65]、基于工作空间监控[57,66~68]和静态危险源监控[69,70]。子主题"安全培训（K24）"和子主题"安全计划（K25）"关注通过创新技术以实现主控式安全管理。创新技术的应用能够显著提升传统的安全培训和危险源识别方法的有效性[71~73]。例如，VR和严肃游戏技术已经被广泛运用以提升安全培训的绩效[58,59]。自动的安全规则-检测算法被整合到BIM技术以实现安全计划的自动化[74,75]。

5　基于共现分析的主题演化分析

从时间的维度，图4展示了7个主要研究主题和28个研究子主题（分别用K1到K28代表）在四个不同时间区间出现率的演化过程（1991－1997、1998－2004、2005－2010、2011－2016）。结果表明一些主题和对应的子主题有显著减少。比如，主题"事故统计和分析（ASA）"下的子主题"事故统计（K13）"从开始占整体41.67％下降到最后一阶段的13.74％。与此相比，一些主题在近6年来显著增加，尤其是主题"行为驱动安全管理（BDM）"和"技术驱动安全管理（TDM）"。在BDM主题，子主题"安全行为（K17）"的百分比在整个调查期有稳定的增长，从2.78％增加到了7.88％。子主题"安全氛围（K18）"从0.00％增加到了4.05％。在TDM主题中，子主题"安全监控（K23）"（从0.00％到7.88％），子主题"安全培训（K24）"（从2.78％到5.86％），子主题"安全计划（K25）"（从2.78％到4.50％）都有稳定的增长。这些主题和子主题在过去6年内得到不断增长的关注，代表建设工程管理领域未来的可能发展方向。

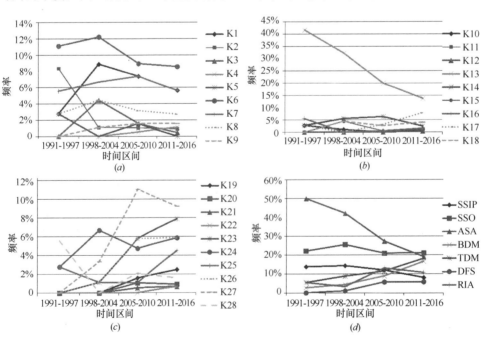

图4　建设工程安全管理主题演化过程

为了进一步可视化建设工程安全管理领域主题演化过程，借助 CiteSpace 的关键词共现分析功能，对来源于 1172 篇文献的关键字进行分析。图 5 展示了四个不同时期的关键词共现网络。节点和标签的大小与所对应关键字在不同时期的中介中心度成正比[13]。强中介中心度关键字通常是连接关键词共现网络中不同类群的枢纽节点。本研究通过强中介中心度节点和表 2 和图 4 所示的主题和子主题识别建设工程安全管理主题的演化过程[18]。

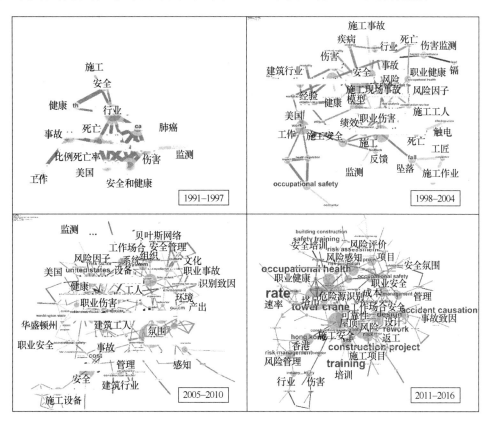

图 5　建设工程安全管理研究共词网络演化过程

建设工程安全管理研究最初关注职业伤害、施工和疾病的调查和分析，这主要表现在第一个时间阶段（1991—1997）"事故统计和分析（ASA）"的高频率（50.0%）和强中介中心度关键词，例如"伤害（injury）"（中介中心度值 0.21）、"死亡率（mortality）"（0.10）、"死亡（death）"（0.10）和"肺癌（lung cancer）"（0.10）。建设工程安全管理的发展一直伴随着识别施工事故致因的研究努力。一些问题被频繁调查，包括坠落、施工器械打击、触电事故和肌肉骨骼失调[76]。随着安全绩效在项目管理中的重视，建设工程安全管理在第二个时间段进一步发展（1998—2004）。如图 4 所示，子主题"安全实践（K1）""安全标准（K2）""安全项目（K6）"、"安全培训（K24）"和"风险评价（K27）"迅速增加，并开始探索行业层面安全问题和项目层面的安全策略。在这一时期代表性的关键字包括"模型（model）（0.35）""坠落（fall）（0.18）""经验（experience）（0.16）"和"绩效（performance）（0.14）"。基于组织行为和心理理论和数量建模方法，建设工程安全管理在第三个时间阶段进一步发展（2005—2010）。在这一阶段，建设工程安全管理研究强调行为和文化管理，建筑施工人员成为重要的研究主题，这主要表现在强中介中心度关键字"建筑工人（construction worker）（0.39）""建筑工人（climate）（0.24）""感知（perception）（0.11）"和"文化（culture）（0.10）"。与此同时，从定量的视角，属性方法，比如"模糊集"、"贝叶斯"，被用来评价施工安全风险，这导致了"风险评价（K27）"研究的显著增加。在最后一个时间阶段（2011－2016），建设工程安全管理研究更加关注创新技术作为进一步提升现场安全管理精确度和效率的潜在工具。具体而言，如图5所示，强中介中心度关键字包括"速率（rate）（0.44）""培训（training）（0.35）""塔吊（tower crane）（0.34）""设计（design）（0.27）""安全培训（safety training）（0.23）"，这对应着图4中子主题"安全培训（K24）""安全计划（K25）""安全监控（K23）"的快速增加。

6 讨论

6.1 建设工程安全管理研究趋势分析

6.1.1 研究主题更加丰富

建设工程安全管理领域的研究主题更加丰富。目前学者更加关注借鉴一般的安全理论和管理理论解决施工安全问题。例如，利用社会网络分析，Wehbe 等[77]探索了安全沟通网络的韧性对施工项目安全绩效的影响。He 等[78]基于制度理论探索了三种制度压力对施工安全氛围的影响。另外，建设工程安全管理开始解决一些新兴施工活动中的安全问题。比如，随着社会对可持续的要求，许多建设工程安全管理学者开始关注可持续施工活动中的安全问题[79,80]。与前文的分析相一致，建设工程安全管理主题随着一般安全理论、管理理论和新兴安全实践的发展而进一步丰富。

6.1.2 创新技术进一步应用

建筑行业不同于其他行业，因为其独特特点，包括施工现场和作业人员动态和临时性[51]，复杂和非结构化环境[5]，工人的分散等对安全带来的困难[81]。因此，建设工程行业的安全管理实际需要应用创新技术来进一步解决新颖、多变和实时的安全风险和危险源。如图4所示，在最后两个阶段，子主题"安全监控（K23）""安全培训（K24）""安全计划（K25）"有显著增长。这表明，创新技术在施工安全管理中的应用潜力已经得到认可，创新技术的进一步应用将成为未来的发展趋势[5]。

6.1.3 不安全行为得到广泛关注

目前施工人员不安全行为作为施工事故的主要致因已经得到广泛认可[82]。随着应用社会心理和组织行为理论的发展，建设工程安全管理更加关注安全的行为方面[83]。如图4所示，主题"行为驱动安全管理（BDM）"下的子主题（从K17到K22）在整个调查期都有显著增加。建设工程安全管理已经探索了施工安全遵守的促进和制约因素。所构建的行为模型描述了影响因素之间的复杂关系和它们对施工人员不安全行为的影响[1]。在行为模型中，影响因素能够分为两大类：间接影响不安全行为的前因因素（例如，安全氛围[55,82~84]、安全领导力[85]）；直接影响不安全行为的中介因素（例如，工友安全承诺[86]，安全知识和动机[82]、安全态度[83]）。作为施工事故预防的工具，更多被实证支持的安全行为模型将会用以指导管理人员选择最有效的干预措施。

6.2 研究不足和建议

6.2.1 加强全生命周期视角的建设工程安全管理研究

目前建设工程安全管理主要关注施工阶

段，但是设计阶段、运行和拆迁阶段的研究较少（图3）。根据 Szymbershi 的安全影响能力曲线图[87]，项目开始阶段安全影响能力最高。因此，有必要构建系统模型，在项目前期考虑建设工程生命周期内不同阶段的安全风险。通过不同知识领域专家的协助，利用系统思维在项目前期构建基于 BIM 的安全风险管理框架[88,89]。从这个角度看，项目业主有必要在项目前期发挥其领导力实现不同利益相关方的协作，以避免潜在的安全风险。同时，业主应将项目发包给安全承包商，承包商的安全管理能力需要在承包商选择过程中得到系统评价[90]。另外，主控式业主领导力的参与能够促进其投资项目安全设计项目的采纳[89]。

6.2.2 加强创新技术的实践推广潜力

本研究表明应用创新技术以辅助建设工程安全管理已经成为当前的一个研究趋势[88]。然而，目前有关创新技术应用仍然存在许多不足，这将阻碍创新技术在项目实践中的应用。针对当前的监控技术，传感设备需要附着于施工现场的不同实体（人员、材料和设备），这将造成其穿透能力不强、精确度差、穿着设备的成本高和对正常作业的妨碍[26]。与此相比，计算机图像分析技术尽管能够传输大量信息，但它存在低效率，仅能定位视线内的物体，同时可能需要大量传输和处理的数据等问题[91]。考虑到收集四种类型信息（包括位置、动作、作业空间和静态危险源）的不同要求，有必要在将来构建能够实时融合不同类型信息的综合和高效的方法。另外，当前安全计划过程中的安全自动分析方法仅局限于部分安全风险，比如坠落和脚手架相关危险源[75,92]。为了涵盖施工元素和过程中的大多数危险源，有必要开发整合所有施工元素、主要事故类型和预防措施的综合安全准则数据库以促进安全计划的自动化[91]。

6.2.3 加强施工安全行为和动态生产过程的整合研究

以往研究提供了提升施工安全行为的方法，比如培育安全氛围、增强安全领导力和强化安全沟通。这些研究促进了对不安全行为过程机理的理解，但是它们倾向于将安全行为和动态的生产过程分开考虑，这可能降低这些研究对真实安全管理过程的指导作用。从动态的视角，需要更加关注安全行为与施工操作和过程计划的整合[93]。因此，有必要构建实证支持的考虑施工安全行为的施工过程仿真模型。混合仿真方法整合离散事件、主体建模和系统动力学，能够用来模拟施工活动中的复杂动力[93]。这个仿真模型能够辅助管理人员评价他们的顶层安全和生产决策对工人不安全行为的影响。

6.2.4 加强群体层面不安全行为的社会影响研究

目前安全行为相关研究主要关注组织层面正式的干预措施（比如安全培训和激励措施），但是针对群体层面非正式措施（比如群体层面安全氛围，社会关系等）的研究相对较少。然而，与其他行业相比，比如制造业，施工组织的分散特点更容易形成群体层面的差异[94]。施工群体内安全相关交互，比如安全沟通和社会网络，被认为能够显著影响个体安全绩效[77,95]。因此，有必要更加关注群体层面，以进一步提升工人的安全行为。将来的研究需要探索群体层面变量，比如群体规范和群体认同，在组织因素和个体不安全行为之间的中介作用。同时，需要进一步厘清不安全行为在社会网络中的传染机理。

7 结论

目前，建设工程领域安全问题虽然已经得到了明显的改善，但有效地预防安全事故进而实现"零事故"目标对于全球范围内的建设工程行业仍是一个较大的挑战。研究人员已经针对建设工程领域的安全问题展开了大量研究，探索了施工事故、伤害的主要规律和特征，为该领域安全绩效的提升提供了基础。本研究以Web of Science 核心集收录的 1172 篇文献为研究对象，应用系统的文献计量方法展现建设施工安全管理的研究前沿。本研究主要采用了聚类分析、内容分析和关键词共现分析，探索了该领域主题结构和主题演化过程。

研究识别了 7 个主要研究主题和 28 个相应的研究子主题。通过四个时间阶段，展现了建设工程安全管理演化过程。通过系统的分析，三个主要研究趋势被识别：研究主题不断丰富、创新技术得到进一步应用、不安全行为得到广泛关注。最后，本研究提出四个主要研究建议：加强全生命周期视角的建设工程安全管理研究，加强创新技术的实践推广潜力，加强安全行为与生态生产过程的整合研究，加强不安全行为群体层面的社会影响研究。本研究所提出的潜在研究方向为建设工程安全管理的将来发展提供意见参考。

参考文献

[1] Khosravi Y, Asilian-Mahabadi H, Hajizadeh E, et al. FACTORS INFLUENCING UNSAFE BEHAVIORS AND ACCIDENTS ON CONSTRUCTION SITES: A REVIEW [J]. Int J Occup Saf Ergon, 2014, 20(1): 111-25.

[2] Sawacha E, Naoum S, Fong D. Factors affecting safety performance on construction site[J]. International journal of project management, 1999, 17(5): 309-15.

[3] Gittleman J L, Gardner P C, Htaile E, et al. Case Study CityCenter and Cosmopolitan Construction Projects, Las Vegas, Nevada: Lessons learned from the use of multiple sources and mixed methods in a safety needs assessment [J]. Journal of Safety Research, 2010, 41 (3): 263-81.

[4] Fredericks T K, Abudavveh O, Choi S D, et al. Occupational injuries and fatalities in the roofing contracting industry [J]. J Constr Eng Manage-ASCE, 2005, 131(11): 1233-40.

[5] Zhou Z P, Goh Y M, Li Q M. Overview and analysis of safety management studies in the construction industry[J]. Saf Sci, 2015, 72(337)-50.

[6] Skibniewski M J. Information technology applications in construction safety assurance [J]. Journal Of Civil Engineering And Management, 2014, 20(6): 778-94.

[7] Hsiao H, Simeonov P. Preventing falls from roofs: a critical review [J]. Ergonomics, 2001, 44(5): 537-61.

[8] Zhou W, Whyte J, sacks R. Constuction safety and digital design: A review[J]. Auitom Constr, 2012, 22(102)-11.

[9] Schwatka N V, Hecker S, Goldenhar L M. Defining and Measuring Safety Climate: A Review of the Construction Industry Literature [J]. Ann Occup Hyg, 2016, 60(5): 537-50.

[10] Chudnry R M, Fang D, Mohamed S. Developing a model of construction safety culture [J]. J Manage Eng, 2007, 23(4): 207-12.

[11] Pritchard A. Statistical Bibliography or Bibliometrics[J]. Journal of Documentation, 1969, 25(4): 348-9.

[12] Zheng T, Wang J, Wang Q, et al. A bibliometric analysis of micro/nano-bubble related research: current trends, present application, and future prospects [J]. Scientometrics, 2016, 109(1): 53-71.

[13] Chen C M. CiteSpac Ⅱ: Detecting and visualizing emerging trends and transient patterns in scientific literature [J]. J Am Soc Inf Sci Technol, 2006, 57(3): 359-77.

[14] Chen C M. Searching for intellectual turning points: Progressive knowledge domain visualization [J]. Proc Natl Acad Sci U S A, 2004, 101 (5303)-10.

[15] Cawley J C, Horace G T. Trends in Electrical Injury in the U. S., 1992-2002 [J]. Industry Applications IEEE Transactions on, 2008, 44 (4): 962-72.

[16] Love P E D, Ackermann F, Carey B, et al. Praxis of Rework Mitigation in Construction [J]. JManage Eng, 2016, 32(5).

[17] Small H. Co-citation in the Scientific Literature: A New Measure of the Relationship Between Two Documents [J]. Journal of the American Society for Information Science (pre-1986), 1973, 24(4): 265.

[18] Song J B, Zhang H L, Dong W L. A review of emerging trends in global PPP research: analysisand visualization [J]. Scientometrics, 2016, 107(3): 1111-47.

[19] Kartam N A, Flood I, Koushki P. Construction safety in Kuwait: issues, procedures, problems, and recommendations [J]. Saf Sci, 2000, 36(3): 163-84.

[20] Aksorn T, Hadikusumo B H W. Critical success factors influencing safety program performance-in Thai construction projects [J]. Saf Sci, 2008, 46(4): 709-27.

[21] Dong X S, Fujimoto A, Ringen K, et al. Fatal falls among Hispanic construction workers [J]. Accid Anal Prev, 2009, 41(5): 1047-52.

[22] Choudhry R M, Fang D, Lingard H. Measuring Safety Climate of a Construction Company [J]. J Constr Eng Manage-ASCE, 2009, 135 (9): 890-9.

[23] Cheng C-W, Lin C-C, Leu S-S. Use of association rules to explore cause-effect relationships in occupational accidents in the Taiwan construction industry [J]. Sat Sci, 2010, 48 (4):

436-44.

[24] Pinto A, Nunes I L, Ribeiro R A. Occupational risk assessment in construction industry-Overview and reflection [J]. Sat Sci, 2011, 49(5): 616-24.

[25] Choudhry R A, Fang D, Mohamed S. The nature of safety culture: A survey of the state-of-the-art [J]. Saf Sci, 2007, 45(10): 993-1012.

[26] Teizer J, Caldas C H, Haas C T. Real-time three-dimensional occupancy grid Modeling for the detection and tracking of construction resources [J]. J Constr Eng Manage-ASCE, 2007, 133(11): 880-8.

[27] Giretti A, Carbonari A, Naticchia B, et al. Design and first development of an automated real-time safety management system for construction sites [J]. Journal Of Civil Engineering And Management, 2009, 15(4): 325-36.

[28] Mohamed S. Safety climate in construction site environments [J]. J Constr Eng Manage-ASCE, 2002, 128(5): 375-84.

[29] Chi C F, Chang T C, Ting H I. Accident patterns and prevention measures for fatal occupational falls in the construction industry [J]. Appl Ergon, 2005, 36(4): 391-400.

[30] Teizer J, Allread B S, Fullerton C E, et al. Autonomous pro-active real-time construction worker and equipment operator proximity safety alert system [J]. Autom Constr, 2010, 19(5): 630-40.

[31] Hinze J, Wiegand F. Role of designers in construction worker safety[J]. J Constr Eng Manage-ASCE, 1992, 118(4): 677-84.

[32] Gangolells M, Casals M, Forcada N, et al. Mitigating construction safety risks using prevention through design [J]. Journal of Safety Research, 2010, 41(2): 107-22.

[33] Hallowell M R, Gambatese J A. Population and Initial Validation of a Formal Model for Con-

struction Safety Risk Management [J]. J Constr Eng Manage-ASCE, 2010, 136(9): 981-90.

[34] Neto D, Cruz C O, Rodrigues F, et al. Bibliometric Analysis of PPP and PFI Literature: Overview of 25 Years of Research [J]. Journal Of Construction Engineering And Management, 2016, 142(10):

[35] Tam C M, Zeng S X, Deng Z M. Identifying elements of poor construction safety management in China [J]. Saf Sci, 2004, 42(7): 569-86.

[36] Goh Y M, Goh W M. Investigating the effectiveness of fall prevention plan and success factors for program-based safety interventions [J]. Saf Sci, 2016, 87(186)-94.

[37] Shanmugaptiya S, Subramanian K. Developing a PLS path model to investigate the factors influencing safety performance improvement in construction organizations [J]. Ksce Journal Of Civil Engineering, 2016, 20(4): 1138-50.

[38] Mcvittie D, Banikin H, Brocklebank W. The effects of firm size on injury frequency in construction[J]. Saf Sci, 1997, 27(1): 19-23.

[39] Hinze J, Devenport J N, Giang G. Analysis of construction worker injuries that do not result in lost time [J]. J Constr Eng Manage-ASCE, 2006, 132(3): 321-6.

[40] Choudhry R M, Fang D P. Why operatives engage in unsafe work behavior: Investigating factors on construction site[J]. Saf Sci, 2008, 46(4): 566-84.

[41] Jitwasinkul B, Hadikusumo B H W. Identieication of Important organisational factors influencing safety work behaviours in construction projects[J]. Journal of Civil Engineering and Management, 2011, 17(4): 520-8.

[42] Fang D, Zhao C, Zhang M. A Cognitive Model of Construction Workers' Unsafe Behaviors [J]. Journal of Construction Engineering And Management, 2016, 142(9):

[43] Fang D, Jiang Z, Zhang M, et al. An experimental method to study the effect of fatigue onconstruction workers'safety performance [J]. Saf Sci, 2015, 73(80)-91.

[44] Lu X, Davis S. How sounds influence user safety decisions in a virtual construction simulator [J]. Saf Sci, 2016, 86(184)-94.

[45] Liao C-W, Chiang T-L. Reducing occupational injuries attributed to inattentionai blindness in the construction industry [J]. Saf Sci, 2016, 89(129)-37.

[46] Chen J, Song X, Lin Z. Revealing the"Invisible Gorilla"in construction: Estimating construction safety through mental workload assessment [J]. Autom Constr, 2016, 63(173)-83.

[47] Zhou Q, Fang D, Wang X. A method to identify strategies for the improvement of human safety behavior by considering safety climate and personal experience [J]. Saf Sci, 2008, 46(10): 1406-19.

[48] Patel D A, Jha K N. Neural Network Model for the Prediction of Safe Work Behavior in Construction Projects [J]. Journal Of Construction Engineering And Management, 2015, 141(1).

[49] Patel D A, Jha K N. Evaluation of construction projects based on the safe work behavior of co-employees through a neural network model [J]. Saf Sci, 2016, 89(240)-8.

[50] Choudhry R M. Behavior-based safety on construction sites: A case study [J]. Accid Anal Prey, 2014, 70(14)-23.

[51] Zhang M, Fang D. A continuous Behavior-Based Safety strategy for persistent safety improvement in construction Industry [J]. Autom Constr, 2013 34(101)-7.

[52] Dedobbeleer N, Beland F. A safety climate measure for construction sites[J]. Journal of Safety Research, 1991, 22(2): 97-103.

[53] Wu C L, Song X Y, Wang T, et al. Core Dimensions of the Construction Safety Climate for a Standardized Safety-Climate Measurement [J]. Journal of Construction Engineering and Management, 2015, 141(8).

[54] Shen Y, Koh T Y, Rowlinson S, et al. Empirical Investigation of Factors Contributing to the Psychological Safety Climate on Construction Sites [J]. Journal of Construction Engineering and Management, 2015, 141 (11).

[55] Glendon A 1, Litherland D K. Safety climate factors, group differences and safety behaviour in road construction [J]. Saf Sci, 2001, 39(3): 157-88.

[56] Cigularov. K P, Chen P Y, Rosecrance J. The effects of error management climate and safety communication on safety: A multi-level study [J]. Accid Anal Prey, 2010, 42(5): 1498-506.

[57] Zhang S, Teizer J, Pradhananga N, et al. Workforce location tracking to model, visualize and analyze workspace requirements in building information models for construction safety planning [J]. Autom Constr, 2015, 60(74)-86.

[58] Li H, Chan G, Skitmore M. Multiuser Virtual Safety Training System for Tower Crane Dismantlement [J]. Journal of Computing in Civil Engineering, 2012, 26(5): 638-47.

[59] Guo H, Li H, Chan G, et al. Using game technologies to improve the safety of construction plant operations [J]. Accid Anal Prev, 2012, 48(204)-13.

[60] Li H, Chan G, Huang T, et al. Chirp-spread-spectrum-based real time location system safety management: A case study for construction [J]. Autom Constr, 2015, 55(58)-65.

[61] Zhu Z, Park M-W, Koch C, et al. Predicting movements of onsite workers and mobile equipmentfor enhancing construction site safety [J]. Autom Constr, 2016, 68(95)-101.

[62] Kim H, Kim K, Kim H. Vision-Based Object-Centric Safety Assessment Using Fuzzy Inference: Monitoring Struck-By Accidents with Moving Objects [J]. Journal of Computing in Civil Engineering, 2016, 30(4).

[63] Park M-W, Elsafty N, Zhu Z. Hardhat-Wearing Detection for Enhancing on-Site Safety of Construction Workers [J]. Journal Of Construction Engineering And Management, 2015, 141(9).

[64] Dzeng R-J, Fang Y-C, Chen I C. A feasibility study of using smartphone built-in accelerometers to detect fall portents [J]. Autom Constr, 2014, 38(74)-86.

[65] Jebelli H, Ahn C R, Stentz T L. Comprehensive Fall-Risk Assessment of Construction Workers Using Inertial Measurement Units: Validation of the Gait-Stability Metric to Assess the Fall Risk of Iron Workers [J]. Journal of Computing in Civil Engineering, 2016, 30(3): 04015034.

[66] Li Y, Liu C. Integrating field data and 3D simulation for tower crane activity monitoring and alarming [J]. Autom Constr, 2012, 27 (111)-9.

[67] Akhavian R, Behzadan A H. An integrated data collection and analysis framework for remote monitoring and planning of construction operations [J]. Advanced Engineering Informatics, 2012, 26(4): 749-61.

[68] Vahdatikhaki F, Hammad A. Dynamic equipment workspace generation for improving earthwork safety using real-time location system [J]. Advanced Engineering Informatics, 2015, 29 (3): 459-71.

[69] Ding L Y, Zhou C. Development of web-based system for safety risk early warning in urban metro construction [J]. Autom Constr, 2013, 34(45)-55.

[70] Wang J, Zhang S, Teizer J. Geotechnical and

safety protective equipment planning using range point cloud data and rule checking in building information modeling [J]. Aurora Constr, 2015, 49(250)-61.

[71] Teizer J, Cheng T, Fang Y. Location tracking and data visualization technology to advance construction ironworkers' education and training in safety and productivity [J]. Autom Constr, 2013, 35(53)-68.

[72] Seo J, Han S, Lee S, et al. Computer vision techniques for construction safety and health monitoring [J]. Advanced Engineering Informatics, 2015, 29(2): 239-51.

[73] Saurin T A, Formoso C T, Guimarães L B M. Safety and production: an integrated planning and control model [J]. Construction Management and Economics, 2004, 22(2): 159-69.

[74] Zhang S J, Teizer J, Lee J K, et al. Building Information Modeling (BIM) and Safety: Automatic Safety Checking of Construction Models and Schedules [J]. Autom Constr, 2013, 29 (183)-95.

[75] Zhang S, Sulankivi K, Kiviniemi M, et al. BIM-based fall hazard identification and prevention in construction safety planning [J]. Saf: Sci, 2015, 72(31)-45.

[76] Hinze J, Huang X Y, Terry L. The nature of struck-by accidents [J]. J Constr Eng Manage-ASCE, 2005, 131(2): 262-8.

[77] Wehbe F, Al Hattab M, Hamzeh F. Exploring associations between resilience and construction safety perfrmance in safety networks [J]. Saf Sci, 2016, 82(238)-51.

[78] He Q, Dong S, Rose T, et al. Systematic impact of institutional pressures on safety climate in the construction industry[J]. Accident Analysis & Prevention, 2016, 93(Supplement C): 230-9.

[79] Hinze J, Godfrey R, Sullivan J. Integration of Construction Worker Safety and Health in Assessment of Sustainable Construction [J]. Journal of Construction Engineering and Management, 2013, 139(6): 594-600.

[80] Dewlaney Katherine S, Hallowell Matthew R, Fortunato Bernard R. Safety Risk Quantification for High Performance Sustainable Building Construction [J]. Journal of Construction Engineering and Management, 2012, 138 (8): 964-71.

[81] Li H, Shuang D, Skitmore M, et al. Intrusion warning and assessment method for site safety enhancement [J]. Saf Sci, 2016, 84(97)-107.

[82] Shin D P, Gwak H S, Lee D E. Modeling the predictors of safety behavior in construction workers [J]. lnt J Occup Saf Ergon, 2015, 21 (3): 298-311.

[83] Fugas C S, Silva S A, Melifã J L. Another look at safety climate and safety behavior: Deepening the cognitive and social mediator mechanisms [J]. Accident Analysis & Prevention, 2012, 45(468)-77.

[84] Schwatka, N V, Rosecrance J C. Safety climate and safety behaviors in the construction industry: The importance of co-workers commitment to safety [J]. Work-a Journal Of Prevention Assessment & Rehabilitation, 2016, 54 (2): 401-13.

[85] Shen Y, Ju C, Koh T, et al. The Impact of Transformational Leadership on Safety Climate and Individual Safety Behavior on Construction Sites [J]. International Journal of Environmental Research and Public Health, 2017, 14 (1): 45.

[86] Schwatka N V, Rosecrance J C. Safety climate and safety behaviors in the construction industry: The importance of co-workers commitment to safety [J]. Work, 2016, 54(2): 401-13.

[87] Szymberski R T. Construction project safety

planning [J]. Tappi journal (USA), 1997.

[88] Zou Y, Kiviniemi A, Jones S W. A review of risk management through BIM and BIM-related technologies [J]. Saf Sci, 2017, 97(Supplement C): 88-98.

[89] Toole T M, Gambatese John A, Abowitz Deborah A. Owners' Role in Facilitating Prevention through Design [J]. Journal of Professional Issues in Engineering Education and Practice, 2017, 143(1): 04016012.

[90] Huang X, Hinze J. Owner's Role in Construction Safety [J]. Journal of Construction Engineering and Management, 2006, 132 (2): 164-73.

[91] Guo H, Yu Y, Skitmore M. Visualization technology-based construction safety management: A review [J]. Autom Constr, 2017, 73 (135)-44.

[92] Kim K, Cho Y, Zhang S. Integrating work sequences and temporary structures into safety planning: Automated scaffolding-related safety hazard identification and prevention in BIM [J]. Autom Constr, 2016, 70(128)-42.

[93] Goh Y M, Ali M J A. A hybrid simulation approach for integrating safety behavior into construction planning: An earthmoving case study [J]. Accid Anal Prev, 2016, 93(310)-8.

[94] Lingard H C, Cooke T, B lismas N. Group-level safety climate in the Australian construction industry: within-group homogeneity and between-group differences in road construction and maintenance [J]. Construction Management and Economics. 2009. 27(4): 419-32.

[95] Alsamadani R, Hallowell M R, Javernick-Will A, et al. Relationships among Language Proficiency, Communication Patterns, and safety performance in Small Work Crews in the United States[J]. Journal Of Construction Engineering And Management, 2013, 139(9): 1125-34.

行业发展

Industry Development

建筑业环境绩效与经营绩效的相关性分析

周楚姚　李香花　王孟钧

（中南大学，长沙　410075）

【摘　要】随着一系列环保政策出台，建筑业在生产经营过程中对环境造成的负面影响逐渐引起关注。本文应用典型相关性分析方法对建筑业上市公司环境绩效与经营绩效之间的关系进行实证研究，得到建筑业环境绩效与经营绩效之间存在正相关关系的初步结论。

【关键词】建筑企业；环境绩效；经营绩效；典型相关性分析

Study on the Correlation Between Environmental Performance and Operation Performance of Chinese Constvuction Listed Companies

Zhou Chuyao　Li Xianghua　Wang Mengjun

（Central South University，Changsha　410075）

【Abstract】With the introduction of a series of environmental protection policies，the negative impact on the environment caused by the construction industry in production and business operation has attracted increasing attention. This article makes a empirical research on the relationship between the environmental performance and the business performance of the listed company in construction via canonical correlation analysis method. The research comes to a preliminary conclusion that there is a positive correlation relationship between the environmental performance and the business performance in construction.

【Keywords】Construction Enterprise；Environmental Performance；Business Performance；Canonical Correlation Analysis

1　引言

中共十九大把建设美丽中国作为全面建设社会主义现代化强国的重大目标，把生态文明建设和生态环境保护提升到前所未有的战略高度，意味着我国在环境治理、绿色发展、环境监管、生态保护等方面给予了更高的关注度，并将出台更加严格的政策要求。2017 年我国建筑总产值占全年国内生产总值约 26%，然而建筑产业目前仍存在着高污染、高消耗、低能效等问题，对我国的环境治理以及低碳经济的发展产生重大影响。近年来，在国家的大力推动与扶持下，我国绿色产业发展态势良好：一方面，绿色建筑成为理论与实务界热点话题，建筑企业率先提供环境友好型的建筑产品必能使企业在行业中获得较大的竞争优势，绿色生产也为建筑行业发展提供新的经济增长点。另一方面，建筑行业受环境法规的影响很大，排污费改环保税将加大企业税负，而钢铁、建材等建筑业关联行业也将逐步纳入我国碳交易体系，随着国家对环境监测与监管力度的加大，环保处罚的标准也在提高，因此我国建筑业更应加快产业转型升级、推进建筑节能减排。

企业追求利润和企业价值最大化的经济目标与环境管理目标之间可能存在冲突，学术界也经常探讨企业环境绩效与经济绩效之间的关系。王波、赵永鹏从企业内部环境绩效控制与企业财务绩效之间的关系入手，运用实证方法证明两者之间存在共赢关系[1]。胡曲应则认为积极有效的环境预防管理则可带来环境和财务绩效的共赢，环境绩效与财务绩效表现出显著的正相关关系。并且，环境绩效对财务绩效可能出现边际效用递减现象[2]。Claver E，López M D，Molina J F 认为企业进行环境管理提升了组织能力进而提高了企业的经营绩效[3]。企业进行环境管理所带来的效益不只是经济效益的提高，仅研究企业环境绩效与财务绩效之间的相关性不能体现企业经环境管理之后带来的内部能力提升，本文拟对建筑企业环境绩效与经营绩效之间是否存在相关关系展开研究，探讨建筑企业如何应对日益严厉的环保政策，合理把握市场发展先机，提升自身环境管理能力

的同时增强可持续的竞争优势。本研究将以建筑企业上市公司为对象，以其披露的社会责任报告和财务报告为基础，运用典型相关性工具，将企业环境绩效与经营绩效纳入同一体系中进行研究，本文的研究结论不仅可以用于国家有关部门对建筑企业经营绩效进行全面的评价，还可以作为建筑企业内部管理的一种工具，用于建筑企业本身经营业绩的综合评价。

2 建筑企业环境绩效与经营绩效的概念及相关指标选取

2.1 建筑企业环境绩效

学术界对企业环境绩效的定义目前尚未统一，从相关文献考量来看，对企业环境绩效的定义是研究其与企业经济绩效之间关系的模型的理论起点，简单的定义显然不足以反映环境问题的系统性和复杂性[4]。Elsayed K 和 Paton D 以《今日管理》杂志调查披露的社会环境责任评分作为企业环境绩效，研究了环境绩效与财务绩效之间的关系[5]。Horváthová 在选取污染量排放的指标数据后增加了企业环境管理相关的指标数据，验证了企业环境绩效对于经济绩效的正向影响具有滞后性[6]。邓丽以企业是否取得环境认证、最近三年是否通过环保核查、最近三年是否由重大环保事故等评分作为环境绩效代理变量，发现环境绩效对经济绩效有积极的促进作用[7]。建筑企业由于其产品的特殊性及生产过程的复杂性，其环境绩效不仅表现为生产过程中消耗资源并产生相应的废弃物排放，还表现为建筑产品形成过程中及形成以后对环境造成的影响。因此，要研究建筑企业进行环境治理是否对其经营业绩造成影响，不仅仅是考虑企业对环境造成的负外部性，除了采用污染排放指标外，还应将企业在经营过程中所发生的环境活动以及与环境问题相关

的环境业绩均纳入企业环境绩效指标体系。

世界企业持续发展委员会（WBCSD）推荐企业使用 ISO14031 标准作为指南来选择具体的指标，该指标体系分为环境管理绩效指标（EMI）、环境操作绩效指标（EPI）和环境状况指标（ECI）三个部分[8]。基于现有的建筑业上市公司社会责任报告，大部分环境数据缺失，且各企业所披露的信息尚无统一标准，本研究将采用和讯网社会责任评级中的环境评分，具体包括环保意识 X_1、环境管理认证体系 X_2、环保投入 X_3、排污种类 X_4 以及节约能源种类 X_5 五方面作为建筑企业环境绩效代理变量。

2.2　企业经营绩效

国内学者从多个角度对建筑企业经营绩效的评价指标进行了研究，例如王健根据平衡计分卡的客户、财务、内部运作过程以及自身学习四个方面，建立了建筑企业绩效评价的指标体系[9]；李庆东通过聚类分析，提出了企业财务绩效评价指标体系的 15 个指标[10]；单洁明针对目前建筑企业管理绩效评价存在的局限性，从资产运营效益指标、发展能力指标、市场信誉指标与社会贡献指标构建了评价指标体系[11]；刘铮从可持续性的角度，建立了包含工程承包、工程项目、内部商业流程和自身学习共四个部分的建筑企业绩效评价体系[12]。本文拟从盈利能力、偿债能力、营运能力、发展能力、股东获益能力几个方面选取具有代表性的指标来衡量建筑企业经营绩效。本文采用的经营绩效指标如表 1 所示。

本文拟采用的经营绩效指标表　　　　　表 1

类别	指标名称	指标解释
盈利能力	营业利润率（Y_1）	营业利润率＝营业利润/全部业务收入×100％
	净资产收益率（Y_2）	净资产收益率＝税后利润/所有者权益
偿债能力	资产负债率（Y_3）	资产负债率＝总负债/总资产
	流动比率（Y_4）	流动比率＝流动资产合计/流动负债合计
	股东权益周转率（Y_5）	股东权益周转率＝销售收入/平均股东权益
营运能力	流动资产周转率（Y_6）	流动资产周转率（次）＝主营业务收入净额/平均流动资产总额
发展能力	总资产增长率（Y_7）	总资产增长率＝本年总资产增长额/年初资产总额×100％
	净利润增长率（Y_8）	净利润增长率＝（当期净利润－上期净利润）/上期净利润
股东获益能力	每股收益（Y_9）	每股收益＝（本期毛利润－优先股股利）/期末总股本
	每股净资产（Y_{10}）	每股净资产＝股东权益/总股数

3　典型相关性分析

典型相关分析是 1936 年由 Hotelling 提出，用来研究两组变量之间相关性的一种统计分析方法，其基本原理类似于主成分分析方法，都是通过降维来分析两组变量之间的相关性。两组变量之间的相关关系研究可以采用原始的方法，即分别计算两组变量之间全部的相关系数，这样做虽然也能够反映一定的问题，但过于繁琐且不易抓住问题的本质，典型相关分析可以很好地解决这一问题。典型相关分析

的基本步骤主要包括：（1）多变量组内与组间相关系数矩阵计算；（2）典型相关系数计算与统计显著性检验；（3）典型相关模型构建及分析等主要步骤。关于典型相关分析的基本思想和推导过程可以参照相关的多元统计分析教材，其计算过程可以应用现有的 SPSS、STATE 等软件中附带的功能模块实现。

3.1　数据选取

本文以和讯网发布的上市公司社会责任评测报告为基础，选取了有完整环境绩效评分的

30 家建筑业上市公司的 2012 年至 2016 年间环境评价数据作为样本。相应的，以国泰安数据库中 30 家建筑业上市公司 2012 年至 2016 年经营绩效指标数据作为本研究经营绩效样本数据。

3.2 指标相关性

利用 SPSS 输入典型相关分析命令语句后，得到以下数据。从表 2 环境绩效指标间的相关系数矩阵、表 3 经营绩效指标间的相关系数矩阵以及表 4 环境绩效与经营绩效间的相关

系数矩阵可知，部分指标之间存在显著的相关性关系。相关系数越大表明指标间包含的重叠信息越多，越有利于进行典型相关性分析。

环境绩效指标间的相关系数矩阵　表 2

	X_1	X_2	X_3	X_4	X_5
X_1	1.0000	0.3634	0.0735	0.1356	0.1083
X_2	0.3634	1.0000	0.3048	0.0437	0.2081
X_3	0.0735	0.3048	1.0000	0.3638	0.3657
X_4	0.1356	0.0437	0.3638	1.0000	0.8323
X_5	0.1083	0.2081	0.3657	0.8323	1.0000

经营绩效指标间的相关系数矩阵　　　　　　表 3

	Y_1	Y_2	Y_3	Y_4	Y_5	Y_6	Y_7	Y_8	Y_9	Y_{10}
Y_1	1.000	0.2935	0.0383	0.1089	−0.2415	0.3080	0.0219	0.0311	0.7710	0.2342
Y_2	0.2935	1.000	−0.0499	0.0140	0.4932	−0.3323	−0.0382	−0.0338	0.5224	0.4441
Y_3	0.0383	−0.0499	1.000	0.0243	0.0048	0.0971	−0.0198	−0.0191	0.0237	−0.0205
Y_4	0.1089	0.0140	0.0243	1.000	−0.1326	−0.0996	−0.0882	−0.0870	0.1184	0.2270
Y_5	−0.2415	0.4932	0.0048	−0.1326	1.000	0.6085	0.0272	0.0235	−0.2082	−0.3405
Y_6	0.3080	−0.3323	0.0971	−0.0996	0.6085	1.000	0.0636	0.0646	0.1441	−0.1701
Y_7	0.0219	−0.0382	−0.0198	−0.0882	0.0272	0.0636	1.000	0.9999	−0.0130	−0.2256
Y_8	0.0311	−0.0338	−0.0191	−0.0870	0.0235	0.0646	0.9999	1.000	−0.0061	−0.2217
Y_9	0.7710	0.5224	0.0237	0.1184	−0.2082	0.1441	−0.0130	−0.0061	1.000	0.6000
Y_{10}	0.2342	0.4441	−0.0205	0.2270	−0.3405	−0.1701	−0.2256	−0.2217	0.6000	1.000

环境绩效与经营绩效间的相关系数矩阵　表 4

指标项	X_1	X_2	X_3	X_4	X_5
Y_1	0.3836	−0.1209	−0.0443	−0.1308	0.0498
Y_2	0.0394	−0.1817	−0.2010	−0.0113	0.0392
Y_3	0.0481	0.0537	−0.0766	−0.1344	−0.1572
Y_4	0.1840	−0.1508	−0.1979	−0.0046	0.0181
Y_5	0.0089	0.0419	0.2473	−0.0526	−0.1030
Y_6	0.3967	0.1137	0.1740	−0.1281	−0.1678
Y_7	0.0366	0.1183	−0.0561	0.1844	0.1460
Y_8	0.0395	0.1178	−0.0561	0.1830	0.1458
Y_9	0.3284	−0.2250	−0.1478	−0.1318	0.0335
Y_{10}	0.2783	−0.0024	−0.0759	−0.1570	−0.1751

3.3 典型相关系数及检验

SPSS 统计软件输出的典型相关系数如表 5 所示。表中共有 5 对典型变量检验结果，而只有第一对典型变量通过显著性检验（$\alpha =$

0.01），典型相关系数为 0.721。因此，环境绩效与经营绩效之间存在着典型相关关系，可以取第一对典型变量进行典型关系分析。

典型相关系数及检验　　　表 5

序号	典型关系系数 (Canonical Correlations)	相关系数的卡方统计值 (Chi-SQ)	自由度 (DF)	显著性 (Sig.)
1	0.721	76.787	50.000	0.009
2	0.550	35.659	36.000	0.485
3	0.369	15.518	24.000	0.905
4	0.275	7.312	14.000	0.922
5	0.225	2.912	6.000	0.820

3.4 典型相关性模型

根据 SPSS 给出的各典型变量与各变量组中的每个变量的标准化典型系数，可以得出如

下典型变量的表达式：

$$U_1 = 1.028X_1 + 0.389X_2 + 0.235X_3 + 0.293X_4 + 0.478X_5$$

$$V_1 = 0.489Y_1 + 0.179Y_2 - 0.129Y_3 - 0.310Y_4 + 0.151Y_5 - 0.748Y_6 + 1.966Y_7 | 1.966Y_8 + 0.211Y_9 - 0.590Y_{10}$$

由表达式中的典型相关性系数可以得出如图1所示的建筑业环境绩效与经营绩效之间的典型相关图。从表达式可以看出，对于环境绩效典型变量（U_1），环保意识得分（X_1）、节约能源种类数（X_5）与之相关系数较大，即环境绩效典型变量中发挥主导作用的是环保意识得分（X_1）与节约能源种类数（X_5）。对经营绩效典型变量（V_1）中发挥主导作用的是总资产增长率（Y_7）和净利润增长率（Y_8）。

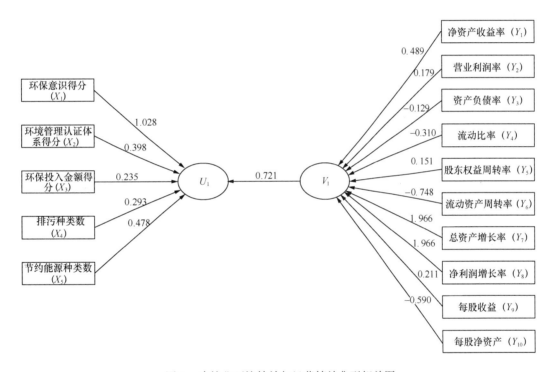

图 1　建筑业环境绩效与经营绩效典型相关图

3.5　冗余度分析与解释能力

冗余度是一组典型变量对另一组观测变量总方差的解释比例，是一种组间交叉共享比例。典型相关系数的平方表示两组典型变量间共同变异的百分比，可进一步分解为各自的解释能力。由表6可见，两组变量被自身解释的比例超过70%，被对方解释的比例超过50%，均有较好的解释能力。

	解释能力	表 6
典型变量	被自身典型变量解释的百分比	被对方典型变量解释的百分比
U_1	0.767	0.587
V_1	0.762	0.684

4　结论与总结

典型相关是研究两组指标间相互关系的统计方法，它将两组指标各当作一个整体进行分析，因而可使两组指标间的相关信息充分表达。通过上述典型相关性分析，可以得出如下结论：①建筑业上市公司环境绩效与经营绩效之间存在正向相关性，且关系显著；②由于各建筑企业在环境治理的成效上没有太多的差异性，因此和讯网给出的环保意识得分这一偏主观性评价指标对建筑企业环境绩效的影响较大；③建筑企业环境绩效指标对大部分经营绩效指标的影响是正向的，且对总资产增长率和净利润增长率影响较大，部分指标如资产负债率、流动比率、流动资产周转率和每股净资产与环境绩效之间的具体关联难以用典型相关性系数解释，有待进一步研究。

由上述结论可知建筑企业对环境进行治理、提高环境绩效能对企业经营绩效产生积极作用。因此，推进绿色施工、节能减排、加速产业转型升级对提高建筑企业经营绩效有重要意义。另外，建筑企业环境信息披露不足给研究带来一定困难，大部分建筑业上市公司还未加入有关环境管理体系认证，行业内始终未出台统一的环境绩效评价体系，使得数据获取难度大。由于不同企业间所获取的环境绩效评分在年份连续性上无法统一，本研究暂时无法对环境治理所带来的后期效益进行研究，仅靠环境绩效指标与经营绩效指标之间的相关性分析难以深入研究其效益提升的作用机理，因此该初步研究有望后续进一步深化。

参考文献：

[1] 王波，赵永鹏.企业环境绩效与财务绩效相关性实证研究——基于 2006 年至 2010 年上市公司的面板数据[J].财会通讯，2012(36)：50-52.

[2] 胡曲应.上市公司环境绩效与财务绩效的相关性研究[J].中国人口·资源与环境，2012，22(6)：23-32.

[3] Claver E，López M D，Molina J F，et al. Environmental management and firm performance：a case study[J]. Journal of Environmental Management，2007，84(4)：606-619.

[4] 杨东宁，周长辉.企业环境绩效与经济绩效的动态关系模型[J].中国工业经济，2004(4)：43-50.

[5] Elsayed K，Paton D. The impact of environmental performance on firm performance：static and dynamic panel data evidence[J]. Structural Change & Economic Dynamics，2005，16(3)：395-412.

[6] Horváthová E. The impact of environmental performance on firm performance：Short-term costs and long-term benefits?[J]. Ecological Economics，2012，84(2)：91-97.

[7] 邓丽.环境信息披露、环境绩效与经济绩效相关性的研究[D].重庆大学，2007.

[8] 田翠香.企业环境管理中的会计行为研究[M].北京：经济科学出版社，2012：139-140.

[9] 王健，曹杰.基于平衡记分卡的建筑企业绩效评价指标研究[J].建筑经济，2005(07)：38-42.

[10] 李庆东.上市公司财务绩效评价与聚类分析[J].工业技术经济，2005，24(8)：146-148.

[11] 单洁明.建筑企业管理绩效评价指标体系研究[J].哈尔滨商业大学学报(自然科学版)，2005(03)：366-369.

[12] 刘铮，朱嬿.建筑施工企业可持续性绩效评价研究[J].土木工程学报，2009(07)：131-134.

"一带一路"沿线国家城市轨道交通及工程建设标准适应性研究

孙　峻　雷　坤　骆汉宾　陈　健　吴　浩

（华中科技大学土木工程与力学学院，武汉　430074）

【摘　要】　基础设施互联互通是"一带一路"建设的"五通"建设的重要板块之一。城市轨道交通作为城市公共交通的骨干系统，是重要的城市基础设施。工程建设标准是国家工程技术实力的标志，中国企业"走出去"的步伐必然伴随着中国标准国际化的进程。

本文通过对"一带一路"沿线国家的城市轨道交通建设工程标准进行调研，全面介绍了沿线国家的城市轨道交通建设基本情况、城市轨道交通建设管理体制和制度以及城市轨道交通工程建设标准的应用情况。据此提出了我国城市轨道交通建设标准国际化的建议，对加快中国标准国际化进行了适应性分析并提出了可实施的建议。

【关键词】　一带一路；国际化；基础设施；城市轨道交通；工程标准

Study on the Adaptability of Urban Rail Transit and Engineering Construction Standards in the Countries along "the Belt and Road"

Sun Jun　Lei Kun　Luo Hanbin　Chen Jian　Wu Hao

(School of Civil Engineering and Mechanics，Huazhong University of Science and Technology，Wuhan 430074)

【Abstract】　Infrastructure interconnection is one of the important sections of the "Five Links" construction of "One Belt，One Road". As the backbone of urban public transportation，urban rail transit is one of the most important urban infrastructures. The project construction standard is a sign of the strength of the national engineering technology. The pace of Chinese enterprises going global is inevitably accompanied by the process of internationalization of

Chinese standards.

This paper investigates the urban rail transit construction engineering standards of the countries along the "Belt and Road" and comprehensively introduces the basic situation of urban rail transit construction along the line, the urban rail transit construction management system and system, and the application of urban rail transit engineering construction standards. Based on this, the paper puts forward the proposal of internationalization of urban rail transit construction standards in China, and makes an adaptive analysis to accelerate the internationalization of Chinese standards and puts forward suggestions for implementation.

【Keywords】 Belt and Road; Internationalization; Infrastructure; Urban Rail Transit; Engineering Standards

1 引言

"一带一路"（The Belt and Road）是"丝绸之路经济带"和"21世纪海上丝绸之路"的简称。"一带一路"倡议提出以来，逐渐从愿景转化为现实、从理念转化为行动。目前，已有100多个国家和国际组织参与，联合国大会、安理会、亚太经合组织、亚欧会议、大湄公河次区域合作等有关决议或文件都纳入或体现了"一带一路"建设内容，与我国签署合作协议的国家和国际组织也在陆续增加中。

"一带一路"以"五通"为主要内容，基础设施互联互通是"一带一路"建设的优先领域。通过重点推进铁路、公路、水路、机场、城市轨道交通项目可以完善快速交通网、基础交通网、城际城市交通网，推动形成国内国际通道联通、覆盖广泛、枢纽节点功能完善、便捷高效的交通网络。"一带一路"倡议提出以来，建设成果丰硕，设施联通不断加强。以中巴、中蒙俄、新亚欧大陆桥等经济走廊为引领，以陆海空通道和信息高速路为骨架，以铁路、港口、管网、城市轨道交通等重大工程为依托的复合型基础设施网络正在形成。

城市轨道交通作为城市公共交通的骨干系统，具有节能、节地、运量大、安全等特点，是重要的城市交通基础设施。我国与"一带一路"沿线部分国家如俄罗斯、巴基斯坦、尼泊尔、孟加拉国、乌兹别克斯坦、越南、伊朗、埃及、以色列等均合作过或正在合作城市轨道交通项目。

实现中国标准国际化不仅有助于中国企业在国际工程招标项目中脱颖而出，也将有效拉动国内相关行业的发展，实现从输出"产品"到输出"技术"，再到输出"规范标准"的跨越[1]。由一个标准体系带动背后系列产品、技术、管理、设备的整体走出去，已成为业界的广泛共识。

通过开展调研，全面了解"一带一路"沿线国家城市轨道交通基本情况、城市轨道交通工程建设管理体制与制度，以及城市轨道交通工程建设标准现状研究，提出有针对性、灵活性的城市轨道交通工程建设标准国际化的对策和建议，可以为城市轨道交通领域推动"一带一路"基础设施和城乡规划建设提供方向和参考依据，为推动中国标准实现国际化，加快中国企业走出去的步伐保驾护航。

2 "一带一路"沿线国家城市轨道交通概况

2.1 沿线国家范围及区域划分

根据"中国一带一路网"网站上最新国家名单,本文共梳理归纳了"一带一路"沿线的72个国家城市轨道交通基本情况,划分为东亚、东盟、西亚、南亚、中亚、独联体、中东欧及其他等区域,如表1所示。

"一带一路"沿线国家分区表　表1

区域	国　　家
东亚2国	蒙古、韩国
东盟10国	新加坡、马来西亚、印度尼西亚、缅甸、泰国、老挝、柬埔寨、越南、文莱和菲律宾
西亚18国	伊朗、伊拉克、土耳其、叙利亚、约旦、黎巴嫩、以色列、巴勒斯坦、沙特阿拉伯、也门、阿曼、阿联酋、卡塔尔、科威特、巴林、希腊、塞浦路斯和埃及
南亚9国	印度、巴基斯坦、孟加拉、阿富汗、斯里兰卡、马尔代夫、尼泊尔和不丹、东帝汶
中亚5国	哈萨克斯坦、乌兹别克斯坦、土库曼斯坦、塔吉克斯坦和吉尔吉斯斯坦
独联体7国	俄罗斯、乌克兰、白俄罗斯、格鲁吉亚、阿塞拜疆、亚美尼亚和摩尔多瓦
中东欧16国	波兰、立陶宛、爱沙尼亚、拉脱维亚、捷克、斯洛伐克、匈牙利、斯洛文尼亚、克罗地亚、波黑、黑山、塞尔维亚、阿尔巴尼亚、罗马尼亚、保加利亚和马其顿
其他	摩洛哥、南非、新西兰、巴拿马、马达加斯加

2.2 区域国家城市轨道交通现状

本次调研主要采用网上查阅相关资料的方式,通过广泛查阅相关资料,了解"一带一路"沿线国家城市轨道交通现状。在调研的72个国家中,各国呈现出显著差异,有些国家已经具备了较为完善的城市轨道交通系统,比如韩国的首尔、马来西亚的吉隆坡,但仍然会根据情况适时完善网络,规划、建设、开通新的城市轨道交通线路[2];有些国家则完全没有城市轨道交通,但已进行了相关规划,并正在建设,比如印尼的雅加达、越南的河内;有些国家已有相关规划,比如柬埔寨的金边。基于此,本章将从开通运营、正在建设、已规划、既无城市轨道交通也无相关规划四个方面分区域梳理调研国家城市轨道交通发展概况。同时,为了使统计信息相对全面,将根据既有调研资料尽量分城市、分制式进行汇总。对于已开通运营城市轨道交通的国家,将统计其已运营城市轨道交通的系统制式(包括地铁、轻轨、单轨、有轨电车、磁浮、自动导向轨道、市域快速轨道系统)、线路条数及运营里程;对于正在建设城市轨道交通的国家,将统计其在建线路系统制式、条数及在建里程;同样,对于规划城市轨道交通的国家,将统计其规划线路制式、条数及规划里程。

2.2.1 已建成

已开通运营城市轨道交通的国家31个,如表2所示。

已开通运营城市轨道交通的国家　表2

所在区域	国　　家
东亚	韩国
西亚7国	土耳其、希腊、阿联酋、沙特阿拉伯、以色列、伊朗、埃及
南亚3国	印度、巴基斯坦、斯里兰卡
中亚2国	乌兹别克斯坦、哈萨克斯坦
东盟4国	新加坡、泰国、马来西亚、菲律宾
独联体7国	俄罗斯、乌克兰、白俄罗斯、格鲁吉亚
中东欧6国	爱沙尼亚、捷克、波兰、罗马尼亚、保加利亚、匈牙利
其他	巴拿马、摩洛哥、南非、新西兰

运营制式涉及除磁浮外的全部类型,运营

线路条数和里程最多的是地铁制式，其次是轻轨，但从城市数量看，运营有轨电车的城市要多于轻轨。

运营制式最多的是马来西亚的吉隆坡，既有运行于吉隆坡国际机场的自动导向轨道系统（APM），也有地铁、轻轨、单轨等制式，且有一段无人驾驶线路，但由于吉隆坡都市圈的轨道交通网络有三家公司在运营，相互换乘时需分开购票，会带来一定的不便和花费。

线路里程最长的是俄罗斯，根据本次调研统计，共有 19 条线路、459.7km，其中莫斯科有 14 条线路、346.2km；其次是韩国的首尔，目前共运营 9 条地铁线路、运营里程 314km，并有一条在建线路。

造价最高、最先进的是阿联酋的迪拜地铁。2009 年已开通了全自动无人驾驶的地铁线路，全线开通后将是世界上最长的无人驾驶线路；由于采用全自动无人驾驶，其制动和加速均为最佳状态，运行时节约能耗，停靠站点准时，车辆利用率高，运营所需的车辆少，车与车之间的时间间隔仅需 100s，即使遇到大型活动，也无须增加车次；车厢配备真皮座椅、影音系统、电玩游戏及无线上网设备；票价按车厢分级，有头等车厢、一般车厢和妇幼车厢三种票价。

运营线路最短、最倾斜的是以色列的海法地铁，仅 1.8km，由于海法地铁很大一部分都坐落在卡梅尔山上，地铁从月台、轨道到列车，全部都有很大的坡度或阶梯，车厢里面也呈现楼梯级。

2.2.2 在建线路

正在建设城市轨道交通的国家 15 个，包括：西亚 7 国——土耳其、希腊、卡塔尔、阿联酋、以色列、伊朗、埃及；南亚的孟加拉国；中亚的哈萨克斯坦；东盟 4 国——印度尼西亚、马来西亚、越南、菲律宾；独联体的俄

罗斯；以及其他区域的摩洛哥。在建线路系统制式包括地铁、轻轨、有轨电车、市域快线共四种，在建线路调试和里程最多的是地铁制式，其次是轻轨。

2.2.3 规划中线路

正在规划城市轨道交通的国家 19 个，包括：东亚 2 国——韩国、蒙古；西亚 5 国——塞浦路斯、土耳其、科威特、以色列、埃及；南亚 3 国——印度、巴基斯坦、斯里兰卡；中亚的哈萨克斯坦；东盟 4 国——印度尼西亚、马来西亚、菲律宾、柬埔寨；独联体的俄罗斯；中东欧 2 国——克罗地亚、匈牙利。规划线路制式包括地铁、轻轨、有轨电车和单轨，其中地铁制式居多。

2.2.4 尚无城市轨道交通且近期无相关规划

本次调研发现，一带一路沿线有 33 个国家处于尚无城市轨道交通且近期没有相关建设规划的状态，如表 3 所示。

无城市轨道交通线路及建设规划国家　表 3

所在区域	国　　家
西亚 8 国	黎巴嫩、叙利亚、约旦、伊拉克、巴勒斯坦、也门、巴林、阿曼
南亚 5 国	阿富汗、尼泊尔、不丹、马尔代夫、东帝汶
中亚 3 国	吉尔吉斯斯坦、塔吉克斯坦、土库曼斯坦
东盟 3 国	文莱、缅甸、老挝
独联体 3 国	摩尔多瓦、亚美尼亚、阿塞拜疆
中东欧 10 国	阿尔巴尼亚、黑山、拉脱维亚、立陶宛、塞尔维亚、克罗地亚、波黑、马其顿、斯洛文尼亚、斯洛伐克
其他	马达加斯加

2.3 一带一路沿线国家城市轨道交通分区域概览

分区域对一带一路沿线国家的城市轨道交通概况总结可以看出，东亚地区的韩国城市轨

道交通已初具规模。首都圈地铁目前共计 587 个站，总里程已达 1117.3km。而蒙古则尚处于起步阶段，在其首都乌兰巴托有一条规划中的地铁线路。

西亚 18 国的城市轨道交通产业总体来说发展相对滞后，大部分国家尚无运营中的线路，有 8 个国家既无在运营线路，近期也没有相应的规划。

南亚地区印度和巴基斯坦的城市轨道交通发展较快，且我国企业在巴基斯坦、尼泊尔、孟加拉国等多个国家已有城市轨道交通项目合作的工程实践。

中亚地区的乌兹别克斯坦首都塔什干是中亚首座有城市轨道交通系统的城市，现有 3 条线路；哈萨克斯坦有 6 座城市存在过有轨电车系统，但目前大部分已拆除，阿拉木图运营有地铁，并在建轻轨；其余三国没有也未规划城市轨道交通系统。

东盟地区的文莱、缅甸、老挝完全没有城市轨道交通及相关规划，城市轨道交通建设较为发达的国家是新加坡、马来西亚（主要是首都吉隆坡），其次是泰国和菲律宾，其他国家相对较为落后。

独联体地区的摩尔多瓦、亚美尼亚、阿塞拜疆目前没有城市轨道交通及相关规划，其他国家城市轨道交通建设相对较为发达，尤其是俄罗斯。我国的中铁二十三局曾与格鲁吉亚就第比利斯绕城地铁达成过战略合作，对于我国企业在海外承接工程具有一定的借鉴意义。

从城市轨道交通现状上来看，中东欧地区各国的轨道交通建设水平参差不齐，无论从速度，还是从网络健全程度看，城市轨道交通建设现状均较为落后。目前仅爱沙尼亚、捷克、波兰、罗马尼亚、保加利亚、匈牙利 6 国具有地铁等城市轨道交通，其余国家都没有城市轨道交通设施。

3 "一带一路"沿线国家城市轨道交通建设管理体制和制度

在调研了"一带一路"沿线 72 个国家城市轨道交通基本情况的基础上，同步调研了这些国家城市轨道交通工程建设管理体制、制度。主要内容包括：国家工程建设管理及标准的相关法律、法规、制度和政策情况，工程项目的监管部门、监管机制及有关情况以及工程建设标准化工作的负责部门及相关情况。由于调研国家较多、各国情况不同，本章将按区域的方式梳理各国的情况，即东亚 2 国、东盟 10 国、西亚 18 国、南亚 9 国、中亚 5 国、独联体 7 国、中东欧 16 国以及其他区域 5 国。

根据对各国有关工程建设的法律法规的研究，在众多工程建设相关法规中有代表性、有普遍意义的法律主要是该国的公共采购制度。

3.1 东亚

对东亚 2 国韩国、蒙古的调研发现，蒙古有关工程建设的法律不健全，且无相关标准化机构，招投标往往由发标单位自行决定，多数没有监督和公证单位参与。韩国的工程建设相关法律较为健全，标准化管理部门体系也很完善。

在标准使用方面，蒙古的工程建设对国际标准很看重，优先采用本国所承认的国际标准；韩国一般采用国家总统令规定的标准（表 4）。

东亚国家城市轨道交通建设管理体制和制度　表 4

国家	法律	标准化部门	标准体系
蒙古	政府采购法		以蒙古所承认的国际标准为基础，以国家标准、技术要求、规范、规章制度为依据

续表

国家	法律	标准化部门	标准体系
韩国	政府采购法执行令、城市铁路建设条例	韩国标准化协会、韩国标准科学研究院、韩国技术标准院	一般采用国家总统令规定的标准

3.2 西亚

西亚地区的轨道交通产业总体较不发达，许多国家处于无城市轨道交通或仅有在建轨道交通项目的状态，故有关城市轨道交通技术法规和标准体系不够健全。部分国家在公共采购方面的立法也不完善，例如黎巴嫩、叙利亚等，对于国家工程建设项目采用的标准要求尚无明确规定。有关城市轨道交通技术法规和标准体系也不够健全。

标准方面，西亚地区大多数国家倾向于采用国际标准，或者依据国际标准如 ISO 标准、欧盟标准、GCC 标准等来制定本国标准。除少数国家明确采用欧盟标准外，大多数国家对于国际标准的范围尚不明确。

西亚国家城市轨道交通建设管理体制和制度 表5

国家	主要法律	标准化部门	标准体系
塞浦路斯	12（1）号公共合同法	塞浦路斯标准化组织（CYS）	欧洲指令和标准
土耳其	第 14734 号公共采购法	土耳其标准机构（TSE）	欧盟工业指令
叙利亚		叙利亚标准和计量组织	按国际标准制定国家标准和计量法规
黎巴嫩	11404 号法令、14293 号法令	黎巴嫩标准机构（LIBNOR）	自愿性标准、强制性标准
约旦	第（70）号附例政府工程附则、第 13 号建筑承包商法	标准与计量组织（JSMO）	自愿性标准、强制性标准
巴勒斯坦	第（6）号法律	巴勒斯坦标准机构（PSI）	自愿性标准，源自国际标准和建议
也门	23 号投标、拍卖和仓库法	也门标准化、计量和质量控制组织（YSMO）	GSO 制定发布的标准
巴林	2002 年第 36 号法令	巴林标准计量局（BSMD）	采用国际标准或海湾标准作为国家标准，或者按照国家要求来制定标准
科威特	公开招标法	标准和计量部门（KOWSMD）	主要来源于美国、欧盟、ISO 和 GCC 标准，部分采用海湾合作委员会标准
阿曼	第 36 号皇家法令	标准和计量总局（DGSM）	强制性标准，采用 GSO 标准或从另一个国际标准组织派生的标准
沙特阿拉伯	政府招标采购法	沙特阿拉伯标准化组织	依据 ISO、IEC 等国际标准和 GCC 等区域性标准制定
以色列	5753 号招标法	以色列标准机构（SII）	美国、欧盟、ISO 和 GCC 标准
伊朗	1017002 号文、标准与工业研究所法律	伊朗标准与工业研究所（ISIRI）	国家标准、国际标准、欧洲标准、北美标准、日本标准、韩国标准、澳大利亚标准、中国标准、工厂标准与案例标准
埃及	第 8 号投资激励与担保法	标准和质量控制组织（EOS）	强制性标准，主要源自国际标准化组织等国际机构颁布的标准

3.3 南亚

南亚地区调研国家包括印度、巴基斯坦、孟加拉国、阿富汗、斯里兰卡、马尔代夫、尼泊尔、不丹、东帝汶 9 国（表6）。其中，尚未查到马尔代夫有关工程建设及城市轨道交通的相关法律法规与标准；尼泊尔有两份采购政策文件，但没有关于标准的有关规定；东帝汶独立时间仅 15 年，法制不健全，对于外国承包商在当地承包工程暂无特殊规定，且外国承包商在当地承包工程暂无禁止领域，通常都采用公开招标的方式决定。

标准方面，采购政策基本均规定优先使用符合国家要求的在国际贸易中广泛使用的国际标准，或者使用能保证同等或更高质量的国内或其他国家标准。

南亚国家城市轨道交通建设

管理体制和制度   表 6

国家	法律	标准化部门	标准体系
印度	印度国家建筑法典	印度标准化局（BIS）	
巴基斯坦	信德省政府采购条例、旁遮普省采购条例	巴基斯坦标准和质量控制局（PSQCA）	
阿富汗	政府采购法		
尼泊尔	公共采购规则 2064	公共采购法，2063	
孟加拉国	2006 年公共采购法案		主要采用日本标准
斯里兰卡	2006 年采购指南	SLSI 标准协会	斯里兰卡标准，国际标准
不丹	政府采购规则和条例		

3.4 中亚

中亚地区调研了哈萨克斯坦、乌兹别克斯坦、土库曼斯坦、塔吉克斯坦和吉尔吉斯斯坦 5 国。从工程建设所采用的标准上，中亚国家

采购政策基本均规定优先使用符合国家要求的、在国际贸易中广泛使用的国际标准，或者使用能保证同等或更高质量的国内或其他国家标准。我国在该地区与乌兹别克斯坦有轨道交通设施的合作。该地区对中国标准的接受程度较高，乌兹别克斯坦的卡姆奇克（铁路）隧道全面采用中国标准、中国技术，并取得成功。

中亚国家城市轨道交通建设

管理体制和制度   表 7

国家	法律	标准化部门	标准体系
乌兹别克斯坦	共和国标准化法		主要采用国际（国家间、区域）标准；其次是国家标准和外国国家标准
吉尔吉斯斯坦	公共采购法	国家标准与计量研究院	国际标准制定的本国标准
塔吉克斯坦	政府采购法		
土库曼斯坦	招标法	土库曼斯坦标准信息中心	
哈萨哈克斯坦	政府电子采购法、政府采购法	哈萨克斯坦技术调节与计量委员会	自愿性标准、强制性标准

3.5 东盟

在所调研的东盟国家中，新加坡有自己国家规定的政府采购文件，且是国际组织 GPA 的缔约方，现中国正在加入该组织，若中国成为该协议的缔约方，则在新加坡可直接运用 GPA 的标准。泰国虽然有政府采购法，但对于外资比较欢迎，没有太多的限制，比如与中国在轨道车辆方面合作时，沿用的是国际标准。老挝目前没有独立的标准组织，而且老挝国家建设标准的编制是由我国来帮助建立，我国标准在老挝的认可度非常高。柬埔寨、菲律

宾没有城市轨道交通标准。具体参见表8。

东盟国家城市轨道交通建设
管理体制和制度　表8

国家	法律	标准化部门	标准体系
新加坡	政府采购法案	生产与标准局（PSB）	
印度尼西亚	第 54 号/2010（PR54）总统令	印度尼西亚国家标准总局（BSN）	
马来西亚	公共采购法	马来西亚标准局	主要来自可接受的国际标准或其等效标准
越南	越南招标法	越南标准质量总局（STAMEQ）	主要根据区域性和国际性的标准及其他国家的标准制定

3.6　独联体

独联体地区城市轨道交通建设较为发达，工程建设及城市轨道交通相关法律法规的制度也很完善（表9）。

摩尔多瓦与白俄罗斯，目前在轨道交通领域都积极与欧盟标准靠拢；白俄罗斯土木工程业已经开始使用欧盟标准，同时白俄罗斯58项相关标准与欧盟现行标准统一并执行；由于摩尔多瓦目前实施欧洲一体化政策，国家的整体战略是最终加入欧盟，因此所有的工程项目均采用欧盟标准。乌克兰、亚美尼亚、格鲁吉亚对国家标准特别重视，在这些国家的相关采购文件中，都规定当国家标准不存在时，所使用的标准必须与国际临时技术文件或国际标准相符。俄罗斯在城市轨道交通工程领域依据的是俄罗斯标准。

独联体国家城市轨道交通建设
管理体制和制度　表9

国家	法律	标准化部门	标准体系
俄罗斯	俄罗斯联邦技术法规	国家标准化技术委员会	强制性标准、自愿性标准
乌克兰	政府采购法	乌克兰国家计量局	
格鲁吉亚	国家采购法、国家采购法实施细则	国家标准、技术法规与计量局	
亚美尼亚	公共采购法	亚美尼亚全国标准学会	

3.7　中东欧

中东欧 16 国里除波黑外其余国家均为欧盟成员国或候选国。中东欧调研国家均有健全的工程建设法律法规体系，这些体系均以欧盟的法律法规体系为基础（表10）。

标准方面，中东欧国家对欧洲标准、国际标准的接受程度很高。立陶宛、波兰、拉脱维亚、爱沙尼亚、马其顿、罗马尼亚、斯洛文尼亚、捷克的工程建设标准均以欧盟标准为基础建立；黑山、波黑则将欧盟标准放在第一位；阿尔巴尼亚放在第一位的是国际标准。从我国在这些地区的实践看，我国有在黑山采用欧洲标准修建铁路的经验，波黑有我国公司中标的"波黑铁路项目"。

中东欧国家城市轨道交通建设管理体制和制度　表10

国家	法律	标准化部门	标准体系
黑山	公共采购法		主要采用欧盟及国际认可的标准
爱沙尼亚	公共采购法	爱沙尼亚标准化中心	主要采用转换欧洲标准的爱沙尼亚标准，其次采用欧洲标准
拉脱维亚	公共采购法	拉脱维亚标准公司	符合拉脱维亚国家标准和欧洲技术认证状态的欧洲标准，通用技术规范，其他国际标准以及由欧洲标准化机构制定提供的其他技术参考系统

续表

国家	法律	标准化部门	标准体系
立陶宛	公共采购法	立陶宛标准局（LST）	标准采用顺序依次为：①立陶宛标准转换为欧盟的技术标准；②欧盟支持的技术规范；③公共技术规范；④国际标准；⑤由欧盟标准委员会所建立的标准体系
捷克	公共采购法	捷克标准局	标准主要根据欧洲标准制定
波兰	公共采购法	波兰标准化委员会（PKN）	标准使用顺序依次为：①波兰规范转换欧洲标准；②转移欧洲标准的其他欧洲经济区成员国的标准；③欧洲技术评估，按照欧洲相关评估文件的规定；④国际标准；⑤通用技术规范；⑥标准化机构通过的技术规范；⑦由欧洲标准化组织制定的其他技术参考系统[3]
克罗地亚	公共采购法	标准学会	标准主要来源于美国、欧盟、ISO 和 GCC 标准
波黑	波黑采购法		标准使用顺序依次为：①符合欧洲标准，技术认证或者欧洲标准的波黑标准，欧盟使用的通用技术规范；②国际认可的标准，技术法规或规范；③其他波黑标准或其他技术性质的参考文件
马其顿	公共采购法		标准的采用按以下顺序：①欧洲标准；②通过欧洲技术认证，在欧盟使用的通用技术规范；③国际标准或其他技术
罗马尼亚	采购法	中央标准院	标准使用顺序依次为：通过参考转换欧洲标准的国家标准；欧洲技术认可；欧洲共同体使用的通用技术规范；国际标准或由欧洲标准化机构制定的其他技术参考
斯洛文尼亚	公共采购法		标准使用顺序依次为：根据斯洛文尼亚标准调换欧洲标准，欧洲技术认证，通用技术规范，国际标准，由欧洲成立标准化机构所发布的其他技术参考系统
斯洛伐克			全面实行欧盟的规定和标准
保加利亚	公共采购法	保加利亚标准化研究所（BDS）	标准的采用按以下顺序：保加利亚转换成的欧洲标准；欧洲标准
匈牙利	建设法、公共采购法	匈牙利标准化机构（MSZT）	匈牙利国家标准

3.8 其他地区

其他地区调研了巴拿马、马达加斯加、摩洛哥、南非、新西兰、南非5国，其工程建设及标准相关法规、标准化负责部门及相关情况见表11。

其他地区国家城市轨道交通建设管理体制和制度　表11

续表

国家	法律	标准化部门	标准体系
巴拿马	第23号法案	标准及工业技术总局、巴拿马工业和工业技术标准委员会（COPANIT）	美国，欧洲或任何工业国家标准和技术法规
摩洛哥	Règlement Marchés AMMC		欧洲及美国标准
南非		南非标准局（SABS）	南非国家标准，部分与国际标准等同
新西兰		新西兰标准组织	

4 对我国工程建设标准"走出去"分析

4.1 我国工程建设标准适应性分析

一带一路沿线中，大多数国家不强制要求

使用本国标准，将国际标准如欧盟标准、ISO标准、区域性标准化组织制定的标准等纳入本国的标准体系中去。在尚未形成完善的城市轨道交通规范体系的国家中，有部分国家对于国际标准和欧盟标准的接受程度较高，但却并未在法律层面对其他国家的标准加以限制。因此，在这些国家，中国标准在走出去的过程中，有较大可能被接受，甚至可以进一步发展至以中国标准为基础帮助建立起本国的标准体系。

美、德、法、俄等国家在城市轨道交通领域起步较早[4]，标准体系较为完善，中国标准基本无法进入当地市场，需按照项目所在国法律及所在国标准体系执行，需要对走出去企业进行国外标准的学习培训，特别是对与中国标准相应差异性的学习培训。像土耳其、埃及等项目所在国有部分建设规范，其他规范借鉴和采用欧美规范，结合项目所在国法律情况，除当地强制使用的规范之外，如具备推行中国标准的条件可尝试。像越南、安哥拉、哈萨克斯坦等项目所在国有部分建设规范，没有完整规范体系，可结合项目所在国法律情况，通过对当地建立相应规范体系的工作，推行中国标准。

从目前各个国家发展的情况来看，尤其是能够修建城市轨道交通的城市，其多少在所在国家和地区有一定的经济、技术基础，都在慢慢发展适合自己的标准规范体系，尤其是各国条件迥异的土建基础设施方面，由于各地条件的不同，很多地区在长久的发展之中均形成了一套适合当地的做法，有的已经发展成当地的规范，更有一些形成了当地的强制标准规范。对于这些需要理性认识，不能一味排斥，需要通过与当地机构企业融洽对接，发挥各自长处，带动当地就业和发展，形成双赢局面，才能保证项目的顺利实施，保证适当的中国标准

的落地生根[5]。

通过对 70 余个国家标准化现状的研究，对沿线国家城市轨道标准的应用情况可得出以下总体认识：

（1）"一带一路"沿线的中亚和南亚国家对中国标准的接受程度相对较高，有些国家是直接采用中国标准。

（2）"一带一路"沿线西亚地区大多数国家倾向于采用国际标准，或者依据国际标准制定本国标准。

（3）"一带一路"沿线的中东欧地区，在城市轨道交通领域，对欧盟标准应用较多，这些国家或直接采用欧盟标准，或把本国标准转化为符合欧盟要求的标准，或者以欧盟标准为基础进行本国标准的制定。

（4）"一带一路"沿线的独联体地区，由于该地区的轨道交通建设较为发达，相关法律法规的制度也很完善。

（5）"一带一路"沿线的其他国家中，摩洛哥虽地处非洲，但使用欧美标准。南非国家标准局（SABS）特别重视国际标准如：ISO标准、IEC标准，他们在制定本国标准时，都要看是否有相应的标准在国家标准里有所规定，但是由于南非长时间的种族隔离制度的影响，南非的国家标准中，与国际标准等同的却只有 20%～25%，因此我国标准在该地区有相当大的推广潜力。

4.2　我国工程建设标准实施建议

通过调研可以发现，一方面在"一带一路"沿线国家中，城市轨道交通建设领域市场需求广阔，有超过 30 个国家处于完全无城市轨道交通基础设施的状态，同时有很多国家的城市轨道交通建设领域处于刚刚起步阶段，建设体制尚不健全，建设标准尚不明确。同时，得益于之前和一些国家的成功合作案例，中国

标准、中国技术已经在海外打开了一定的市场。在这种形势下，加快中国标准的国际化步伐，提高中国标准"走出去"的力度，必然会进一步带动中国企业、中国产品和中国技术走出去。通过对沿线国家工程标准应用的现状调研，对中国城市轨道交通标准走出去可以归纳出以下几点建议[6]：

（1）不断提升中国标准质量。通过对国外先进标准的学习和借鉴，制定具有中国特色并兼容国际标准的中国标准，重点解决标准不兼容问题、标准不合国际规则问题、标准理解困难等问题。同时，标准内容编写尽可能采用国际通行的表现形式，形成严谨易读的标准内容，以适应不同地域、不同文化、不同政治结构的国家。组织梳理欧美标准与中国标准的差异，特别注重技术参数标准选定、与当地标准融合应用等问题，以增强推广中国标准的说服力，同时也进一步完善中国标准，以便于国际市场对我国标准的理解、评估和采用[7]。

（2）改进标准编制方法。我国标准的编制内容多为直接给出结论，原理性解释说明及引用出处说明缺失。技术人员对规范及公式的理论解释不透彻，在国际工程项目中，与国外不同文化背景的技术人员沟通和解释过程中难以让对方信服，造成对方不认可、不接受中国标准，对推行中国标准国际化造成很大困扰。

因此对于标准的条款规定不要太死板，标准之间减少交叉与重叠，优化标准编制的方法和内容，标准内容编写形式尽可能与国际标准接轨。我国东西向、南北向国土空间长度均超过5000km，无论从地形、地质上还是气候、人文风俗等方面差异均较大，"一带一路"沿线国家的差异更大，应充分考虑标准的地区化差异，针对不同地区的实际情况合理确定参数取值，避免给标准的推广和执行带来困难。

（3）加快推出中国标准外文版。"一带一路"沿线各国语言各异，针对不同地域、不同文化、不同政治结构的国家，要积极推广多语种版本的中国城市轨道交通国家和行业标准，特别是英文、法文、俄文以及阿拉伯文等常用语种，并在世界范围内发行，彻底改变我国工程技术标准的"封闭性"。目前大部分中国标准缺乏官方外文版本，在实践中由企业自行组织人员翻译。这不仅给企业额外增加了负担，还会导致翻译质量参差不齐，同时由于缺少权威性难以得到认可等一系列的问题。

因此，加快中国标准"走出去"应尽快编制、完善中国标准的官方外文版，便于为国外同行理解中国标准提供准确统一的版本。目前，可优先翻译代表中国核心技术的标准和具有决定技术框架作用的工程标准、产品标准，今后应研究重要标准与制修订同步翻译的制度性安排。同时，可积极开展有关行业协会（组织）或企业标准翻译的认定工作，通过权威部门的认可，保证企业开展标准翻译工作的积极性。

5　总结

"一带一路"战略的实施，既对中国标准国际化提出了要求，也为中国标准国际化提供了新的机遇和支点。通过对沿线国家的工程建设标准应用情况的调研可以发现，中国标准、中国技术在海外具有相当大的市场有待开发。加快推进中国标准国际化的步伐，需要国家、行业、企业等各个层面的力量携手，共同努力。

参考文献

[1] 柴华，刘怡林.“一带一路”倡议下工程建设标准国际化的现状分析与政策建议的探讨[J].工程建设标准化，2018(3).

[2] 吕天婧，金世镛.韩国城市扩张与城市轨道交通

发展[J]. 城市地理，2018(4).

[3]　潘慧宁. 波兰政府采购体系及市场情况[J]. 国际工程与劳务，2011(7)：35-37.

[4]　范颖玲. 欧美经验与案例：城市轨道交通多制式发展[J]. 城市轨道交通，2017(3)：44-49.

[5]　王芬，李大伟. 国家工程建设标准化实施效果及测度方法研究[J]. 工程建设标准化，2013(10)：13-17.

[6]　黄远灼. 对我国城市轨道交通工程建设标准工作的探讨[J]. 城市规划，2002，26(11)：69-71.

[7]　周家祥. 工程建设标准国际化战略与实施的探讨[J]. 当代石油石化，2013，21(1)：14-19.

工程造价咨询企业开展全过程工程咨询面临的挑战及路径探索

张兴旺

（中国建设工程造价管理协会，北京　10000）

【摘　要】　通过对开展全过程工程咨询的政策背景及行业现状研究，并在分析工程造价咨询企业开展全过程工程咨询的优势及劣势、开展业务的关键点及困难点的基础上，研究以投资控制为主线的全过程工程咨询工作模式，提出工程造价咨询企业开展全过程工程咨询业务的有效路径。

【关键词】　全过程；造价咨询；投资控制；有效路径

Challenges and Path Exploration In The Whole Process Engineering Consultation For Cost Consulting Companies

Zhang Xingwang

（China Engineering Cost Association，Beijing 10000）

【Abstract】　Through the analysis of the background and present situation of the whole process engineering consultation，this paper analyzes the advantages and disadvantages of the whole process engineering consultation carried out by cost consulting companies，with the key and difficult points for such business．This paper also studies working mode of the whole process engineering consulting with the main focus on investment control，and defines its effective path for the cost consulting companies．

【Keywords】　Whole Process；Cost Consultation；Investment Control；Effective Path

建设项目的全过程工程咨询，即专业咨询机构为项目决策、实施和运营持续提供局部或整体解决方案以及管理咨询服务。可以提供从项目立项、可行性研究、勘察设计、招投标代理、施工管理、监理到竣工结算、运维管理以及后评价等在内的全部或部分阶段咨询服务，也可以是特定的技术、经济、管理等专业服务。

1 国家有关政策的解读

2017年2月21日，国务院《关于促进建筑业持续健康发展的意见》（国办发〔2017〕19号）提出了要推行工程总承包和全过程工程咨询。推行全过程工程咨询的目的旨在培育一批具有国际水平的全过程工程咨询企业。该文件在建筑业全产业链中首次提出了"全过程工程咨询"这一可持续性发展的概念。随后，为贯彻落实国务院促进建筑业持续健康发展意见，国家发展改革委及住房城乡建设部联合19部委发布了《住房城乡建设部等部门关于印发贯彻落实促进建筑业持续健康发展意见重点任务分工方案的通知》（建市〔2017〕137号）。国务院、住房城乡建设部、发展改革委等一系列文件的发布表明国家将要大力推行全过程工程咨询的模式，鼓励并倡导勘察、设计、造价、招标代理、监理等企业通过并购重组、联合等方式发展全过程工程咨询服务，逐步形成建设工程项目全寿命周期的一体化工程咨询服务体系，从而实现工程咨询业转型升级。上述文件的发布，标志着工程咨询行业转型发展的新时代来临。

2 政策出台的背景分析

长期以来，我国建设工程的决策、设计、招投标、施工和竣工验收等各阶段分别由不同的部委主管，造成了国内工程咨询市场呈现出投资咨询、勘察设计、造价咨询、监理、招标代理等碎片化管理现状，导致了责任不清，企业负担不断加重。在这种情况下，工程咨询服务模式急需变更和创新，推行全过程工程咨询是提升服务能力、提高管理效率、满足业主多元化需求的必由之路。

2.1 碎片化管理导致责任不清

在碎片化管理模式下，工程定义文件由投资咨询、设计单位、造价咨询、招标代理等机构分别完成，建设意图由各家碎片化表述，从源头上就存在大量错、漏、碰、缺等问题，必然造成建设过程变更增多，导致工期延误，工程造价增加，同时，腐败风险和管理成本激增。同时，建设项目由五方责任主体共同负责，各干系方内耗巨大，管理交叉，疲于协调。这种碎片化模式已进入到发展的瓶颈期，具有较大的缺陷，被广大业主诟病。

2.2 建筑业变革和业主需求多元化提出更高要求

伴随着我国建设工程项目的建设规模、技术复杂程度和投资总额不断增大，项目管理模式多样化，项目投融资渠道多元化，业主对工程咨询企业也提出了更高更细的要求。这就要求建设工程咨询企业应努力适应当前我国建设工程项目的实际特点，并与国际先进的工程咨询模式接轨。运用现代化的技术和科学有效的管理手段，对建设项目进行连续性的全过程控制，使建设项目从项目立项开始就朝着可控方向发展，这也是当前国际上工程咨询服务的发展潮流，也符合我国建设工程咨询服务的发展方向。

3 工程咨询行业的现状及问题

2017年全过程工程咨询相关政策落地后，政府相关主管部门希望通过试点先行打造出一批具有国际影响力的全过程工程咨询企业，从而带动行业整体发展，最终实现工程项目全过程咨询服务的产业化整合，逐步建立一体化的项目管理咨询服务体系。然而，在当前实践过程中，还有许多现实问题需要面对和解决。

3.1 政府顶层设计缺乏明确引导

自从 2017 年 2 月国务院提出全过程工程咨询要求以来，全过程工程咨询的试点省份都开展了具体工作，也发布了各自的地方性文件用于指导工作。但这些政策还有一些缺陷，比如，各地方政策中关于承接全过程工程咨询业务的资质要求不完全统一，通常要求具备投资咨询、勘察设计、监理、招标代理、造价咨询等一项或多项资质，引起了社会的广泛争议。纵观一年来的全过程咨询发展，其显著特征是："监理急、造价忙、设计冷"。为什么被顶层设计为全过程咨询主导的建筑师们并不积极，监理师们以为这是柳暗花明的机会却不被市场认可，造价师们忙着转型升级却只是在造价企业圈子里自嗨？其根本原因是部分地方政府主管部门和一些委托方对参与全过程工程咨询主体的责权利定位不清晰，同时也对全过程工程咨询的解读和理解出了偏差，甚至产生误解。

3.2 民用建筑领域缺乏成功实践经验

全过程咨询不是新概念，早在 1985 年，国家计划委员会以文件《关于改进工程建设概预算定额管理工作的若干规定》（计标〔1985〕352 号）明确提出了工程造价管理包含估算、概算、预算等内容，对项目投资全过程进行控制。具体到建设项目的实践领域，在 1995 年之前，工程咨询行业中还没有造价咨询企业、监理企业、招投标代理企业等中介机构，当时的建设项目都是由专业设计院开展工程咨询服务工作，与现在的全过程咨询有点类似。特别是在化工、矿山、交通、水利等国家重点项目领域，以及一些使用世界银行贷款的重点工程项目，全过程咨询服务早已实践多年。可惜民用建筑领域在推行全过程工程咨询方面却走了不少弯路，现在是到了正本清源、回归工程咨询本质的时候。

3.3 工程咨询人员专业能力割裂

工程咨询涉及法律、技术、经济和管理等方面，包含全过程、全要素，多专业融合。多年来，碎片化的组织管理方式产生了碎片化的咨询模式，碎片化的划分也割裂了工程咨询人员的专业能力。特别是对于造价咨询行业来说，由于种种原因，造价管理部门的定额及信息价已经有很多与实际脱节。事实上，如今在建筑市场中实际存在着两套计价体系，一套是应对业主的定额计价体系，一套是以施工企业内部成本为基础的内部计价体系（例如：作业指导书）。

长期以来，部分造价咨询企业按施工图算量套定额，按造价信息算价格，已经异化了投资控制的真正专业能力。脱离了管理部门的定额和信息价，一些造价工程师就不知道如何计价。同时造价行业也不太注重日常资料积累和管理，没有建立合理的造价指标体系，投资估算根本无从说起，从项目前期开始控制造价，为业主做有价值的服务，也就是空中楼阁。

3.4 工程咨询企业一体化服务能力有待提高

按照国际惯例，工程咨询服务方必须具备投资、融资、设计、经济、项目管理、试运营等一体化能力。民用建筑项目全过程工程咨询方提供的工程咨询输出成果主要包括：设计图纸、工程量清单、技术规格书等一体化工程定义文件。其中，技术规格书除国家规范及行业标准外，还应包括工程咨询方针对项目的建筑材料、施工工艺、品质效果等具体要求以及对主要设备、材料参数及品牌范围作出规定。同时将顾问模式贯穿于工程项目管理全过程，帮助业主方将项目管理透明、高效、可控，实现项目利益最大化，即质量好、造价低、工期短、效率高。目前，我国工程造价咨询企业综合服务能力与上述要求相比差距还很大。

4 造价咨询企业实施全过程咨询面临的机遇与挑战

4.1 优势与机遇

工程造价管理贯穿于建设项目的全过程，有天然的全过程咨询优势。建设项目工程造价的形成本身就是一个全过程的成果，从前期的投资估算开始，经过初步设计概算、施工图预算、招标控制价、合同价、过程变更及签证调整，形成竣工结算价，造价工程师的工作贯穿于建设项目的全过程。早在 2009 年，中国建设工程造价管理协会就发布了《建设项目全过程造价咨询规程》，2017 年进行了修订，并在全国进行了多次宣贯，积累了丰富的工作经验，期间也多次对优秀案例进行评审并颁发奖项，培育了一批具备大型建设项目全过程咨询能力的造价咨询企业。以工程造价管理为核心的全面项目管理理念为业主普遍接受，工程造价咨询企业以投资控制为主线的全过程工程咨询已经占有较大份额，且难以替代。

工程造价咨询业发展态势良好，为打造全过程产业链提供了支撑。工程造价咨询是工程咨询的一种服务模式，在全过程工程咨询服务中发挥着重要的作用，提升了项目投资效益，维护了工程建设各方利益。近年来，工程造价咨询业保持了持续健康的发展态势，全国现有 7800 家造价咨询企业，造价从业人员约 150 万人，广泛分布在建设、规划、设计、招投标、施工、监理、审计等领域。工程造价咨询企业每年完成的项目所涉及的工程造价总额约 40 万亿元，2017 年工程造价咨询企业的营业收入为 1470 亿元，比上年增长 22％，为工程

造价咨询企业开展全过程咨询服务奠定了坚实基础。

工程造价改革力度加大，为全过程咨询扫清障碍。随着政府行政管理体制及"放管服"改革的不断深入，将会逐步改变目前传统的行政监管方式。进一步放开工程造价咨询企业准入条件，完善造价工程师职业资格制度，为工程造价咨询企业规模化发展减少障碍。工程造价、招投标、合同管理、建设组织方式等方面改革正在进行，互相衔接、互相促进，为造价咨询企业向全过程业务拓展提供了机遇。

4.2 不足与挑战

全过程工程咨询项目的特点是建设项目工程量大，流程复杂，领域广泛，工程造价咨询企业的服务水平相对于全过程工程咨询需要的策划、设计、管理、综合协调等能力要求还有较大差距。

造价工程师还存在不懂施工技术、不了解新工艺、不理解全过程咨询的内涵，从业人员的综合素质有待提高。唯有强化人才培训，补齐"提供建筑经济、合同管理、施工监督与项目管理等服务"短板，提升造价咨询企业的全过程工程咨询服务能力，才可能整合或融合其他咨询专业，成为全过程工程咨询的重要主导力量。

离国际工程咨询服务要求还有很大差距。国际上有影响力的全过程工程咨询公司大都规模大、人才全球布点、网络型组织，能够提供综合性强的多元化服务。相比之下，我国工程咨询服务内容单一，各专业协调衔接有待完善。通过推行全过程工程咨询，打通产业链，提高工程咨询服务能力，满足国内外市场需求。

向全过程工程咨询服务拓展和转型竞争激烈。全过程工程咨询为各类咨询企业提供了同

等机遇，鼓励和支持不同类型的咨询企业向全过程工程咨询业务拓展。投资咨询、勘察、设计、监理、招投标等企业，都可以发挥自身的经验优势和工程技术优势，发展成为具有较强全过程咨询能力的企业。比如监理行业推广项目管理多年，部分企业已经具备了全过程项目管理能力，是提供全过程工程咨询服务的有力竞争者。

5 造价咨询企业开展全过程咨询服务的有效路径

工程造价咨询企业可结合自身优势，并整合相关资源，坚持以投资控制为主线、以合同管理为重点、以科技创新为引领，提供全过程、全方位、全要素的工程咨询服务，提升建设项目全寿命周期的投资价值。

一是继续发挥以工程造价为核心的项目管理优势，开展全过程工程造价咨询业务，充分发挥我们在工程造价控制方面的专业优势，为提升项目价值发挥重要作用。这种理念和工作方式通过多年来工程造价咨询企业的实践，已经广为投资主管部门和建设单位所接受，未来也将会长期作为工程造价咨询企业的主要业务。

二是要继续坚持"以事前分析预测为前提，以优化设计和风险控制为重点，以计量计价为基础，来提升项目价值，实现工程项目整体目标"的服务理念，开展以投资控制、价值管理、项目管理、资产管理为主线的全过程专业咨询服务。在工程咨询服务范围上，从传统的实施阶段延伸到整个项目的全寿命周期，提升项目投资价值。同时也可以为全过程工程咨询牵头单位提供补充，或积极协助建设单位做好工程设计管理、施工过程控制、专项评价等相关管理和服务工作。

三是要挖掘造价咨询企业全过程服务的潜

力。在公司经营方面，与工程设计、监理等企业通过股权置换、联合经营等方式实现强强联合或长期合作。通过发挥各自的专业优势，完善工程技术、经济、管理全产业链，为建设项目提供覆盖项目策划及建设实施全过程，乃至运营维护阶段的全寿命周期管理或综合咨询服务。

四是要调整和优化人力资源结构。传统业务的造价专业人员主要工作是算量计价，全过程工程咨询需要有策划、设计、项目管理、经济评价等各方面的专业知识。工程造价咨询企业要通过引进相关专业人才，融合设计、工程技术、法律、金融等专业，加强培训教育，逐渐从传统的技术型向包含金融、商务和法律等专业的综合型转变，实现复合式人才的培养，提升员工的综合素质。

五是要进行组织变革，探索适应全过程的矩阵型组织结构。全过程咨询不是工程设计、监理、造价咨询、招标代理等各专项业务的简单叠加，而是以投资控制为主线的各专业有机整合。造价咨询企业内部也要调整为与全过程咨询相适应的组织结构，避免单位内部仍然按照专业做条块分割。通过建立综合性的项目团队，将全过程咨询所需要的各专业人员组合到一起，以适应全过程咨询的需要。

六是要紧跟时代变革，适应新形势发展要求。我们要积极研究和探索在全过程工程咨询中应用BIM、大数据、"互联网＋"等现代信息技术，提高咨询服务组织效率，实现工程造价业务结构向中高端转型升级。同时，还要积极适应建设领域PPP、EPC、装配式建筑等新的投融资模式、建设项目组织方式和科技创新带来的新的工程咨询业务模式。拓展业务范围，提高企业的核心竞争力。

七是要积极拓展国际市场，参与国际竞争。习近平主席提出的"一带一路"倡议的实施也为工程造价咨询企业参与国际化全过程咨询服务提供了机遇。我们要不断提升企业国际竞争力，创新服务模式，实现服务增值，在服务国家战略实施的进程中，实现造价行业的全面发展。同时积极承担国际上工程造价纠纷和合同争议的处理，为维护中国投资和海外工程承包方的合法权益提供有效服务和保障。

6　结束语

长期以来的分块化管理模式，造成工程造价咨询企业在开展全过程工程咨询业务中还存在一些困难。政府有关部门也在积极进行探索，努力消除行政管理界限和资质管理壁垒，为工程造价咨询企业构建公平合理的市场环境。中国建设工程造价管理协会以及各级造价管理协会也正在积极开展行业调研和基础性研究，引导行业和会员转变思路，反映有关行业意见，为政府制定相关政策和决策提供支撑，积极为企业开展全过程工程咨询服务创造条件。

工程咨询业作为现代服务业的重要组成部分，是国家"软实力"的重要体现。随着国家和各地政策的陆续出台、试点的逐步推进、理论的不断创新、经验的不断总结和积累，全过程工程咨询的服务模式必将逐渐成熟并得到社会广泛的认可。

参考文献

[1] 郑磊，成虎．我国总承包企业发展的几个问题．建筑经济，2004(8).

[2] 陈光，成虎．建设项目全生命期目标体系研究．土木工程学报，2004(10).

[3] 李启明．中国对外工程承包发展战略研究．国际经济合作，2017(4).

[4] 覃西里．试论造价工程师在工程项目管理中的地位与作用．广西城镇建设，2009(5).

[5] 汤广宇．基于价值链的建筑企业成本管理问题研究．清华大学，2004.

[6] 郑睿．浅议我国对外工程承包商的现状及其发展策略．长江工程职业技术学院学报，2006(01).

[7] 陈宏伟．中国建筑企业价值提升机理研究．北京交通大学，2010.

[8] 冯旭南．中国投资者具有信息获取能力吗？——来自"业绩预告"效应的证据．经济学(季刊)，2014(3).

[9] 赵丰．成本决胜论：房产开发与政府项目成本管理作业指导书．

装配式建筑发展的思考与建议

李忠富　蔡晋

（大连理工大学建设管理系，大连　116024）

【摘　要】装配式建筑正在成为业界重点发展的领域，各地方在政府领导下出台了很多政策推进装配式建筑的发展。但其发展受到了一些专家和企业、社会公众的质疑。这些质疑声音不是没有道理的。本文概述了国内近年装配式建筑异乎寻常的发展规模和企业动向，列举了社会各界对装配式的争论和异议声音。根据作者多年来在该领域的研究，提出了对装配式建筑的一些深刻认识和思考，提出了发展装配式的若干建议。希望有助于对装配式建筑发展的全面理解和认识。

【关键词】装配式建筑；思考；建议

Thinking and Suggestions on the Development of Prefabricated Buildings

Li Zhongfu　　Cai Jin

（Department of Construction Management，Dalian University of Technology，Dalian 116024）

【Abstract】Prefabricated building is becoming a key development area in the industry. Under the leadership of the government，many local governments have introduced policies to promote the development of prefabricated building. But its development mode has been questioned by some experts，enterprises and the public. These doubts are not unreasonable. This paper summarizes the unusual development scale and enterprise trend of assembly building in China in recent years，and enumerates the arguments and dissenting voices from all walks of life. According to the author's research in this field for many years，the author puts forward some deep understanding and thinking about the prefabricated buildings，and puts forward some Suggestions for the development of the prefabricated buildings. It is hoped to contribute to a comprehensive understanding and understanding of the development of prefabricated buildings.

【Keywords】 Prefabricated Building；Thinking；Suggestions

1 装配式建筑的发展态势

装配式建筑正逐步成为建筑生产方式变革的潮流，成为建筑业转型升级的核心手段。装配式建筑的发展呈现稳步推进的态势，据不完全统计，至 2015 年底，全国装配式混凝土建筑面积累计约 8000 万 m²。其中，2013 年底前累计完成 1200 万 m²，2014 年当年新开工的装配式混凝土建筑面积大约 1800 万 m²，2015 年超过 4000 万 m²，再加上钢结构、木结构建筑，大约占新开工建筑面积的 5% 左右。2016 年全国新建装配式建筑面积为 1.14 亿 m²，占城镇新建建筑面积的比例为 4.9%；2017 年 1～10 月，全国已落实新建装配式建筑项目约 1.27 亿 m²。

在政府层面上，装配式建筑的发展趋向于加强顶层设计，强化监管，政策支撑体系逐步建立。自 2016 年以来，国家多次出台关于推行装配式建筑的政策文件。2016 年 2 月，国务院下发了《关于进一步加强城市规划建设管理工作的若干意见》，力争 10 年左右使装配式建筑占新建建筑比例达 30%。同年 9 月，国务院下发《关于大力发展装配式建筑的指导意见》将装配式建筑的推行提升至国家层面。2017 年 3 月，住房城乡建设部下发了《"十三五"装配式建筑行动方案》以及配套管理办法等三大文件，明确 2020 年前全国装配式建筑占新建比例达 15% 以上，其中重点推进地区达到 20% 以上，鼓励各地制定更高的发展目标。这些政策从国家层面为装配式建筑发展奠定了良好基础。

随着装配式建筑推行的不断深入，各级地方政府积极引导，陆续出台了推进装配式建筑发展的有关实施意见及配套行政措施，因地制宜地探索装配式建筑发展政策，着力培育装配式建筑市场。

在省一级政府，2018 年海南省人民政府制定《关于大力发展装配式建筑的实施意见》，要求到 2022 年，具备条件的新建建筑原则上全部采用装配式方式进行建造。山东省住房和城乡建设厅制订下发了《山东省装配式住宅建筑全装修技术要求（试行）》，对装配式住宅建筑的内装作出要求。

在市一级政府，深圳市相继印发《关于加快推进装配式建筑的通知》及其配套政策，明确装配式建筑项目的设计、实施与质量验收。2018 年深圳市装配式建筑已建成项目 14 个，总建筑面积共计 140m²；在建项目 31 个，总建筑面积 364 万 m²；纳入深圳市装配式建筑项目库统计的项目有 104 个，总建筑规模已超过 1000 万 m²，共有装配式建筑产业基地 8 家。合肥市、大连市、贵阳市、洛阳市等多地政府也相继出台相关实施意见，对 2020 年装配式建筑占新建建筑的比例做出要求。

在企业层面上，各地形成了一批以国家产业化基地为主的众多龙头企业，并带动整个建筑行业积极探索和转型发展，产业集聚效应日益显现。各大企业加强自主创新，研发新建筑技术、新建造体系并在实践中应用。

万科的"5+1"建造技术体系，即 5 项建造体系（高精度工艺体系、干法施工体系、装配式施工体系、长效防渗漏体系和木塑体系）和 1 个施工方法（穿插施工法），在佛山万科美的西江悦项目得到全面应用。

碧桂园的"SSGF高质量建造体系"是新型装配和建筑工业化解决方案，以"Safe&share安全共享""Sci-tech科技创新""Green绿色可持续""Fine&fast优质高效"为四大核心理念，以装配、现浇、机电、内装等工业化为基础，整合分级标准化设计、模具化空中装配、全穿插施工管理、人工智能化应用等技术和管理手段，实现精品质、快速度、高效益的目标。首个SSGF茶山项目自2017年初至今累计接待了超过10万人次的观摩考察，被《中国建设报》重点报道。

中建三局的"中建快速装配体系（PPEFF）"是新一代非等同现浇"干式连接"装配体系，是具有类似钢框架快速装配特点的新型后张局部有粘结预应力装配式混凝土框架体系，在具有高效施工特点的同时兼具良好的抗震自复位特性。PPEFF体系的首个示范项目武汉同心花苑幼儿园则被列入"十三五"国家绿色建筑重点研发专项示范工程。

中建科技依托深圳裕璟幸福家园项目，积极推行REMPC工程总承包模式，即"科研（Research）＋设计（Engineering）＋制造（Manufacture）＋采购（Procurement）＋施工（Construction）"，实现了设计、生产、施工的产业链无缝对接，取得了技术与管理创新。类似的还有中民筑友公司推行的"EMPC"模式，将制造（M）融入传统EPC模式中，打通产业流程，发挥装配式建筑的优势。

2 各界对装配式建筑的反响和争论

自从2014年底推出"装配式建筑"说法后，业界一直存有不同的声音，只是大多数是隐性存在的。2018年两会上开始有代表用一种非常平和的语气指出了装配式建筑存在的一些问题，提出了发展装配式不能太过火、不能一刀切的建议。其后有学者刊文，论证混凝土现浇不是一种落后的生产方式。文章中并未否定装配式建筑，但认为发展建筑产业化的其他途径不应该被堵死，比如并不落后于装配式的新型现浇施工工艺等。随后网络上掀起了有关装配式建筑"生与死"的大论战。网上出现了许多有关装配式建筑讨论的文章，甚至有人将装配式与转基因相提并论，提示对中国人居的巨大潜在风险。激烈的论战表明社会各界对装配式建筑的广泛关注，这是正常的现象，正所谓真理不辩不明。但论战中的许多过激观点有失偏颇，部分文章了为了争辩而争辩，甚至有鄙视、漫骂和人身攻击，已经偏离了对装配式建筑理性思考的范畴。

各界对装配式建筑质疑的焦点主要有以下几方面：（1）安全性。警示和担心主体结构采用混凝土装配式的建筑安全性；（2）研发和标准化。在研发不够、大量标准没出来的条件下进行大规模推广难以支撑；（3）成本过高。混凝土装配式建筑成本过高导致市场接受程度受影响；（4）推进力度。政府大力甚至强力推进装配式建筑有悖市场规律；（5）推进速度。推进速度过快过猛，会带来很多问题。

应该说以上的这些质疑不是没有道理的。

3 对装配式建筑的认识与思考

（1）装配式是住宅产业化和建筑工业化的一种技术实现途径，或者一种结构构成与建造方式，它与安全、经济、节能环保等不是同一层次的东西。

（2）"装配式建筑"狭义的讲是一种施工方式，是对工厂化生产构件或部品进行现场安装施工的一种简易通俗的说法，对于做技术的人比较容易理解。装配式建筑侧重于对设计、施工和构配件生产技术的研究开发应用。

（3）装配的对象不只是混凝土，还可以是

钢材、木材、陶瓷、塑料、PVC……而且混凝土不是装配的首选。

（4）发展装配式建筑应该优先从建筑物的内墙、装修和设备部品上开始，而不是主体结构。或者说装配式建筑的做法更适合于建筑物的内外装修和设备部品。

（5）目前装配式最适宜的对象：①钢结构和木结构；②内装修、管线、设备；③小住宅、临时活动房屋；④混凝土结构中的中小型非承重或局部承重构件。

（6）目前装配式最不适宜的对象：高层混凝土竖向承重结构、全预制梁板、电梯井等。

（7）目前装配式的含义被无限放大。有人提"装配式＝建筑工业化＋住宅产业化"。但实际工作中各种情形都有，而且推广主体结构预制装配在其中占一定的比例，而这部分恰恰是当前技术条件下可能会出问题的。

（8）住房城乡建设部和国务院先后多次发文要大力推广装配式建筑，并且也没有明确规定梁、板、柱、墙这些构件哪些需要现浇，哪些需要预制，这样就有很多企业认为装配率越高越好。我认为对高层混凝土建筑，装配率可以是个指标，但没必要也不应该作为一个目标来追求。而在预定的目标指引下，各地方为了实现装配率目标，会出台各种政策和激励，而有可能超过了技术提供的支撑能力，从而留下隐患。

（9）在推广装配式时，不要排斥其他建筑结构形式和施工方法。装配式建筑的叫法把非装配式的现场工业化方式和全装修等排除在外，这是不可取的。我国的建筑市场巨大，不同地域的地理资源特征差异明显，用户的需求复杂多样，各种材料、机具、人员各具特点，只用一种模式或技术体系来垄断市场是不可能的，也是不应该的。不同建筑形式有其独有的优势，能满足不同的市场需求，在建造技术还

未发展至一种技术体系能适应各种情况变化时，市场需要的是建筑形式和施工方法上的"百花齐放"。

（10）装配式的叫法还有一个导向问题，就是把业界对建筑技术创新的关注点引到施工方式是否为装配上。实质上技术创新的关注点很多，如节能环保、安全、提质、降成本、增效、减少人工等，装配式本身不能涵盖全部内容。

（11）作为一种生产方式或产品形式，装配式建筑本身并没有什么不对，全世界已经建成了很多装配式建筑在使用中，但以不同方式来推进装配式则会产生完全不同的结果，不顾技术条件和市场环境大力甚至强力推进装配式建筑则是有问题的。应该客观地评价一下现有的建设环境，包括技术积累、市场环境、人力技能、价值导向等，决定发展速度和发展路线。

4 对发展装配式建筑的一些建议

装配式建筑现在不是在讨论，而是已经大面积在实施了。我们一方面要更好更稳妥地推进，还要回头补上前段时间由于过快发展而遗留下的一些问题。因此要处理以下几方面的问题：

（1）"大胆研发、谨慎推广"。由于房屋建筑主体结构涉及公共安全，因此研究开发的时候可以想出各种各样天马行空的主意进行研究，真正大规模推广应用的时候一定要小心谨慎，要通过反复的研究—试验—再研究—再试验把技术发展到比较成熟的阶段，相应的各种标准比较健全了之后才能进行大规模推广应用。有人会认为这样做不是会耽误时间或延缓发展了吗？在安全问题上我们宁愿小心谨慎甚至保守一些。装配式建筑不能走"先发展后完善"的路子。

（2）研究制定发展装配式建筑的技术政策，包括研发政策、研发路径、推广应用政策等，制定分阶段分步骤实施各项建筑工业化技术研究、开发、推广应用的路线图。比如对于PC建筑，由于各构件的难度、安全性和生产性不同，可以先发展装配式的装修和设备部品，再发展叠合楼板和楼梯，最后发展梁柱和剪力墙。在前项工作推进时，加强进行后项工作的研发，待后项技术研发和试验推广应用技术和时机成熟了再发展，这样可让发展处于技术可控的范围内。

（3）对推广应用装配式建筑的地域进行分类和限制，发展之初不要遍地开花，而是选择特定区域进行技术的研发并进行试用，然后再进行研发和试点应用，目的是总结经验教训，发现存在的问题，让存在的问题局限在一定的范围内，经过攻关方式加以解决。这样多次反复，把存在的问题逐步消除掉，然后再向外部推广应用。有专家提出建立"装配式建筑特区"，说的大概就是这个意思。

5　结语

装配式建筑到今天应冷静地思考下一步该如何发展了。需要评估技术支撑是否充分，经济水平、市场环境是否适宜，人才水平是否达到基本要求等。几十年前我们有两次推进预制装配的建筑工业化失败的教训，如何使得本次装配式建筑能够可持续地发展下去，如何科学认识并解决这些问题。作者认为：①装配式建筑不是建筑工业化的唯一途径，还有许多其他路，每条路都应存在并发挥作用，不能搞单打一；②装配式建筑，要在技术成熟，安全质量能得到保证的基础上，依靠市场的力量逐渐发展，不能强制推行，不能违背企业意愿，要把握好进度和节奏。以上仅供参考。

参考文献

[1] 文林峰．大力发展装配式建筑的重要意义[J]．建设科技，2016，（Z1）：36－37＋39．

[2] 周丽．装配式建筑之辩："混凝土现浇"是一种落后的生产方式吗？中国建设报，2018．

[3] 李忠富．再论住宅产业化与建筑工业化．建筑经济，2018(1)．

[4] 樊军，杨嗣信．关于实现装配式建筑的思考及建议．建设科技，2017(02)．

[5] 刘洋．装配式建筑与现浇建筑比较的思考．住宅与房地产，2018-05-05．

[6] 娄霓，彭典勇，赵春婷，易国辉，刘刚．装配式建筑的实践与思考．城市住宅，2018-01-25．

[7] 王亮，裴予．关于我国装配式住宅未来发展的几点思考[J]．中国建材科技，2017(1)：47～49．

[8] 刘继朝，崔巍懿，汪强．装配式建筑发展现状及建议研究——以安徽省为例．工程与建设，2017-07-15．

论 BIM 核心建模软件的开发

任世贤

（贵州攀特工程统筹技术信息研究所，贵州　550000）

【摘　要】　BIM 图形模拟设计的定义、类型、设计目标、建立通用的 BIM 数据库、实现 BIM 前模型等内容构成了 BIM 图形模拟设计的设计理论，此设计理论内涵是 BIM 图形模拟设计软件开发的理论支撑。BIM 图形模拟设计软件就是 BIM 核心建模软件。本文在介绍 BIM 图形模拟设计的设计理论内涵的基础上，揭示了 BIM 核心建模软件开发的内在逻辑，指明了其应具有的基本功能，阐释了其开发的重要内容（例如 BIM 图形模拟设计软件开发的四个理论节点），具有实际应用价值和理论意义。

【关键词】　BIM 图形模拟设计；BIM 核心建模软件；BIM 前设计理论；BIM 设计耦合模型；BIM 参数化模型；BIM 设计模型

On the Development of the BIM Core Modeling Software

Ren Shixian

（Guizhou BANT Information Research Institute of Engineering Bestsynergy Technology，Guizhou 550000）

【Abstract】　The design theory of the bim graphic simulation design is composed of the definition，type，design target，the establishment of general BIM database and the realization of the bim pre-model. The connotation of this design theory is the theoretical support for the development of the bim graphic simulation design software. The bim graphic simulation design software is the bim core modeling software. On the basis of introducing the design theory connotation of the bim graphic simulation design，this paper reveals the inner logic of the bim core modeling software development，and points out its basic functions. The important content of its development (such as the four theoretical nodes of the bim graphic simulation design software development) is explained, which has practical application value and theoretical significance.

【Keywords】　BIM Graphic Simulation Design；BIM Core Modeling Software；BIM Pre-design Theory；BIM Design Coupling Model；BIM Parameterize Model；BIM Design Model

建设项目在建筑工程设计阶段产生的软件称为 BIM 建设项目设计软件，这是一个软件包。BIM 建设项目设计软件由 BIM 图形模拟设计软件、BIM 设计核查软件（例如 3D 设计碰撞软件）、BIM 数据库软件等组成，BIM 图形模拟设计软件是 BIM 建设项目设计软件的核心软件。

BIM 图形模拟设计软件本质上就是 BIM 核心建模软件。

1　BIM 核心建模软件的开发现状

迄今为止，我国尚不能开发 BIM 核心建模软件。BIM 核心建模软件成了中国 BIM 发展迈不过的坎。

国外开发的"BIM 核心建模软件"存在两个问题：第一，不能建立通用的 BIM 数据库；第二，把网络计划技术与 BIM 软件的开发割裂；第三，尚没有独立开发 3D 建模功能。我们花了巨额的资金去购买了国外的这样的 BIM 核心建模软件，这是令作者心痛的。

中国 BIM 联盟力图走综合集成国外 BIM 软件之路，但这是一条不归之路！中国 BIM 软件要走整体开发之路。

2　BIM 前设计理论

建筑信息模型（BIM）考虑并面对建筑工程项目的全过程。建设项目设计、施工和维护的全过程统称为建筑工程全生命周期，简称 BIM 生命周期。在 BIM 生命周期中建筑工程设计阶段属于前生命周期、建筑工程建造阶段属于中生命周期、建筑工程运营阶段属于后生命周期。BIM 是一个时间信息系统，具有自

身内在的运行规律，称为 BIM 系统。该系统可以将它划分为 BIM 前生命周期子系统、BIM 中生命周期子系统和 BIM 后生命周期子系统。BIM 系统遵循自身的运行规律，而其各个子系统又具有自己的运行特性。

BIM 图形模拟设计具有自身的理论，它是 BIM 前生命周期子系统的核心设计理论，称为 BIM 图形模拟设计的设计理论，简称 BIM 前设计理论。

2.1　任世贤关于 BIM 的定义

建筑工程符号学是任世贤教授符号学跨工程管理学科研究的成果。在考察建筑信息模型（BIM）产生与发展历史的基础上，依据国际上的三种定义，依据建筑工程符号学理论，任世贤教授提出 BIM 的如下定义：

BIM 是建设项目信息化的集成模型，通过对建设项目图形的模拟获得其自身对应的数据（数字、数字集合），应用此数据再现建设项目的真实图形是其鲜明的特点；它应实现建设项目的图形化和数据化，为参与各方提供全方位的有效数据源，并可以利用其数据实现建设项目的建造和运营。

任世贤教授提出的 BIM 定义是 BIM 图形模拟设计的理论根据。

2.2　BIM 图形模拟设计及其类型

在前生命周期中通过建设项目的图形模拟获取其数据，并应用该数据再现其真实图形，称为 BIM 图形模拟设计。

3D 图形模拟设计和 DT 图形模拟设计是

BIM 图形模拟设计的两种类型。

（1）3D 图形模拟设计。三维（3D）设计实质上是一种图形模拟行为，通过图形模拟获得建筑工程项目图形对应的数据，并应用之再现其真实图形，故称为 BIM-3D 图形模拟设计，简称 3D 图形模拟设计。3D 图形模拟设计用计算机模拟建筑工程项目的图形获得的数据称为 3D 模拟数据，其获取的方式称为 3D 获取方式。建立 3D 图形模型和 3D 数据模型之间的对应关系是 3D 图形模拟设计的基本任务。

（2）DT 图形模拟设计。数字技术（Digital Technology）是依托计算机的科学技术，它可以运用各种手段（例如建立模型、扫描）和利用三维工具（例如仪器、软件）来实现建设项目数据的采集、数据的分析、信息的编码和传输等，这是一种虚拟技术。数字技术也称数字控制技术，简称 DT 技术。

在 BIM 前生命周期，应用 DT 技术获取建筑工程项目图形对应的数据，并应用之再现其真实图形，故称为 BIM-DT 图形模拟设计，简称 DT 图形模拟设计。DT 图形模拟设计通过数字技术模拟建筑工程项目的图形获得的数据称为 DT 模拟数据，其获取的方式称为 DT 获取方式。建立 DT 图形模型和 DT 数据模型之间的对应关系是 DT 图形模拟设计的基本任务。

"小土木"即工业与民用建筑；"大土木"即工程建设领域的各个相关行业，例如公路桥梁、铁路隧道、火电、水电等。一般来讲，3D 图形模拟设计适用于小土木工程的设计，DT 图形模拟设计适用于大土木工程的设计；在同一个建设项目中，前者适用于标准型部分的设计，后者适用于非标准型部分的设计。

2.3　BIM 图形模拟设计的两个设计目标

建立 BIM 前图形和 BIM 前图形数据之间的对应联系和建立 BIM 数据库是 BIM 图形模拟设计的两个目标。

2.3.1　BIM 前模型

1. BIM 前图形数据

在 BIM 前生命周期中，3D 图形模拟设计用计算机模拟建筑工程项目的图形获得的数据称为 3D 模拟数据，简称 3D 数据，其获取数据的方式称为 3D 获取方式，应用的是 CAD 技术。DT 图形模拟设计通过数字技术模拟建筑工程项目的图形获得的数据称为 DT 模拟数据，简称 DT 数据，其获取数据的方式称为 DT 获取方式，应用的是 DT 技术。3D 数据和 DT 数据是在 BIM 前生命周期子系统中产生的数据，分别称为 3D 前数据和 TD 前数据，二者统称为 BIM 前生命周期子系统数据，简称 BIM 前图形数据。

2. BIM 前图形

BIM 前图形数据确定的图形称为 BIM 前生命周期子系统的图形，简称 BIM 前图形。BIM 前图形不仅是 3D 前图形数据对应的建设项目自身的真实图形，而且也是 DT 前图形数据对应的建设项目的真实图形。BIM 前图形反映建设项目的设计状态，揭示建设项目图形之间内在的结构联系。例如，建设项目平立剖的图形、加工件和预制构件图形之间内在的结构联系。BIM 前图形对应的数据就是 BIM 前图形数据。用 BIM 前图形数据再现建设项目的图形是一个优化和相容辨识的过程。

3. BIM 同一性

任世贤教授的研究成果表明：能指、所指和意指是构成符号学的基本构架。BIM 技术应实现建设项目的图形化，称为 BIM 能指，BIM 图形是其物理意义；它应实现建筑工程项目图形的数据化，称为 BIM 所指，BIM 数据是其物理意义。依据符号学理论，BIM 图形和 BIM 数据之间存在对应关系，称为 BIM

同一性。BIM 意指则是对 BIM 图形、BIM 数据内涵和 BIM 同一性的阐释。

BIM 前图形和 BIM 前图形数据之间存在对应关系，二者之间具有同一性。在 BIM 前生命周期里，BIM 技术应建立 BIM 前图形和 BIM 前图形数据之间的对应关系，实现二者之间的同一性。这里，BIM 前图形是能指，BIM 前图形数据是所指；BIM 前图形和 BIM 前图形数据之间的对应关系是二者的同一性，BIM 意指则是对 BIM 前图形、BIM 前图形数据内涵和 BIM 同一性的阐释。

建立 BIM 前图形和 BIM 前图形数据之间的对应关系，实现二者之间的同一性是 BIM 图形模拟设计的目标之一。

2.3.2　BIM 数据库

在 BIM 前生命周期子系统运行的过程中会产生庞大的数据，这些数据组织、存储和管理的方式称为 BIM 数据库。BIM 数据库是一个开放的数据资源，它为参与各方提供全方位的工程数据，BIM 数据库中的数据是实现了 BIM 前图形化和 BIM 前数据化的数据，用 BIM 前数据可以再现建筑工程项目的真实图形即 BIM 前图形，这是一个相容辨识的过程。

1. BIM 数据库产生的过程

BIM 图形模拟设计是建立和产生 BIM 数据库的过程。在 BIM 图形模拟设计的过程中，

通过建设项目的图形模拟，用 3D 获取方式或 DT 获取方式可以获得 BIM 前图形数据，用 BIM 前图形数据可以再现建筑工程项目的真实图形即 BIM 前图形。实现 BIM 前图形模型和 BIM 前数字模型之间的同一性是建立 BIM 数据库最主要的途径，在 BIM 图形模拟设计中产生的 BIM 前数据能够自动录入数据库。

文献 [1] 揭示：BIM 数据库是联系 BIM 前生命周期子系统和 BIM 中生命周期子系统的联系节点，称为 BIM 枢纽特性。

文献 [1] 表明：BIM-WBS 结构是引擎 BIM 数据库开发的最佳模式。在 BIM 数据库中建设项目的元素必须通过 BIM-WBS 结构实现编码，因为它是在 BIM 生命周期中建设项目的各个参与方都要应用的工具。

BANT 嵌套结构揭示了项目系统与子项目系统之间的层次结构（图 1）。从图中可以看出，BANT 计划域中的子项目系统 6 与"未命名子项目系统-6"对应；网子项目系统 6 是下级子项目系统，它所对应的是其上级子项目系统"未命名子项目系统-7"中的元素 6。在 BANT 项目管理软件中，应用 BANT-WBS 工作分解结构将建设项目分解为 BANT 嵌套结构并对之编码，从而实现了项目系统与子项目系统的计划管理。将 BANT-WBS 工作分解结构的研究成果引入建筑信息模型（BIM）

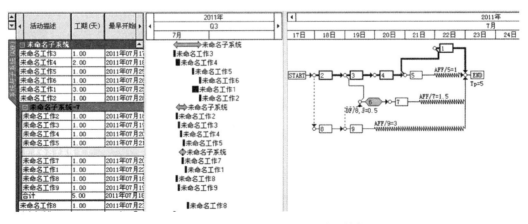

图 1　某工程项目的 BIM-WBS 编码结构

后，BIM 数据库编码由两个部分组成：一是对建设项目进行工作结构分解得到的结果，称为 BIM 数据库的 BIM-WBS 结构，简称 BIM-WBS 结构；二是对 BIM-WBS 结构的编码结果，称为 BIM 数据库的 BIM-WBS 编码结构，简称 BIM-WBS 编码结构，这种方法称为 BIM-WBS 方法。

2. BIM 数据库的枢纽特性

建筑信息模型（BIM）有两类建设项目的图形：第一类是由 BIM 前图形数据确定的 BIM 前生命周期子系统的建设项目图形，称为 BIM 前图形。例如建筑工程项目的平、立、剖图形，又例如预制构件图形等。第二类是由 BIM 计划基本数据和 BIM 新增数据界定的 BIM 中生命周期子系统建设项目的 BIM 基本（或简单）管理计划曲线称为 BIM 中图形。BIM 前图形和 BIM 中图形统称 BIM 生命周期的建设项目图形，简称 BIM 图形。

（1）BIM 前模型和 BIM 中模型

1）BIM 前模型。在 BIM 图形模拟设计中用图形模拟建设项目得到的 BIM 前图形集合称为 BIM 前图形模型；BIM 前图形模型对应的数字、数字集合及其相关算法称为 BIM 前生命周期子系统的图形数据模型，简称 BIM 前数据模型；BIM 前图形模型和 BIM 前数据模型之间存在对应联系，称为 BIM 前模型。实现 BIM 前模型是 BIM 图形模拟设计的基本任务，也是建立 BIM 数据库最主要的途径。如果建立了 3D 前图形模型和 3D 前图形数据模型以及 DT 前图形模型和 DT 前图形数据模型之间的对应关系，遂建立了 BIM 前模型。

BIM 前模型描述 BIM 图形模拟设计的运行过程，揭示元素之间的内在关系，揭示各个设计工种之间的内在联系，揭示实体（能指）与图元（所指）之间的内在结构。

2）BIM 中模型。从 BIM 数据库中读取 BIM 计划基本数据，并用之绘制建设项目 BIM 管理计划的方法称为 BIM 中生命周期子系统的中图形模型，简称 BIM 中图形模型；BIM 中图形模型对应的数字、数字集合及其相关算法称为 BIM 中生命周期子系统的中数据模型，简称 BIM 中数据模型。BIM 中图形模型和 BIM 数据模型之间存在对应联系，称为 BIM 中模型。如果建立了 BIM 中图形模型和 BIM 数据模型之间的对应关系，遂建立了 BIM 中模型。

BIM 中模型描述基于基本管理计划的进度、成本、质量、安全以及合同的控制。BIM 中模型揭示计划元素之间的内在关系，揭示计划元素与计划系统之间的内在结构，揭示基于基本管理计划的各种计划类型之间的层次结构。

（2）BIM 模型的相容性

BIM 前图形数据模型的图形数据称为 BIM 前图形数据，简称 BIM 前数据。BIM 图形模拟设计为 BIM 数据库提供了 BIM 前数据。BIM-WBS 结构是 BIM 数据库设计的方法，称为 BIM-WBS 方法。应当指出的是，BIM-WBS 结构本质上是一个网络计划的概念。BIM-WBS 软件是设计 BIM 数据库的最佳工具，它为 BIM 数据库设计提供了结构符号网络计划（或 BANT 网络计划）的技术支撑。这样，用 BIM-WBS 方法设计的 BIM 数据库就具有了把 BIM 前模型和 BIM 中模型联系起来的理论内涵特性，称为 BIM 数据库的枢纽特性。

应用 BIM 前数据和 BIM 中数据可以再现 BIM 前图形和 BIM 中图形，前者按照子系统、子子系统的层次结构有序展开，称为 BIM 前图形逻辑，这是图形逻辑方式；后者描述建设项目建造的有序运行状态，称为 BIM 中图形逻辑，这是计划逻辑方式。BIM 前图形逻辑是在建筑工程设计阶段中 BIM 图形模拟设计运行的逻辑方式，BIM 中图形逻辑是在建筑工程建造阶段中 BIM 管理计划运行的逻辑方式，而 BIM 前图形逻辑则是 BIM 中图形逻辑运行的依托。实例：生成 BIM 管理计划是 BIM 中图形逻辑的首要任务。在图 2 中，BIM

管理计划的节点对应的上面的三维工程图形称为 BIM 三维形象进度图，简称 3D 图。3D 图是一个时刻概念，它实时反应建设项目的时刻特征；3D 图是一个实体概念，它是依据 BIM 前数据绘制的，每一个 3D 图都蕴含（或对应）了一个特定的 BIM 前图形数据集合。

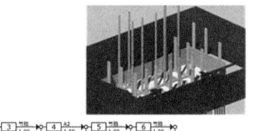

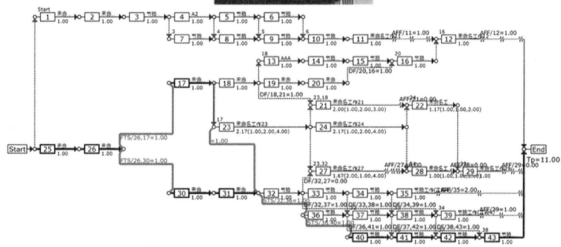

图 2　某工程项目的 BIM 管理计划在 BIM 节点 24 的实时运行状态图

在 BIM 中生命周期中，因为 BIM 管理计划运行的数据是从 BIM 数据库中提取的，所以 BIM 前图形逻辑和 BIM 中图形逻辑之间具有相容性。BIM 数据库的枢纽特性是这种相容性的具体体现。

BIM 前图形逻辑和 BIM 中图形逻辑统称 BIM 逻辑。BIM 逻辑是人类在自身的生存斗争中对客观世界（例如建设项目）的认识规律和认识方式。建设项目如果实现了 BIM 前图形逻辑和 BIM 中图形逻辑则，实现了 BIM 逻辑。

2.4　BIM 资源档案 BIM 资源档案

在 BIM 图形模拟设计（3D 图形模拟设计

和 DT 图形模拟设计）中应建立建设项目的资源档案，称为 BIM 资源档案。

2.4.1　BIM 数字资源卡和 BIM 数字资源设计

在 DT 图形模拟设计中数字资源卡和 BIM 数字资源设计是建立 BIM 资源档案的两种方式。

（1）BIM 数字资源卡。在建设项目的 BIM 图形模拟设计中，元素的建筑材料尤其是设计使用的新型建筑材料应建立数据化清单，称为 DT 图形模拟设计的元素数据化材料资源卡，简称 BIM 数字资源卡。另外，设计应要求建筑材商料提供数据化的材料清单即 BIM 数字资源卡，并进行注册，称为数字资源注册。

（2）数字资源设计。对于异形的建筑构件应进行数据化设计，再由建筑材料商按照设计制作后交付使用，称为数字资源设计。

2.4.2 BIM 资源统计表

在 3D 图形模拟设计中具有丰富的附属设计数据，故用 BIM 技术可以方便地生成 BIM 资源档案，它主要由各类材料表、各类门窗表、各类构件表以及各种资源综合表格构成。

3 BIM 图形模拟设计软件的开发

应用 BIM 前设计理论的理论内涵开发的软件称为 BIM 图形模拟设计软件（3D 图形模拟设计软件和 DT 图形模拟设计软件）。BIM 图形模拟设计软件是 BIM 建设项目设计软件的核心软件，这是一个包括建筑设计、建筑结构设计、建筑设备与管道等的系列软件。

3.1 BIM 图形模拟设计软件的基本功能

BIM 图形模拟设计软件应具有下面的基本功能：

（1）绘制 BIM 前图形。图形是建筑信息模型（BIM）的核心关键词。用 BIM 图形模拟设计软件绘制的 BIM 前生命周期子系统的建设项目图形，称为 BIM 前生命周期的建设项目图形，简称 BIM 前图形。绘制 BIM 前图形是 BIM 图形模拟设计软件的首要任务。

（2）获取 BIM 前图形数据。数据是建筑信息模型（BIM）的又一个核心关键词。建筑工程符号学认为，建设项目的图形与建设项目的数据之间存在对应联系。BIM 图形模拟设计软件应能够获取 BIM 前图形对应的数据，应建立 BIM 前图形和 BIM 前图形数据之间的对应联系。

（3）产生的数据自动 BIM 数据库。创建 BIM 数据库是 BIM 图形模拟设计软件的主要任务。在 BIM 图形模拟设计软件的运行中，各个工种在设计中产生的数据均应自动录入 BIM 数据库。

（4）协调相关设计工种。一个建设项目的设计会涉及若干工种。因此，BIM 图形模拟设计软件应协调相关的各个设计工种，要确保各个工种之间设计的相容性。

（5）确保信息共享。一个建设项目的设计会涉及业主、施工、物业等各个参与方，应当让各个参与方可以信息共享。因此，BIM 图形模拟设计软件应在各个参与方之间建立应用数据的互动的协定，确保各个参与方能够信息共享。

（6）BIM 协同优化功能。在 BIM 设计耦合模型的基础上建立了实体和图元之间的对应联系者就是 BIM 参数化模型。实现了 BIM 参数化设计的 BIM 设计耦合模型就是 BIM 设计模型，BIM 设计模型具有再现 BIM 前图形的功能；同时，在 BIM 设计模型中修改任何一个设计数据，相关元素和相关设计工种的相关设计数据也会随之改变，从而赋予了 BIM 设计模型以优化特色，称为 BIM 协同优化。BIM 图形模拟设计软件应具有 BIM 协同优化功能。

3.2 BIM 图形模拟设计软件开发的四个理论节点

BIM 图形模拟设计、BIM 设计耦合模型、BIM 参数化模型和 BIM 设计模型是 BIM 图形模拟设计软件开发的四个理论节点。如何把握 BIM 图形模拟设计软件开发的四个理论节点呢？作者认为应从这四个理论节点的关系上入手：

（1）首先应认识到：BIM 图形模拟设计软件是 BIM 建设项目设计软件的核心软件，而 BIM 图形模拟设计是其理论支撑。

（2）BIM 前图形和 BIM 前图形数据之间存在对应联系，如果二者之间实现此对应联系则可以认为建设项目建立了自身的耦合模型，称为 BIM 设计耦合模型。BIM 设计耦合模型描述 BIM 图形模拟设计中 BIM 前图形和 BIM 前图形数据之间的联系，它是 BIM 前生命周期子系统设计理论的重要内容之一，是 BIM 图形模拟设计的第一个目标，它为后面的设计目标奠定了坚实的基础。

（3）实体（或构件）是关于图形（线、几何图形及其集合）的概念，图元是关于图形数据（数、数据及其集合）的概念，二者之间存在对应联系，建设项目在 BIM 设计耦合模型的基础上建立了实体和图元之间的对应联系，遂可认为 BIM 图形模拟设计建立了建设项目的参数化模型，称为 BIM 参数化模型。修改参数化模型的任何一个设计数据，相关元素和相关的设计工种的相关设计数据也会随之改变，这就是协同优化特性，此特性为实现BIM 生命周期管理的规范化和精细化奠定了坚实的理论基础。

（4）实现了 BIM 参数化设计的 BIM 设计耦合模型称为 BIM 设计模型。BIM 设计模型具有再现 BIM 前图形的功能，同时，BIM 设计模型还具有协同性、相容性、协同优化性，其协同优化特性对于建设项目的优化具有重要意义。BIM 设计模型是 BIM 图形模拟设计的最终设计目标。

3.3　BIM 核心建模软件的两种建模功能

BIM 图形模拟设计是建筑工程设计阶段的核心内容，3D 图形模拟设计和 DT 图形模拟设计是其两种设计类型。文献［2］明确指出：BIM 图形模拟设计软件就是 BIM 核心建模软件。

在 BIM 前生命周期中 DT 图形模拟设计

应用数字技术模拟建筑工程项目的图形获得的数据称为 DT 前图形数据，其获取数据的方式称为 DT 获取方式，应用的是 DT 技术。用 DT 前图形数据开发的 BIM 图形模拟设计软件的独立建模功能称为 DT 建模功能。相应地，在 BIM 前生命周期中 3D 图形模拟设计用计算机模拟建筑工程项目的图形获得的数据称为 3D 前图形数据，其获取数据的方式称为 3D 获取方式，应用的是 CAD 技术。用 3D 前图形数据开发的 BIM 图形模拟设计软件的独立建模功能称为 3D 建模功能。一般来讲，DT 建模功能适用于大土木工程，而 3D 建模功能适用于小土木工程。

目前，国外的 BIM 核心建模软件开发的是仅仅是 DT 建模功能。这是由国外的 BIM 定义决定的。

中国的 BIM 核心建模软件不仅要有 DT 建模功能，而且还要开发 3D 建模功能。这是由中国的（任世贤教授提出的）BIM 定义决定的。

3.4　开发通用型 BIM 数据库

目前，不能建立通用型 BIM 数据库是国内外 BIM 软件开发已经充分暴露的尖锐问题。在我国最明显的标志是：中国工程建设标准化协会于 2017 年 6 月 15 日发布了关于 P-BIM 的交换标准，并规定于 2017 年 10 月 1 日起施行，并在文件中指出："系列 P-BIM 标准是国家标准《建筑信息模型应用统一标准》GB/T 51212—2016 的配套标准"。

不能建立通用型 BIM 数据库直接导致了两个恶性结果：第一，将网络计划技术与BIM 软件的开发割裂；第二，不能开发统一的 BIM 建模软件。BIM 软件应是一个和谐的整体设计，但是国内外开发的各种 BIM 软件和与 BIM 密切相关的软件则各自独立、自成体系。

应用 BIM 图形模拟设计理论内涵可以开发通用型 BIM 数据库。

在 BIM 生命周期中,在建筑工程设计阶段的 BIM 图形模拟设计属于图形逻辑,在建筑工程建造阶段 BIM 管理计划属于计划逻辑,二者之间存在内在的联系,而 BIM 数据库能够将图形逻辑和计划逻辑联系起来。BIM 数据库的枢纽特性不仅反映了这一联系,而且还体现了图形逻辑和计划逻辑的相容性。利用 BIM 数据库把 BIM 前模型和 BIM 中模型联系起来是 BIM 数据库的枢纽特性理论内涵的物理意义。

BIM-WBS 方法是设计 BIM 数据库的最佳方法。而 BIM-WBS 方法适用于小土木和大土木的各种类型的建设项目,这是建立通用型 BIM 数据库的工程理论根据。

3.5 自动生成 BIM 资源档案功能的开发

在 3D 图形模拟设计和 DT 图形模拟设计中应建立建设项目的资源档案,称为 BIM 资源档案。BIM 图形模拟设计软件应具有自动生成 BIM 资源档案的功能。自动生成 BIM 资源档案的功能应按照 BIM 前设计理论的理论内涵进行开发,具体应体现为以下三个方面:

(1)自动生成 BIM 数字资源卡。BIM 数字资源卡反应的是建设项目的新型建筑材料数据化清单,BIM 图形模拟设计软件应具有数字资源注册功能。

(2)自动生成 BIM 资源统计表。自动生成建设项目的各类材料表、各类门窗表、各类构件表以及各种资源综合表格。

(3)实现数字资源设计功能。为建筑材料商提供异形建筑构件的数据化设计,再由建筑材料商按照设计制作后交付使用,这就是 BIM 图形模拟设计软件的数字资源设计功能。

4 总结

(1)BIM 图形模拟设计是一个对建设项目进行整体设计的过程。因此,BIM 图形模拟设计软件应具有分析、刻画和形象描述的基本功能(参见第 3.1 节)。

(2)按照 BIM-WBS 方法理论内涵开发的软件具有将建设工程项目分解为 BIM 嵌套结构并对之编码的功能,称为 BIM-WPS 软件。BIM-WBS 软件是 BIM 数据库开发的最佳工具。在建筑工程建造阶段可以从用 BIM-WBS 软件开发的 BIM 数据库中直接调用 BIM-WBS 编码结构。

(3)在建设项目 BIM 设计耦合模型的基础上建立了实体和图元之间的对应联系者就是 BIM 参数化模型,它为建设工程项目的精细化管理奠定了坚实的理论基础。BIM 参数化模型是 BIM 图形模拟设计软件开发最重要的节点。

(4)实现了 BIM 参数化设计的 BIM 设计耦合模型就是建设项目 BIM 设计模型,它具有 BIM 协同优化特色。因此,BIM 图形模拟设计软件应具有 BIM 协同优化功能。

参考文献

[1] 任世贤.论 BIM 数据库的开发[M].//中国建筑学会工程管理研究分会.工程管理年刊 2017(总第 7 卷).北京:中国建筑工业出版社,2017.

[2] 任世贤.BIM 软件开发的内在逻辑——《任世贤谈 BIM》之十.任世贤的新浪博客,2018.

海外巡览

Overseas Expo

基于生成式设计的科技馆安全疏散路径优化

高　寒[1]　Benachir Medjdoub[2]　钟　华[2]

（1. 华中科技大学 土木工程与力学学院，武汉 430074；

2. 建筑、设计与建筑环境学院英国诺丁汉特伦特大学，英国）

【摘　要】由于人们生活、工作和娱乐的需要，博物馆、体育馆和地铁站等大型公共建筑的数量正在不断增加。这些建筑大多具有多功能和大空间的特点，由于建筑结构形式的多样化，简单的合规设计方式已经不足以满足复杂建筑的疏散要求。针对以上问题，本文介绍了一种基于约束条件的优化设计方法来自动生成建筑物疏散口的最佳位置，最大限度地减少疏散时间。与以往的工作相比，该方法避免了设计图纸的重复修改，可以自动生成建筑平面中门的位置，以此减少疏散路径长度。本文以湖北省科技馆为例，介绍了该方法在疏散设计中的应用，有效提高了安全疏散效率。

【关键词】安全疏散；基于约束的编程；建筑设计；疏散优化

Evacuation Path Optimization of Science and Technology Museum Based on Generative Design

Gao Han [1]　Benachir Medjdoub[2]　Zhong Hua [2]

（1. School of Civil Engineering and Mechanics，Huazhong University of Science and Technology，Wuhan 430074，China；2. School of Architecture，Design and the Built Environment Nottingham Trent University，UK）

【Abstract】Due to the needs of people living, working and playing, the number of large public buildings such as museums, stadiums and subway stations is increasing. Most of these buildings are characterized by versatility and large space. With the diversification of building structures, traditional compliant design methods are insufficient to meet the evacuation requirements of complex buildings. In view of the above problems, we introduce a constraint-based design optimization method to automatically generate the optimal position of the building exit, and minimize the evacuation time.

Compared with the previous work, this method avoids repeated modification of the design drawings, and can automatically generate the position of the door in the building plane, thereby reducing the length of the evacuation path. This paper takes Hubei Science and Technology Museum as an example to introduce the application of this method in evacuation design, this approach can improve the evacuation efficiency.

【**Keywords**】 Safe Evacuation; Constraint-based Programming; Architectural Design; Evacuation Optimization

1 引言

由于居民的工作和生活需要，大型公共建筑的数量正在高速增长，这些建筑往往具有规模庞大、功能多样、结构形态复杂的特点。同时，由于建筑的空间布置复杂，容纳的人数多，一旦发生火灾，建筑物内的人员安全疏散的难度会加大。对建筑物中的人员进行有效的安全疏散是建筑法规中安全措施的主要目标。在建筑物疏散过程中，有许多因素如疏散策略、建筑物平面设计、应急出口的布置都会对疏散过程产生影响。建筑紧急出口的设计也需要考虑许多重要因素，例如人群疏散时间、离最近的安全地点的距离、建筑物可容纳的人流量、紧急出口的宽度以及最少数量等。每个国家对于疏散设施和基础设施的标准也有所规定，一般以疏散时间为基础来判断疏散设施的危险等级。

近年来，学者们针对复杂建筑的疏散问题开展了大量的研究，主要包括疏散模拟模型和疏散方案优化。其中，行人行为模型被广泛应用于建筑布局和疏散策略的优化设计中。在此背景下，主要的方法可以归纳为两类：描述类模型和优化类模型。描述类模型主要用于描述人群的行为、不同人的个体特征，以及人和环境的相互作用，来对疏散过程进行模型仿真。Yue 提出了一种疏散模型来模拟房间出口不对称情况下的疏散过程，此模型中内置的出口选择策略中考虑了人的实际移动距离和假想等待距离，这个模型可以用于设计初期的出口位置设计优化[1]。Liao 使用改进的自动元胞模型来研究出口布局对疏散效率的影响，他发现不同的出口位置会产生不同的人流分布，影响出口的通行能力[2]。Wu 根据博弈论建立了行人模型，他把行人分为三组，每组行人根据人的本能反应选择不同的移动方向，模拟不同的门的位置对疏散时间的影响，三组行人分别根据人的本能反应选择不同的移动方向[3]。Alizadeh 在一个动态自动元胞模型中引入了人的心理、门的位置、门的宽度、障碍物的位置等参数，探索了不同的参数对疏散时间的影响[4]。描述类模型可以在预先确定的建筑平面布置中模拟真实的行人移动和疏散能力，可以找出设计中可能会造成拥堵和混乱的设计薄弱点。然而，这种方法无法为设计提供最佳解决方案，比如通过优化平面布局来减少疏散时间。

对于疏散问题，优化模型能够给一些具体问题提供良好的解决方案，主要针对以下三种问题：路线选择，疏散人群分流，设施布局优化。Chen 和 Feng 提出了一种快速流量控制算法，通过计算最小疏散时间将疏散人员分配到不同的出口[5]。Kang 提出了一个整数规划模型，为不同的疏散人员分配多个出口，以最大限度地减少复杂建筑物中的疏散时间，同时模型考虑了每个出口的拥堵状况[6]。启发式算法也被用于解决疏散路线优化问题，Abdelghany 使用遗传算法（GA）和疏散模型搭建了一套模型框架，首先通过遗传算法来为展厅生成最佳疏散计划，并同时使用疏散模型评估生成的解决方案[7]。Liu 和 Zhang 提出了一种改进的量子蚁群算法来寻找从危险区域到安全区域的最有效疏散计划，该方法可以生成从多源节点到多终点之间的最优疏散路径[8]。Xie 和 Wang 提出了一种基于遗传算法（GA）的优化模型来搜索单个房间中的门的最佳位置以缩短疏散时间[9]。Kallianiotis 和 Kaliampakos 采用帕累托最优解来评估所有出口位置组合的疏散能力，并且出口位置设置同时也符合设计规范[10]。现有的方法侧重于改变房间的最后紧急出口的位置以提高疏散效率，然而，当面对具有多个房间的大型建筑物时，所有房间的每个门都会对疏散产生重大影响，应综合考虑每个门的位置。

本文提出了一种新方法，将优化模型与人群移动模拟模型相结合，计算最佳的疏散路线，减少疏散路径距离，进而缩短疏散时间。与上述方法比较，该方法对多个房间门的位置进行了优化，以保证整体的疏散距离最小，进而得到最短的疏散时间。

本文在第 2 部分介绍了湖北省科技馆的基本情况，并模拟了火灾时的疏散时间。然后，在第 3 节和第 4 节中，我们详细描述了约束模型、优化算法，并且对生成的解决方案进行了疏散模拟。最后，在第 5 节中提出了结论与展望。

2　湖北省科技馆

本文选取了湖北省科技馆作为研究案例，

湖北省科技馆总建筑面积约为 7 万 m²（图1），总造价约为 12 亿元人民币。科技馆分为七个独立的防火分区。图 2 即为本文的主要研究对象防火分区 1。该防火分区主要包括大型展览空间、办公室和卫生间。

图 1　湖北省科技馆

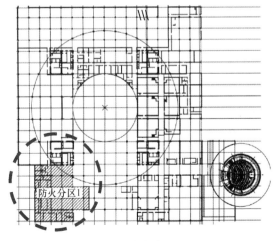

图 2　防火分区 1

2.1　原始设计方案疏散模拟

依据《建筑设计防火规范》GB 50016—2014 中 5.5.17 款，对于展馆建筑，房间内任何一点到最近的疏散门的距离不能超过 15m。图 3 展示了火灾发生时的疏散路线。在该案例中，首先我们对整个防火分区的原始平面设计方案进行疏散模拟，并得到原始空间布局的疏散总时间。我们使用 Pathfinder 软件作为模拟工具来进行疏散模拟，其中疏散模型的初始参数见表 1。如图 4 所示，整个防火分区的疏散

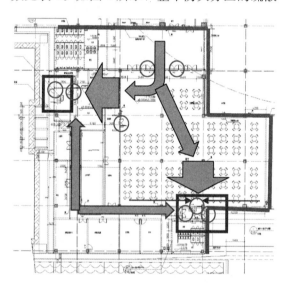

图 3　现存的疏散路径

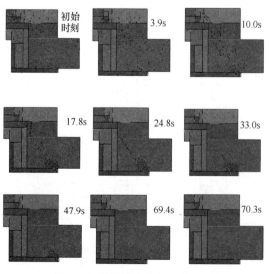

图 4　初始设计方案的疏散时间

总时间为 70.3s，在之后的章节，我们会建立一个优化模型来对疏散路径长度进行优化，并利用 Pathfinder 软件将优化前后的设计方案的疏散结果进行对比。

人员构成与速度			表 1
场所类型	儿童	成年人	老者
站台	40%	30%	30%
移动速度（m/s）	1.0	1.2	0.8

3　基于约束的模型

在本文中，我们采用基于约束的编程方法，该方法可以减少路径优化问题的复杂度。首先我们将图纸中的元素分为门、空间和路径，并将每种元素定义为具有不同属性的类，则三种类分别为门类、空间类和路径类。空间由点（x_i，y_i）来表示，表示点（x_i，y_i）的点集 i 代表空间中离最近的安全出口最远的点。点集 i 的坐标（x_i，y_i）是一个整数域上的变量。我们在整数约束编程中使用弧一致性算法来提高搜索效率，由于我们设定的长度以厘米单位增加，因此弧一致性对问题域的影响很小。门由点（x_1，y_1）（门的宽度中心）表示，门宽为 W。其中每一个变量均为整数约束变量，每个变量都由一个域上的可能值表示，比如 $x_1 \in [x_i, x_j]$。路径由不同的门（x_1，y_1）到点（x_i，y_i）之间通过的路线表示。我们使用图来表示整个区域的疏散路线，其中实心圆圈代表不同空间的中心，而空心圆圈代表所有的门。图 5 为该疏散问题的图论的表示，图中包括空间参考点、门以及空间参考点通过安全出口的不同的路径。然后，我们使用一个约束来代表路径长度，该约束表示如下：例如对于路径 $P_5 D_4 D_2$，我们创建一个约束变量代表点（P_5，D_4）之间的距离。而路

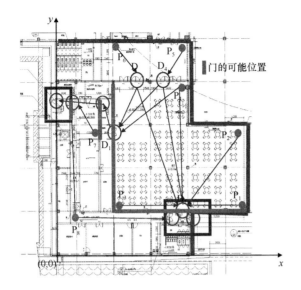

图5 基于约束的疏散路径的图论表示

径 $P_5D_4D_2$ 的长度对应着（P_5，D_4）之间距离和（D_4，D_2）距离的和。在我们的模型中，门的位置由门的域中的变量来表示（例如，门 D_2 的 y 坐标固定，但是 x 坐标可以在墙的长度方向任意滑动，其中图5中的浅色水平线代表墙）。本文，我们通过建立优化模型寻找最短路径来自动生成门的最佳位置。

4 最短路径的生成以及模拟验证

4.1 最短路径的生成

本文中我们使用分支限界算法来自动生成最短疏散路径，在该优化问题中，我们选取疏散路径长度作为目标函数。作为约束编程寻优问题中经典的方法之一，分支限界算法可以找到使得疏散路径最短的全局最优值。首先，我们建立一个约束变量来表示代价函数，并找到初始可行解，然后我们添加一个新约束，此时会得到一个新的解，该解对应的代价函数值比初始解对应的代价函数值更优。我们不断地收紧约束条件并且得到新的解，反复迭代，直到问题无解为止，得到的最后一个可行解即为该问题的最优解。

图6展示最短路径的最终生成结果，图中任何一个点到安全出口的路径均为最优。图上 D_1 和 D_2 是该算法自动生成的最优门的位置，坐标分别为 D_1（12600，29400）和 D_2（29500，8400）。

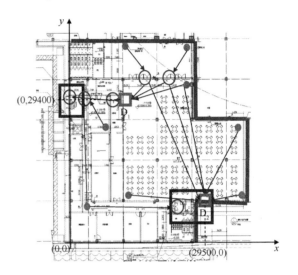

图6 最短路径的最终生成结果

4.2 新方案疏散模拟实证

当上述方法生成了新的门之后，我们继续使用 Pathfinder 软件对新方案进行疏散模拟，并且相关疏散参数的设置与原始方案模拟中保持一致。疏散模拟结果显示总的疏散时间为 55.8s，比之前的总疏散时间减少了 14.5s，当火灾发生时，生成的解决方案将会极大的提高建筑物内人员的安全疏散效率（图7）。

5 结论

本文提出了一种基于约束的编程优化方法，以最大限度地减少建筑物在发生灾害或火灾时的疏散时间。与以往的研究相比，这种方法自动生成了新的门位置，同时可以最小化疏散距离。在本案例中，我们解决了科技馆的建筑设计的疏散路径优化问题，未来我们将在更复杂的建筑中对该方法进行进一步的验证。同时，在后续工作中，我们还将研究更为全面的疏散模型，力求在疏散模型中考虑关于个体的个性化特征以及门的宽度对疏散效果的影响，对整个疏散过程能有更接近实际的刻画。

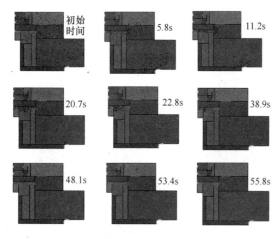

图 7　生成方案的疏散模拟

参考文献

[1] Yue H, Guan H, Shao C, et al. Simulation of pedestrian evacuation with asymmetrical exits layout[J]. Physica A: Statistical Mechanics and its Applications, 2011, 390(2): 198-207.

[2] Liao W, Zheng X, Cheng L, et al. Layout effects of multi-exit ticket-inspectors on pedestrian evacuation[J]. Safety Science, 2014, 70: 1-8.

[3] Wu J, Wang X, Chen J, et al. The position of a door can significantly impact on pedestrians' evacuation time in an emergency [J]. Applied Mathematics and Computation, 2015, 258: 29-35.

[4] Alizadeh R. A dynamic cellular automaton model for evacuation process with obstacles[J]. Safety Science, 2011, 49(2): 315-323.

[5] Chen P, Feng F. A fast flow control algorithm for real-time emergency evacuation in large indoor areas[J]. Fire Safety Journal, 2009, 44(5): 732-740.

[6] Kang J, Jeong I, Kwun J. Optimal facility – final exit assignment algorithm for building complex evacuation[J]. Computers & Industrial Engineering, 2015, 85: 169-176.

[7] Abdelghany A, Abdelghany K, Mahmassani H, et al. Modeling framework for optimal evacuation of large-scale crowded pedestrian facilities [J]. European Journal of Operational Research, 2014, 237(3): 1105-1118.

[8] Liu M, Zhang F, Ma Y, et al. Evacuation path optimization based on quantum ant colony algorithm [J]. Advanced Engineering Informatics, 2016, 30(3): 259-267.

[9] Xie Q, Wang J, Wang P, et al. The Optimization for Location of Building Evacuation Exits Considering the Uncertainty of Occupant Density Using Polynomial Chaos Expansion and Genetic Algorithm[J]. Procedia Engineering, 2018, 211: 818-829.

[10] Kallianiotis A, Kaliampakos D. Optimization of exit location in underground spaces [J]. Tunnelling and Underground Space Technology, 2016, 60: 96-110.

绿色技术在历史建筑改造中的应用现状

周春艳[1,2] 钟华[1]

（1. 英国诺丁汉特伦特大学，英国；2. 吉林建筑大学建筑与规划学院，吉林 130114）

【摘 要】 面对日益严重的全球能源和环境问题，对建筑进行绿色改造是一种有效的节能措施，但对历史建筑来说绿色建筑改造仍然是一个特殊的挑战。对于这些建筑来说，不仅要保护它们的历史价值，而且要满足舒适的要求，并且需要平衡许多需求和标准，所以有必要采取谨慎的态度来改造它们。欧美国家在分析策略和标准对绿色历史建筑改造上处于领先地位。本文基于历史建筑改造现状，对现有法规、可持续绿色技术、被动式设计和人的使用行为上进行案例研究，以为今后中国历史性建筑的绿色改造打好基础。

【关键词】 历史建筑；绿色改造；数字技术；可持续技术；可再生技术

The Application of Green Technology in the Reconstruction of Historic Buildings

Zhou Chunyan[1,2] Zhong Hua[1]

（1. Nottingham Trent Unstity，UK；2. Jilin Jianzhu Universtity，Ji Lin China 130114）

【Abstract】 In the face of increasingly serious global energy and environmental problems，the green retrofit of buildings is an effective measure，but it is still a special challenge for the historical buildings. For these buildings，not only to protect their historical values，but to meet the comfortable requires，so it is necessary to adopt cautious attitude to retrofit them. There are many requirements and standards need to balance. This paper analyzes policies and standards on the green retrofit of historical building in the main European and American countries firstly，then review the application situation of sustainable green technology，passive design and people behavior in the process of green historic building retrofitting to help achieving the goal of true green of historic building in China.

【Keywords】 Historical Building；Green Retrofit；Digital Technology；Sustainable Technology；Renewable Technology

1　简介

随着能源危机、环境危机的日益加重，绿色建筑的发展越来越受到全世界各国的重视。许多国家都根据国情出台了相应的绿色建筑标准，不仅被应用到新建筑的建设当中，也涉及既有建筑。但对于历史建筑这一特殊的建筑群体，仍然是绿建的盲区（豁免区）。目前，历史建筑所面临的最大挑战是使用者需求和保护需求之间的冲突。使用者想要节能的、舒适的使用环境，但不适当的改造必然会造成建筑历史特征的破坏，从而失去历史建筑的价值。因此，迄今为止，全球范围内对历史建筑的绿色改造的还没有统一的要求和规范。但各国政府及学术机构也都在完善法规和制定评估系统上进行着努力和尝试。

2　规范和法规

欧盟通过 Directive 2010/31/EU 控制既有建筑的能源消耗，The Energy Performance Building Directive（EPBD）要求欧盟成员国在进行既有建筑修复和技术改造的同时要减少能源消耗[1]，而且在 Directive 2012/27/EU 中[2]明确了建筑改造的条款。虽然历史建筑也属于既有建筑，但它不是"普通"的既有建筑，作为历史建筑，必须具备三个基本属性：足够的年代、较高的完整性和一定的历史价值[3]。因此在欧盟的 Energy Efficiency Directive[4] 中所涉及的既有建筑不鼓励包括历史建筑。因此如何定义历史建筑，采用什么样的技术进行改造，欧盟将这一责任留给各国的地方相关机构。

意大利在对历史建筑绿色化改造方面采取

了最积极的态度，GBC Historic Building™ 是由意大利绿色建筑委员会开发，并于 2014 年出版。它是对历史建筑修复的可持续性水平评估和自愿认证的评级系统。新的评级系统结合了国际 LEED 标准和历史建筑修复的具体需要[4]。在英国，节能的法规和标准通常也把历史建筑排除在外。但英格兰、苏格兰和威尔士对 EPBD 关于历史建筑的解读也不尽相同。在英格兰和威尔士，如果改造所产生的建筑特征或外观变化不可接受的话，那么在英格兰和威尔士的历史建筑就不遵守指令的规定[5]。但在苏格兰，其政策相对更灵活一些。建筑条例提供了关于如何达到最低标准的灵活性，强调改进是"尽可能接近全部要求"。在不可能遵守规定的领域，有必要在其他地方进行补偿性改进[6]。

但随着对节能性和舒适性需求的提高，越来越多政策制定者和保护主义者逐渐意识到，建筑只有在有效使用时才能体现出它的价值。历史建筑同样如此，这一转变促使越来越多的人思考如何进行历史建筑的改造，从而激发了更多的学术研究。例如英国的一些组织已经开始制定长期的研究项目，致力于在历史和传统建筑中提高能源效率。其中包括英格兰对历史建筑节能的指导、苏格兰的历史建筑节能计划、保护古代建筑协会(SPAB)能源效率研究协会[7]。欧盟也资助了一些大的关于节能和历史建筑研究计划，出台了相应的改造指导、手册、技术标准等，例如 3ENCULT、Co2olBricks、Climate for Culture、EFFESUS、NOAH′S ARK、New4Old、SECHURBA[8]。由此可见，历史建筑的绿色改造已经越来越受到各国政府和相关学术机构的重视，因为能源消耗和保护原则是相互平衡的，目的是为了实现持续的长期使用。

3　绿色技术的应用

绿色改造的目标（Green Retrofitting）：一方面确保能源需求减少和能源合理分配；另一方面使建筑更可持续和智能，在室内环境质量方面，对使用水、维护结构、能源使用进行控制[9]。一般建筑的绿色改造范围包括：增加墙体和屋顶的绝热层，升级窗户，加强自然通风，自然采光替换人工光源，升级采暖设备，增加通风空调设备。

3.1　围护结构

围护结构的改造必须遵守国际遗产保护委员会（ICOMOS）和联合国教育、科学及文化组织（教科文组织）的国际宪章（UNESCO）；但如何使用这些原则去评价改造对遗产价值的影响，还缺乏共识。目前，围护结构改造的常用措施主要包括：增加墙体、屋顶和地面的保温层，更换节能窗户和增加空气密封性。

Woroniak and Piotrowska-Woroniak[10]主要强调如何增加绝热层和替换门窗来减少能耗的需求。*Bellia L，d'Ambrosio Alfano FR，Giordano J，Ianniello E，Riccio G.*[11]通过更换门窗和地面的措施使得其在采暖季能够节能27.1％。*Alev Ü，Eskola L，Arumägi E，Jokisalo J，Donarelli A，Siren K，et al.*[12]提出增加外墙的绝热层在绿色改造中具有最大的潜力。但对于墙体和屋顶的保温，为了保护的建筑特征，通常做内保温的处理，但也不可避免地会产生热桥。也有研究认为传统建筑材料设计允许建筑受潮，然后使用材料或部件吸收湿气，而且很容易蒸发。但是改造行为会改变这些材料和部件的原有能力。*Bellia L，d'Ambrosio Alfano FR，Giordano J，Ianniello E，Riccio G.*[13]也提出厚重的外墙不需要增加绝热层。

对于外窗，如果更换不当，也会影响形象。目前单框双玻窗（Slim Profile Double Glazing）性能更好。在英国，窗户已经成为在历史建筑中能效提高的焦点，SPDG既可以提高窗户的传热系数，又可以尽量避免建筑形象的改变。因为SPDG非常薄（厚度在8.2～16mm），能够直接替换现有的单层窗，保持原有的建筑立面。传热系数根据窗户的种类，为1W/m² K to 2.8W/m² K，与传统单层窗相比，热损失可以降到63％～73％[14]。但也存在问题，如历史玻璃的加速消失；需要更厚的玻璃条（Glazing Bars）来支撑增加的重量；和旧玻璃相比，更平，反射更均匀。如果保留窗户，利用窗帘、百叶窗、增加一层玻璃，研究表明他们的性能与传统的双层窗相似，好于单层窗[15~17]。

3.2　自然通风与采光技术

自然通风是改善空气质量和降温的有效手段。Balocco and Grazzini[18]研究了意大利一所宗教建筑内的速度和空气温度分布和气流模式。研究人员证实，古代自然通风系统运转良好，即使在高温和太阳辐射波动的情况下，也能创造稳定舒适的内部微气候环境。D'Agostino and Congedo[19]使用20个3D模型、五通风场景分析意大利的一个教堂。这次调查的目的是要找到最佳的室内微气候建筑保存现有的窗户和门来实现所需的内部条件。合理地管理不同位置开窗的方式和时间，不仅可以获得舒适的室内环境，也可以保护展品。D'Agostino et al.[20]利用CFD工具模拟了莱切大教堂（意大利）的地下室的通风。为了改善地下室的微气候，用户应该避免同时打开所有的窗户。在理论上，在一个理想的世界里，为了保持艺术品的完美，窗户应该保持关闭状态。

Balocco and Calzolari[21] 在佛罗伦萨的 Palagio di Parte Guelfa 的旧图书馆里进行了一项自然的照明设计研究。在大楼里安装了太阳能辐射控制装置、两个灯架、一个天窗和两个光管，没有进行任何实质性的修改。结果表明，该装置确保了照明的节能，并保证了用户的照明舒适。Bellia L，d'Ambrosio Alfano FR，Giordano J，Ianniello E，Riccio G[22]. 考虑到窗户的几何形状和位置，在不修改围护结构的情况下，可以获得采光效果的显著变化。

3.3 高效的采暖通风和空调系统 HVAC system efficiencies

历史建筑的采暖系统通常是影响节能最主要的因素之一，随着技术的发展，采暖设备、采暖区域、采暖燃料、采暖方式是主要研究的对象。通常不对建筑表观特征和材料产生影响的技术：燃料转换、热电联合（CHP）、生物质锅炉和炉子。

对于空间较高、较空旷的教堂建筑，直接在人的活动区域，长椅处设置采暖系统可以有效提高热舒适性。Camuffo et al.[23] 建议将热量从散热器直接送到长椅区域，同时保持教堂的室内条件几乎不变。该系统在此后的 3 年时间里一直处于监测状态，结果表明，该系统在热舒适和艺术品保护方面取得了显著的改善。Niccolò Aste[24] 提出了一个新颖的液体循环加热的高效系统，它能够结合辐射长椅的优点与地源热泵 Collemaggio 教堂（意大利拉奎拉），全球相关性的一个教堂。Samek et al.[25] 还监测了一个教堂（在波兰）的室内微气候，以计算一个新的供暖系统（头顶辐射加热器）的影响。结果表明，新系统允许对人们进行朝拜的特定区域进行控制的热量传递，使圣人画像没有受到负面影响。在采暖设备升级和更换热源

方面，Woroniak and Piotrowska-Woroniak[26] 用生物质能取代化石能源可以减少能源需求和消费。Luigi Schibuola＊，Massimiliano Scarpa，Chiara Tambani[27] 采用以下技术：表面水热泵（SWHP），需求控制通风（DCV）和三代在威尼斯中心的历史建筑的翻新，以降低能源消耗，增加居住者的舒适度。

Balocco and Grazzini[28] 在佛罗伦萨大厅现有的地板上安装了模块化和可移动的加热装置系统。这个辐射式采暖系统可以为历史建筑的翻新设计，特别是当它被改造成博物馆时有效节能和提高舒适度。Salata F，Vollaro A，de L，Vollaro R，de L.[29] 认为在住宅领域使用三联系统（混合生产热、冷却和电力）的潜力越来越大，因为他们有能力从单一的燃料来源生产热能和电能。

3.4 太阳能技术

太阳能技术目前被认为是可再生能源利用中最理想的选择之一。它不仅可以供热（Building Integrated Solar Thermal（BIST）systems），还可以发电（Building Integrated Photovoltaic（BIPV）systems）。光伏组件集成到建筑围护结构的元素中，如屋顶或立面。但有时也会影响建筑的外观。

Bellia L，d'Ambrosio Alfano FR，Giordano J，Ianniello E，Riccio G.[30] 将一个不透明的光伏屋顶计算出来的结果是，能源生产大约是 107.9MW·h/年；Todorović et al.[31] 评估了建筑综合光伏（BIPV）在贝尔格莱德的历史博物馆建筑的应用，目标是实现零二氧化碳排放。Cristofari et al[32] 回顾了在传统地区对微型可再生能源的立法障碍，并引进了一种新型的平板太阳能热收集器原型，减少了视觉冲击。

Moschella A，Salemi A，Lo Faro A，San-

filippo G，Detommaso M，Privitera A.[33]处理
整合太阳能技术在建筑和关注关键节能问题之
间的物理构象关系，植被和建筑本身的文化价
值（尤其是构建遗产）的形象影响提出标准和
准则。Lopez and Frontini[34] provided a set of
decision methods for selecting solar technology applications. 提供了选择太阳能技术应用
的一套决策方法。

3.5　使用者行为

建筑是否达到预期的节能效果，节能技术
的应用只是一个方面，更重要的是取决于建筑
使用者的用能行为。从使用者的用能行为入
手，改变他们的行为习惯，用节能的方式正确
引导。引导使用者的用能行为，行为习惯，引
导使用者采用节能的行为习惯，往往可以比单
纯进行技术改造获得更好的效果。Hui Ben＊，
Koen Steemers[34,35]比较了使用者行为改变和
技术改造对保护住宅节能效果的影响。根据
（IES）软件的建模结果，积极的行为改变的
影响范围可达 62％～86％节能率，而且，经
过深入改造的建筑整体消耗仅是低能耗行为
（low-energy behaviour）的 2.5 倍。并且，使
用者行为可以抵消因物理改善而节省的能量。

4　总结

历史性建筑保护和翻新过程必须同时考虑
建筑的保护和可持续发展，因此历史建筑工程
改造必须依靠创新方法和利用新兴技术。可持
续建筑材料和技术不仅节约能源和整个工程成
本，也对整体历史建筑的长期价值显示出积极
的影响。但是，当前还没有对传统建筑的综合
的全生命周期评估体系，这直接影响传统建筑
的保护和历史文化价值，因此在这一领域的具
体可持续发展研究和设计还有待进一步深化。

参考文献

[1] European Parliament，Directive 2010/31/EU of The European Parliament and of the Council of19 May 2010 on the energy performance of buildings（recast），Official Journal of the European Union. L 153/13，18.6.2010.

[2] European Parliament，Directive 2012/27/EU of The European Parliament and of the Council off 25 October 2012 on energy efficiency，amending Directives 2009/125/EC and 2010/30/EU and repealing Directives 2004/8/EC and 2006/32/EC，Official Journal of the European Union. L 315/1，14.11.2012.

[3] European Parliament，Directive 2012/27/EU of The European Parliament and of the Council off 25 October 2012 on energy efficiency，amending Directives 2009/125/EC and 2010/30/EU and repealing Directives 2004/8/EC and 2006/32/EC，Official Journal of the European Union. L 315/1，14.11.2012.

[4] Marialuisa Baggio，Chiara Tinterri，Tiziano Dalla Mora，Alessandro Righi，Fabio Peron，Piercarlo Romagnoni. Sustainability of a Historical Building Renovation Design through the Application of LEED Rating System，Energy Procedia，Volume 113，May 2017，Pages 382-389，https://doi.org/10.1016/j.egypro.2017.04.017.

[5] HM Government，The Building Regulations 2010. Approved document L1B：Conservation of fuel and power in existing dwellings，Available from：https://www.gov.uk/government/uploads/system/uploads/attachment data/file/540327/BR PDF AD L1B 2013 with 2016 amendments. pdf.

[6] Historic Scotland and Scottish Buildings Standards Agency，Conversion of Traditional Buildings，A Guide for Practioners，2007（Available from：http://www.historic-scotland.gov.uk/guide-for-practitioners-6. pdf).

［7］ Amanda L. Webb. Energy retrofits in historic and traditional buildings: A review of problems and methods, Renewable and Sustainable Energy Reviews. Volume 77, September 2017, Pages 748-759, https://doi. org/10. 1016/j. rser. 2017. 01. 145.

［8］ Amanda L. Webb. Energy retrofits in historic and traditional buildings: A review of problems and methods, Renewable and Sustainable Energy Reviews. Volume 77, September 2017, Pages 748-759, https: //doi. org/10. 1016/j. rser. 2017. 01. 145.

［9］ Marco Filippi. Remarks on the green retrofitting of historic buildings in Italy. Energy and Buildings 95（2015）15-22. https: //doi. org/10. 1016/j. enbuild. 2014. 11. 001.

［10］ Woroniak G, Piotrowska-Woroniak J. Effects of pollution reduction and energy consumption reduction in small churches in Drohiczyn community. Energy Build 2014; 72: 51-61. http: //dx. doi. org/10. 1016/j. enbuild. 2013. 12. 048.

［11］ Bellia L, d' Ambrosio Alfano FR, Giordano J, Ianniello E, Riccio G. Energy requalification of a historical building: a case study. Energy Build 2015; 95: 184-9. http: //dx. doi. org/10. 1016/j. enbuild. 2014. 10. 060.

［12］ Alev Ü, Eskola L, Arumägi E, Jokisalo J, Donarelli A, Siren K, et al. Renovation alternatives to improve energy performance of historic rural houses in the Baltic Sea region. Energy Build 2014; 77: 58-66. http: //dx. doi. org/10. 1016/j. enbuild. 2014. 03. 049.

［13］ Bellia L, d' Ambrosio Alfano FR, Giordano J, Ianniello E, Riccio G. Energy requalification of a historical building: a case study. Energy Build 2015; 95: 184-9. http: //dx. doi. org/10. 1016/j. enbuild. 2014. 10. 060.

［14］ P. Baker, N. Heath, Technical Paper 9 Report 1: Thermal Performance of Slim Profile Double Glazing; and Report 3: Calculation of Whole Window U-values from In-situ Measurements,

Historic Scotland, 2010（Available from: http: //conservation. historic-scotland. gov. uk/publication-detail. htm? pubid＝8235）.

［15］ Baker P. Historic Scotland Technical Paper 1-Thermal performance of traditional windows. Edinburgh: Historic Scotland; 2008).

［16］ Currie J, Bros-Williamson J, Stinson J, Jonnard M. Historic Scotland Technical Paper 23: Thermal assessment of internal shutters and window film applied to traditional single glazed sash and case windows. Historic Scotland; 2014.

［17］ National Trust for Historic Preservation Preservation Green Lab. Saving Windows, Saving Money: Evaluating the Energy Performance of Window Retrofit and Replacement. 2012.

［18］ Balocco C, Grazzini G. Numerical simulation of ancient natural ventilation systems of historical buildings. A case study in Palermo. J Cult Herit 2009; 10: 313-8. http: //dx. doi. org/10. 1016/j. culher. 2008. 03. 008.

［19］ D'Agostino D, Congedo PM, Cataldo R. Ventilation Control using Computational Fluid-dynamics（CFD）Modelling for Cultural Buildings Conservation. Procedia Chem 2013; 8: 83-91.

［20］ D'Agostino D, Congedo PM, Cataldo R. Ventilation Control using Computational Fluid-dynamics（CFD）Modelling for Cultural Buildings Conservation. Procedia Chem 2013; 8: 83-91.

［21］ Balocco C, Calzolari R. Natural light design for an ancient building: a case study. J Cult Herit 2008; 9: 172-8. http: //dx. doi. org/10. 1016/j. culher. 2007. 07. 007.

［22］ Bellia L, d' Ambrosio Alfano FR, Giordano J, Ianniello E, Riccio G. Energy requalification of a historical building: a case study. Energy Build 2015; 95: 184-9. http: //dx. doi. org/10. 1016/j. enbuild. 2014. 10. 060.

［23］ Camuffo D, Pagan E, Rissanen S, Bratasz Ł, Kozłowski R, Camuffo M, et al. An advanced church heating system favourable to artworks: a contribution to European standardisation. J Cult Herit 2010; 11: 205-19. http://dx. doi. org/10. 1016/j. culher. 2009. 02. 008.

[24] Niccolò Aste, Stefano Della Torre, Rajendra S. Adhikari, Michela Buzzetti, Claudio Del Pero *, Fabrizio Leonforte, Massimiliano Manfren. Sustainable church heating: The Basilica di Collemaggio case-study. Energy and Buildings 116 (2016) 218-231.

[25] Samek L, De Maeyer-Worobiec A, Spolnik Z, Bencs L, Kontozova V, Bratasz Ł, et al. The impact of electric overhead radiant heating on the indoor environment of historic churches. J Cult Herit 2007; 8: 361-9. http://dx. doi. org/ 10. 1016/j. culher. 2007. 03. 006.

[26] Woroniak G, Piotrowska-Woroniak J. Effects of pollution reduction and energy consumption reduction in small churches in Drohiczyn community. Energy Build 2014; 72: 51-61. http://dx. doi. org/10. 1016/j. enbuild. 2013. 12. 048.

[27] L. Schibuola, et al., Innovative technologies for energy retrofit of historic buildings: An experimental validation, Journal of Cultural Heritage (2017), http://dx. doi. org/10. 1016/j. culher. 2017. 09. 011.

[28] Balocco C, Grazzini G. Plant refurbishment in historical buildings turned into museum. Energy Build 2007; 39: 693-701. http://dx. doi. org/10. 1016/j. Enbuild. 2006. 06. 012.

[29] Salata F, Vollaro A, de L, Vollaro R, de L. A case study of technical and economic comparison among energy production systems in a complex of historic buildings in Rome. Energy Procedia 2014; 45: 482-91. http://dx. doi. org/10. 1016/j. egypro. 2014. 01. 052.

[30] Bellia L, d' Ambrosio Alfano FR, Giordano J, Ianniello E, Riccio G. Energy requalification of a historical building: a case study. Energy Build 2015; 95: 184-9. http://dx. doi. org/10. 1016/j. enbuild. 2014. 10. 060.

[31] Todorović MS, Ećim-Durić O, Nikolić S, Ristić S, Polić-Radovanović S. Historic building's holistic and sustainable deep energy refurbishment via BPS, energy efficiency and renewable energy-a case study. Energy Build 2015; 95: 130-7. http://dx. doi. org/10. 1016/j. enbuild. 2014. 11. 011.

[32] Cristofari C, Norvaišienė R, Canaletti JL, Notton G. Innovative alternative solar thermal solutions for housing in conservation-area sites listed as national heritage assets. Energy Build 2015; 89: 123-31. http://dx. doi. org/10. 1016/j. enbuild. 2014. 12. 038.

[33] Moschella A, Salemi A, Lo Faro A, Sanfilippo G, Detommaso M, Privitera A. Historic buildings in Mediterranean area and solar thermal technologies: architectural integration vs preservation criteria. Energy Procedia 2013; 42: 416-25. http://dx. doi. org/10. 1016/j. egypro. 2013. 11. 042.

[34] López CSP, Frontini F. Energy efficiency and renewable solar energy integration in heritage historic buildings. Energy Procedia 2014; 48: 149-502. http://dx. doi. org/10. 1016/j. egypro. 2014. 02. 169.

[35] Hui Ben *, Koen Steemers(Energy retrofit and occupant behaviour in protected housing: A case study of the Brunswick Centre in London, Energy and Buildings, Volume 80, September 2014, Pages 120-130.

[36] https://doi. org/10. 1016/j. enbuild. 2014. 05. 019.

最后决策者系统（LPS）在基础设施大型项目上的实施和使用

Dr Vince Hackett[1]　张　楠[2]　朱承瑶[2]

（1. 诺丁汉特伦特大学，诺丁汉；2. 华中科技大学土木工程与
力学学院，武汉　430074）

【摘　要】　在建筑项目中，精益建造被用于解决工作流程的低效，并为此专门开发了最后决策者系统（LPS）。最后决策者系统控制生产计划，与关键路径方法（CPM）设置的项目高级控制保持一致。LPS的首要目标是通过最后的决策者（LPs）制定生产计划来提高工作流程的效率，这些决策者负责制定工作计划。然而，在早期使用中，由于LPS和CPM不匹配从而导致了一些不良后果。为了改善这种情况引入了反向推动，也就是指最后决策者们合作开发符合CPM关键时间节点的中期计划。自建立以来，LPS就应用于美国、非洲等世界各地的项目。

　　然而，目前缺乏对精益建造实施的具体指导方针，尤其是对LPS。基于此，作者通过对澳大利亚西北部正在进行的液化天然气（LNG）改造项目进行研究，试图解决指导方针缺失的问题。本文描述了精益建造指导方针的发展以及精益建造近期在英国一个主要基础设施项目中的应用。

【关键词】　最后决策者系统（LPS）；反向推动；最后决策者；关键路径方法（CPM）

Implementation and Use of the Last Planner System on Infrastructure Megaprojects

Dr Vince Hackett[1]　Zhang Nan[2]　Zhu Cheng-yao[2]

（1. Nottingham Trent university，Nottingham England；2. College of Civil Engineering and Mechanics，Huazhong University of Science and Technology，Wuhan China　430074）

【Abstract】　Lean construction was introduced in combat very low workflow reliability in construction projects，with the Last Planner System（LPS）developed specifically as an antidote. It controls production planning, aligned to the project high level controls as set by the critical path method (CPM). The first aim of the LPS is to improve workflow reliability with production planning undertaken by last planners (LPs), the decision makers tasked with undertaking work plans. Yet in early use, some poor outcomes were witnessed, caused by poor LPS and CPM alignment. Pull planning was introduced to mitigate this weakness, with LPs collaboratively developing medium term programmes aligned with CPM milestones. The LPS has been implemented since inception on projects across the world from the USA to Africa.

However, there is little evidence of guidance to direct the implementation of lean construction in general and the LPS in particular. This gap was addressed by research undertaken on the ongoing refurbishment of a Liquefied Natural Gas (LNG) in Northwest Australia, to develop guidance. The paper described the development of guidance and its subsequent use on the implementation of lean construction on a major infrastructure project in the UK.

【Keywords】 Last Planner System (LPS); Pull Planning; Last Planner; Critical Path Method (CPM)

1 引言

精益建造实践最初由 Glenn Ballard 和 Greg Howell 于 1992 年开发[1]，并引入 LPS 以减少工作流程的可变性，其中可变性是导致建筑项目性能不佳的一个因素。在建筑项目中，工作流程的长期低效将导致工作流程不稳定，为了解决这个问题，LPS 得到开发、应用[2]。LPS 是一个控制项目生产的系统，它通过协作引导项目达成目标。项目控制通常来自 CPM 产出，用于设定成本和进度目标，并监测实现这些目标的进度。CPM 和 LPS 都需要协调运作。Ballard 等人[3]在描述 LPS 的历史和演变时表示，它是在发现建筑项目的生产计划效率不佳后开发的。LPS 的首要目标是通过一线监督员之间的协作会议来改善工作流程的

效率，并制定每周协调的工作计划。这些规划者被称为最终决策者（LPs），他们在投入生产之前协同计划工作。传统的决策者被称为第一决策者。

然而，事实证明在许多情况下各项活动很难按照主时间表的规定进行。为解决这个问题引入了反向推动，反向推动协作一般用作开发一个方案和活动程序，通常需要 4~6 个月，具体时长取决于解决各项问题所需的准备时间。参与交付工作的人员了解自身工作并有做决策的权力，故具体的规划由他们制定。目前来说，规划由那些能提供安全、质量、物流和主编程方面所需信息的人制定。在每项活动的先决条件的驱动下，计划以相反的顺序进行，产出用于制定与关键日期一致的详细时间表。主计划根据项目范围设置成本与计划目标并监

控这些目标的进度。LPS 生产计划的任务是实现目标，通过采取各项措施促使项目沿着计划的路径推进，当项目难以实现之时，就需要找出达成目标的另一种途径。然而，CPM/LPS 的协同作用带来许多挑战。不少文献都揭示了CPM 的缺点，它在处理诸如截止日期和资源限制[4]、活动的中断[5]等多种局限方面是无效的，虽然作为报告机制很有用，但在反映项目现实以支持决策制定方面作用不大[4]。此外，CPM 软件可能产生不合逻辑的、不切实际的时间表，这使得项目团队难以理解大而复杂的项目施工过程中相互关联的要素[6]。

同时，LPS 的使用也可能存在问题。到目前为止，LPS 在包括美国、巴西、智利、厄瓜多尔、英国、芬兰、丹麦[7]等不同国家应用广泛，为建设多种多样的建设项目做出了重要的贡献[8]。但是，LPS 仍然存在一些障碍，包括缺乏适当的培训，缺乏高级管理层支持，无法激励员工，参与者之间缺乏诚实和信任以及未能选择和培训合适的人员等[9]，这些问题致使 LPS 一直无法做到一致地成功落实。Simonsen 等人[10]指出，由于缺乏定量数据将结果与更传统的方法得到的结果进行校准和比较、学术界和从业者之间缺乏平衡，导致这些概念难以推广。使用不一致的部分原因可能是缺乏明确的实施指南。Howell 概述了九个实施步骤，Mossman[11]提供了一些关于 LPS 实施的一般性建议，以及一些关于指导规定的讨论[12]。总的来说，LPS 的实施缺乏具体指导。为了弥补这一差距，我们采用了作者进行的行动研究，并对 CPM 应用相关的 20 个半指导性访谈进行了分析，帮助其有效地与 LPS 融合。

2 研究内容

200 公顷卡拉萨天然气厂（KGP）位于澳大利亚西部皮尔巴拉地区，是一个改建中的综合液化天然气（LNG）工厂。它的保护性覆层、绝缘和涂料系统随时间流逝而逐步劣化，导致管道和容器局部外部腐蚀，亟需改造维护。正在进行的整修工作需要五到十年的时间，整修完成后工厂的使用寿命将大大延长。项目在现场工厂进行工作，分为在线（在现场工厂）和离线（在工厂的隔离部分）两个部分。这个项目工期短、工作繁忙，是在 18 个月的主要研究期内，利用精益工具（包括 8 个离散项目的 LPS）调查精益建筑实施的好机会。

行动研究（AR）使用的研究方法，整合了"边做边学"通过反思来辅助学习的学习方法[13]。通过与那些从事工作并最终落实有价值变革的人合作，学习将会带来变革。AR 使用多种形式的数据和证据将连续实验与分析相结合。通过检查行动的过程和结果，建立了一个持续改进的平台[14]，在这当中，组织问题和人们在这些问题中的互动也是研究过程的一部分[15]。这种方法的使用具有 AR 与精益建构之间哲学一致性的优点，因为精益被认为能够促使人们学习并教会人们学习的方法[16]。使用半指导性访谈的主题分析来调查 CPM 的使用，揭示的几个问题与文献大致一致。使用Primavera P6 在卡拉萨天然气厂（KGP）进行 CPM 计划，管理和监督人员在解释 CPM输出和报告上，特别是在行业标准工作计划上说法不一。造成这种情况的原因有很多，包括缺乏培训，时间表过于复杂，安排到最近时刻的工作与计划人员广泛使用的脱钩结合以使软件算法"工作"。同样的，P6 进展报告与实际"现实"之间也存在不一致的情况[16]。

讨论的另一项研究成果是制定了若干指导原则，以下是在英国一个 34km 的基础设施项目中进一步实施和改进 AR 使用原则的若干指导原则。

2.1 获得包括客户在内的执行管理层的真实购买和支持

正在进行的 AR 表明了在实施开始之前获得执行管理层的实际购买和支持的重要性。在任何落实过程之前获得高层领导支持必不可少，这点可以通过合同和采购文件中规定的精益施工的强制使用来证明。

2.2 确定并聘请正式领导者，尤其是高级管理人员

正式领导人尤其是高级管理层的参与对于项目的成功实施至关重要。具有丰富实践经验和精益方法知识的领导者要能够提供更高水平的持续支持。因此，项目实施的首要任务之一便是正式的领导者参与，尤其是那些具备现有精益知识的人。他们持续不断的支持体现在 LPS 会议上的一致出席，主要是观看简报，必要时提供指导。当高级管理层下放权限，允许决策者控制，同时支持会议流程所指示的方向时，这些会议能够达到运作的最佳状态。

2.3 确定并聘请非正式领导人

非正式领导者来自团队并由团队进行选出，对团队造成影响[17]，非正式领导者能通过除正式权威之外的其他方式参与并采取行动来影响队友的行为[18]。共同的团队愿景能够鼓励非正式领导者的出现，他们能使团队成员达到比平时更高的水平，在发展团队效能方面发挥着关键作用[19]。行动研究表明，他们往往是类似于在 H&S 开业前会议等论坛上确定的主管、现场工程师和项目工程师。非正式领导者领导实施，进行创新并不断改进，同时在此过程中指导其他人。他们在所有 LPS 会议中的行动尤其明显，同样也引领标准工作设计（SWD）的发展。

2.4 确定并聘请变更代理人

变更代理人被定义为组织内部或外部的人员，他通过关注组织效能、完善和发展等方面的问题来帮助组织转变。变更代理人关注的重点是组织中的人员及其互动。变更代理人往往是以前参与当前或另一个项目成功实施的正式领导者。

2.5 在施工过程之前制定战略和精准的 CPM 计划

战略制定包括对工作程序和目的的一个简短描述，这些说明为制定强有力的主计划提供了参考，其关键时间阶段的内容为生产计划提供了依据。

2.6 使用规范的方法

使用规范的方法已成为成功实施的先决条件。它包括会议的时间和长度。这是在实践中设定的更具挑战性的先决条件之一。每日会议（DH）、每周工作计划（WWP）和反向推动会议的时间必须经过共同商定。一旦达到成熟状态，最有效的 DH 持续 5 到 10 分钟，WWP 会议½到¾小时，反向推动会议 1～2 小时。所有会议必须在商定的时间开始，决策者应做好充分准备。此外，在向 LPS 会议添加新 LPs 时要谨慎行事，特别要避免给予一个虽然事先接受过指导和辅导，但经验不足的新 LPs 过重的负担。只有 LPs 可以做出承诺，并采取相应的行动来达成承诺。事先获得决策者如领导的承诺，将他们锁定在决策/承诺过程中。

会议所使用的议程和指南是根据当前流程基准制定的，具体见图 1，下面的简单流程图指导 LPS 生产计划的实施，通过主调度项目控制目标进行指导。正在进行的行动研究从复杂性，易解释性和准确性的角度展示了文献中

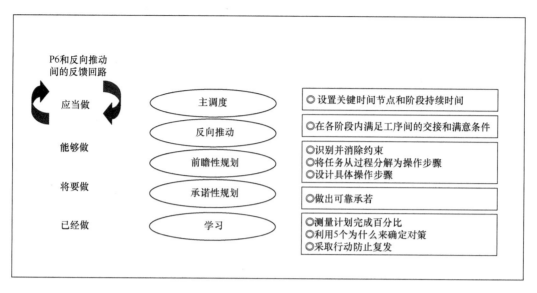

图 1　最后计划系统的当前流程基准①

揭示的 CPM 调度的使用和输出问题。为了缓解这些固有问题，采用重复方法与反向推动会议结合的方法，充分利用 LPs 经验和知识，为第一决策者编制稳健的进度计划提供信息。

2.7　边界对象的使用

边界是知识转移的障碍。边界对象因其连接交叉社会和文化世界的能力而得名。Car-lile[20]确定了三个界限：句法、语义和语用。句法边界是根据不同语言、语法和符号使用的组间差异而创建的。语义边界是由可接受的解释和含义的差异引起的，其中知识需要被翻译而不仅仅是被转移，例如在工程和法律背景下对风险的不同解释。语用边界出现在参与协作实践的团体具有不同或相互冲突的利益之时，这时自身利益阻碍了解决方案的实施。标准化形式、草图和绘图、物理对象、原型和叙述等一系列对象均可以成为边界对象。

在当前实施过程中，主要边界对象是指 LPS 运作过程中所使用的中间关系连接。当一个分包合同决策者勉强参加他的第一次反向

推动会议时，一位施工经理注意到了这个边界对象的影响。然而，当他开始在董事会上解释承上启下的关系连接，与其他的最后决策者互动时，他的态度发生了转变，现在他已经变得非常积极并且正在参与讨论来改善日程安排的程序和机会。这种行为在随后的 WWP 和反向推动会议中得以推进。

2.8　使用 LPS 会议来协助不断完善和创新实践

LPS 会议是 LPs 利用基本知识和经验及早发现机会和识别问题的时机。在最好的情况下，LPS 会议是推进实践不断完善的社交活动，为决策者提供交流和汇集经验、知识的机会。

2.9　使用预先存在的精益或精益型知识和现有举措

具备丰富实际经验或直观使用精益方法的领导者/非正式领导者可以成为实施的推动者。由这样的领导者领导的 6~8 周之后，实施的

① Ballard&Tommelein，2016，第 11 页

速度和质量会因其影响而得到提升。相反，在领导者具备很少或完全不具备丰富精益经验的部门，实施可能需要7个月才能达到类似的成熟度水平。拥有现有知识的人包括项目经理，总工和经理，这些人由管理人员和监督人员不断交流、讨论最终确定。确定下来的人员用业余时间领导和指导实施，在实施过程中深受爱戴与支持。实施阶段的首要任务之一便是识别和利用这些人。

2.10 使用每日会议板让员工参与日常生产计划

每日会议板使员工能够参与日常生产计划，如图2所示。每日会议在班次交接时举行，需要监督人员参与并在主要方案目标与现场一级的生产之间建立直接联系。在每日会议这样持续不超过5～10min的站立会议上，期望能达成设置开始时间、使生产计划与生产结果保持一致、让员工参与生产计划流程的目标。

与其他LPS工具一样，严格的方法很重要，及时召开DH尤为重要。有关研究已证明了DH的开始、出勤和参与有重要影响[16]，及时出席DH可以及时地、有针对性地开始工作的一天。相反，DH延迟5min是个糟糕的开始，很有可能一些工作人员开始工作的时间会延迟一个小时。

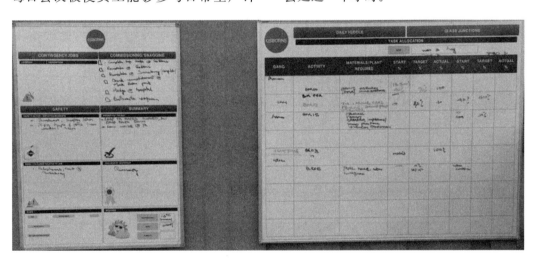

图2　每日会议模板

2.11 支持进化，包括工具的自主进化

如上所述，精益建设是为了减少浪费，使人们能够教他人如何学习。这一理念正在进一步推进，促进了劳动力不断进化。进化是由工作环境决定的，并且需要具有适当经验和知识的人领导。

2.12 标准工作设计的发展

另一个实施的精益工具是标准工作设计（SWD），它能在整个计划期间开发和用标准检验良好的工作实践。在下面的示例中，作为非正式领导者中的一位，一名站点工程师与员工合作开发改进了涵洞安装过程。该文件描述了这段历程从过去到现在的状态，以及节省的时间和成本。

3 实施成果

本节描述了上述项目中LPS实施的一些成果。

3.1 性能改进

绩效可以根据成本、进度和质量结果来定

义[21]，或者可以根据进度、质量、环境影响、工作环境和创新成果来衡量[22]。有证据表明，始终如一的高计划完成百分比（PPC）数据与绩效改进一致，特别是在计划压缩方面[23]。PPC 是可靠的工作流程和可预测的活动交接的指标，计算如下。

$$PPC = \frac{全面完成的活动}{计划的活动} \times 100 \qquad (1)$$

在 KGP 进行的 AR 公开了持续高 PPC 和时间表压缩之间的相关性，在时间表方面实现了 25% 的性能改进，并且实现了持续的高 PPC，如图 3 所示。

还有进一步证据表明，当前精益落实的性能改善与始终如一的高 PPC 水平相关。图 4 是一个桥梁结构的性能进度表，一个桥梁结构原本应 7 个月完成，现减少了 6 周也就是减少了进度的 20%。

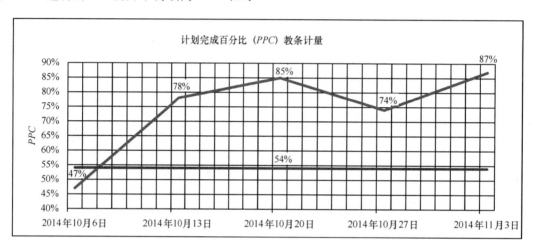

图 3　计划完成百分比教条计量

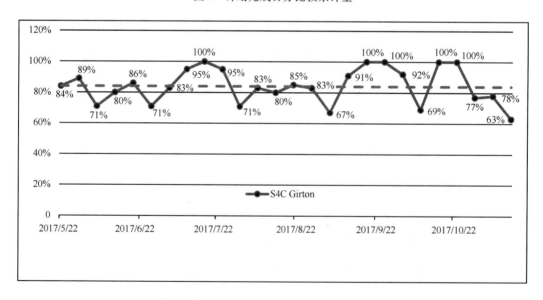

图 4　格顿大桥结构计划完成百分比（PPC）

3.2　自主发展实践

当由非正式和正式领导者领导的劳动力成员使用精益建筑概念来帮助开发创新实践和工具时，实践的自主发展是显而易见的。Seddon[24]指出，那些负责工作的人最适合设计指导工作实施的过程。该研究表明，这种自主发展通常是由迫切的需求驱动的，包括在困难的工作环境中简化工作流程的愿望。

以下介绍了 KGP 工作人员对 SWD 的发展和实施情况。参与 WWP 的 LPs、领导者和工作人员合作开发 SWD 来开发和规范电缆铺设的方法。研究人员提供了一些指导，但 PD-CA 循环中标准工作的开发和测试在很大程度上是由工作人员自主协作计划和实施的。这项工作在 45℃ 及以上的温度下进行，十分繁琐而富有挑战性。最初的方法，如图 5 所示，使用绞车在码头翻新时上拉电缆，但这种方法缓慢而笨重，会导致电缆扭曲从而返工。员工们决心发展一种更好的方法，并为此发起了一个研讨会，使用安装在框架上的电缆线轴的货车为开发原型，见图 6。这个原型大多应用于工业，很少用于建筑。该原型在劳动力的 PDCA 循环中不断得到改进。原型开发和实现过程描述如下。

图 5　绞车拉索

领导团队（LHs）创建了工作理念并开发了工作设计，在这个设计中，员工充分了解每一项工作，因为他们认可并参与了这些工作的构建。这个过程可以让那些可能难以理解复杂图纸的人做出有价值的贡献，他们会从隐性知

图 6　货车铺设电缆

识、讨论和视觉效果中了解工作，并加强与相关团队的共同所有权意识。因此，团队成员通过互动和不断探讨了解彼此的优点和缺点。此外，团队可以讨论并致力于那些他们认为具有挑战性但是以可实现的生产成果[25]。

另一个例子是制定了一种策略来对抗浪费。"等待"浪费是 8 种浪费之一，这种浪费发生在 KGP 轮班开始的时候，此时整修范围内的工作人员和具体工作任务都不能确定，因此开始工作的时间会有延迟，这些延迟可能持续长达 2 小时。同样，工作是在高温下进行，十分具有挑战性。由于包括工人可用性在内的若干因素导致了轮班开始时发生延迟，部分原因是出行返港（FIFO）制度中的出行名单的不确定性。当团队等待执行机构（PA）从 IS-SOW 联络点取出许可证时，也出现了延误。轮班开始时的延误对员工产生的影响最大，部分原因是清晨开始轮班，在这时温度较低，海风带来清凉，员工处于最佳的工作状态。轮班开始的清晨是一天中工作效率最高的时间段，由于启动延迟而造成的时间损失对生产率和疲劳水平都会产生负面影响。

参与精益建筑实施的工作人员开发了一种

解决浪费的工具。监管人员全权负责开发了一种由 A4 纸构成的简报，这种简报每天都要准备，并在 WWP 填充。这减少了预先分配任务和机组人员的等待时间。简报的日常生产由 LPs 合作决定，其开发过程值得注意。监管人员为了以对抗八种精益浪费中的等待浪费开发了这个工具，这里的"等待"浪费是指当监管者评估即将到来的一天的劳动力和工作可用性时发生的延误。简报表使用非常简单的格式来处理浪费，以便在工作开始之前突出显示相关数据和信息。这是由该工作组发起和使用的创

新实践。

也有证据表明，在一个更高级的组织当中，实践是自主发展的。一种实践是指在 WWP 会议中用于消除可变性的方法。可变性包括劳动力的可用性，它破坏了生产活动的效率和生产能力[26]。英国基础设施项目的领导和分包商团队开发了一种解决这个问题和平衡资源水平的方法。一旦在 WWP 会议上完成了生产计划，就需要进一步确认资源的使用情况，并根据需要进行相应的调整，以平衡资源，保持均匀的工作流程，具体如图 7 所示。

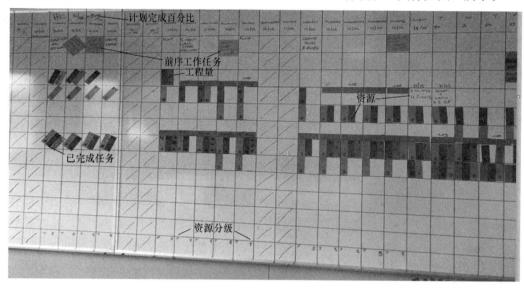

图 7 每周工作计划（WWP）板的演变

3.3 标准工作设计

研究表明，SWD 的发展与精益建筑方法有一定的联系。但是，Polesie 等人[27]指出，网站管理员抵制标准化，因为他们认为标准化过程干扰了某些他们认为适合自由运营项目的运营自由。Polesie 强调，在引入标准化与建筑管理要求在一定程度上实行自治之间需要取得平衡十分重要。然而，在使用精益建造过程中已经出现了这种现象，包括在 SWD 应用于 KGP 检查员的研讨会之后在工作流程中实施的社会福利。这些检查员使用脚手架和绳索进

入，以评估管道，船舶和阀门的状况，其结果决定了正在进行的翻新范围。研讨会使用重复计划，检查，行动（PDCA）循环来发展完善 SWD。一些成果被改进的模型使用来确定潜在的腐蚀区域，改进脚手架程序和开发改进的工作包。

进一步证明 SWD 在目前的实施中发展是涵洞建造。在这里，一位非正式的领导者，同时也是一名现场工程师，带领她的团队进行了涵洞单元安装的改进实践，然后将 SWD 纳入整体方案。当前状态是使用时间、操作研究，观察和非正式对话来绘制的。使用 PDCA 方

法，安装过程得到了改进，将改进后的标准工　　如图8所示。
作状态进行了编码，从而节省了成本和时间，

	CU101A	CU101
描述	23 no. 15T units	33 no. 10T units
工厂	200t 的移动式起重机 MEWP（车载式吊车） 电缆管道拉出器 25t 挖掘机	200t 的移动式起重机 MEWP（车载式吊车） 电缆管道拉出器 手提拖拉及吊重机 龙门架梁 接入平台
方法论	1. MEWP-吊起电缆管道 2. 吊车-起重到基础 3. MEWP-电缆管道取去吊索 4. MEWP-防水接头 5. 吊车-将梁吊起并放置在支架上 6. 吊车-将电缆管道再次吊减重 7. 电缆管道拉出器 8. MEWP-电缆管道取去吊索 9. 吊车-将龙门架梁从支架上移走 10. 挖掘机-调整单元 11. 重复	1. MEWP-吊起电缆管道 2. 吊车-起重到基础 3. 平台-防水接头 4. 龙门架梁-移动 5. 电缆管道拉出器 6. 平台-电缆管道取去吊索 7. 龙门架梁-移动 8. 重复

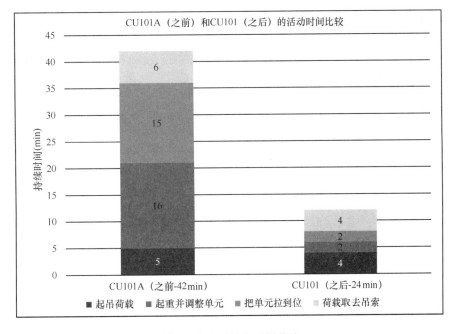

图 8　方法改进和时间节约

然而，SWD 的发展并不是一个简单的过程，现场管理对 SWD 的有用性发起了挑战。SWD 与建设中需要"重新发明轮子"的趋势相结合，而不是采用现有的 SWD 并在重复的 PDCA 循环中不断改进它。

4 结论

不管是文献和实践，都没有对精益建设的实施进行指导，特别是对 LPS 的使用。为了解决这一问题，在对西澳大利亚州 LNG 工厂正在进行翻新的 8 个独立项目进行初步研究后制定了精益建设实施的指南。该指南正在英国一个 34km 的基础设施项目上实施和完善。该指南主要是指导实施 LPS 以及 SWD 等方法。然而，在使用 CPM 和 LPS 结合时遇到的问题在当前的精益实现过程中再次出现，造成这种问题的部分原因在于日程安排过于复杂且处于不断变化之中，这种难以解释的日程安排导致预测错误。因此，CPM/LPS 决策过程不断完善发展从而应对这些挑战。因此，反向推动得以广泛的应用，将主计划开发中的第一个和最后一个计划者的技能聚集在一起来重复地开发主计划。

当前的实施证明了在计划压缩和劳动力自发进化的精益实践中性能可以得到 20%～25% 的改进，与早期研究中的结果一致。此外，这也证明了部分关于精益建造的文献的观点，始终如一的高计划完成百分比和性能改进之间是相互关联的，建立因果关系需要更进一步的数据收集和分析。

研究表明，施工人员和管理人员具有较强的自主开发和实施持续改进的能力和意愿。某一特定部分的工作人员能够意识到，需要减轻工作在艰苦工作环境中的影响，换句话说，就是让工作的压力减少，不占用太多精力。

参考文献

[1] Kalsaas, B. T., Skaar, J. and Thorstensen, R., 2015. Pull v Push in Construction Work Informed by the Last Planner. In: IGLC 23 Global Problems-Global Solutions, Aug. pp. 103-112.

[2] Ballard, G., 2000. The Last Planner System of Project Control. PhD Thesis, Birmingham University UK.

[3] Ballard, G. and Tommelein, I. D., 2016. Current Process Benchmark for the Last Planner System. Berkeley, CA. USA: p2sl Berkeley.

[4] Hegazy, T. and Menesi, W., 2010. Critical Path Segments Scheduling Techniques. Journal of Construction Engineering & Management, (136), 1078-1085.

[5] Shi, J. J. and Deng, Z., 2000. Object- oriented resource-based planning method for construction. International Journal of Project Management, 18, 179-188.

[6] Korman, R. and Daniels, S., 2003. Critics can't find the logic in many of today's CPM schedules, users want software with flexibility, but is it true CPM? Engineering News-Rec, 250 (20), 30-33.

[7] Formoso, C. T. and Moura, C. B., 2009. Evaluation of the impact of the Last Planner System on the performance of Construction Projects. In: Proceedings for the 17th Annual Conference of the International Group for Lean Construction, Salford UK, IGLC, pp. 154-164.

[8] Howell, G. A., Ballard, G. and Tommelein, I., 2011. Construction Engineering-Reinvigorating the Discipline. Journal of Construction Engineering & Management, 137 (10), 740-744.

[9] Cano, S., et al., 2015. Barriers and success factors in Lean Construction Implementation-Survey in Pilot Context. In: IGLC 23: Global Problems-Global Solutions, Perth WA, August. IGLC, pp. 631-640.

[10] Simonsen, R., Thyssen, M. and Sander, D., 2014. Is Lean Construction another fading management concept? In: IGLC 23, Oslo Norway, July. IGLC, pp. 85-94.

[11] Mossman, A., 2012. Last Planner collaborative conversations for predictable design & construction delivery. Oxford: The Change Company.

[12] Fernandes, N. B. L. S., et al., 2016. 24th Annual Conference of the Int'l. Group for Lean Construction. In: Proposal for the Structure of a Standardization Manual for Lean Tools and Processes in a Construction Site, Boston, MA, USA, pp. 103-112.

[13] Coghlan, D. and Brannick, T., 2012. Doing Action Research in Your Own Organization. London: Sage Publications.

[14] Burns, D., 2007. Systemic Action Research: A Strategy for whole system change. Bristol, UK.: The Policy Press.

[15] Coughlan, D. and Bannick, T., 2012. Doing Action Research in your own organization. 3rd ed. London UK: Sage Publications.

[16] Hackett, V., 2017. The Impact of a Collaborative Planning Approach on Engineering Construction Performance. PhD., Nottingham Trent University, UK.

[17] Pescosolido, A. T., 2001. Informal Leaders and the Development of Group Efficacy. Small Group Research, 32 (1), 74-93.

[18] Ross, C. A., 2014. The Benefits of Informal Leadership. Nurse Leader, 12 (5), 68-70.

[19] Zhang, Z., Waldman, D. A. and Wang, Z., 2012. A multilevel investigation of leader-member exchange, informal leader emergence and individual team performance. Personnel Psychology, 65(1), 49-78.

[20] Carlile, P. R., 2004. Transferring, Translating, and Transforming: An Integrative Framework for Managing Knowledge Across Boundaries. Organization Science, 15 (5), 555-568.

[21] Kerzner, H., 2006. Project Management: A systems Approach to Planning, Scheduling and Controlling. 9th ed. Hoboken, NJ.: Wiley.

[22] Eriksson, P. E. and Westerberg, M., 2011. Effects of cooperative procurement procedures on construction project performance: A conceptual framework. International Journal of Project Management, 29 (2), 197-208.

[23] Thomas, H. R., et al., 2002. Reducing Variability to Improve Performance as a Lean Construction Principle. American Society of Civil Engineers.

[24] Seddon, J., 2003. Freedom from Command & Control: a better way to make the work work. Buckinghamshire, UK.: Vanguard Press.

[25] Hackett, V., et al., 2015. The use of first run studies to develop standard work in liquefied natural gas plant refurbishment. In: IGC 2015: Global Problems- Global Solutions, August. pp. 671-680.

[26] Abdel-Razek, R., et al., 2007. Labor productivity: Benchmarking and variability in Egyptian projects. International Journal of Project Management, 25 (2), 189-197.

[27] Polesie, P. and Frödell, M., Josephson, 2009. Implementing standardisation in medium-sized construction firms: facilitating site managers feelings of freedom through a bottom up approach implementing standardisation in medium-sized construction firms. In: Proceedings for the 17th Annual Conference of the International Group for Lean Construction, pp. 317-325.

典型案例

Typical Case

上海迪士尼乐园工程数字化建造技术研究与应用

龚　剑[1]　房霆宸[1]　张　铭[2]　张云超[2]

（1. 上海建工集团股份有限公司，上海　200080；

2. 上海建工四建集团有限公司，上海　201103）

【摘　要】 上海迪士尼乐园工程突破了传统信息化建造工艺方法，在园区众多项目中均不同程度应用了数字建造技术，工程应用成效显著，成为我国应用数字建造技术的典范工程。论文结合上海迪士尼乐园工程的建设情况，重点阐述数字化项目管理、数字化深化设计、数字化加工、数字化施工、数字化交付运维等方面的数字化技术研发与应用情况，以期为业内同行提供参考和借鉴。

【关键词】 迪士尼乐园；数字建造技术；典范工程

Research and Application of Digital Construction Technology on Shanghai Disneyland Project

Gong Jian　Fang Tingchen　Zhang Ming　Zhang Yunchao

（1. Shanghai Construction Group Co. , Ltd. , Shanghai　200080；

2. Shanghai Construction No. 4 (Group) Co. , Ltd. , Shanghai　201103）

【Abstract】 Construction of Shanghai Disneyland has made a breakthrough in traditional information technology, namely the digital construction technology which has been successfully applied on many projects to varying degrees in the resort. And the project can be regarded as a demonstration model. Therefore, based on this project, the paper focuses on R&D and application aspects including digital project management, digital detailed design, digital machining, digital construction and digital delivery operation, which can provide reference and experience for the construction industry.

【Keywords】 Disneyland; Digital Construction Technology; Demonstration Project

1 工程概况

上海迪士尼乐园位于上海浦东中部地区，是全球第六个迪士尼乐园，也是我国综合性最强的主题乐园（图1、图2）。项目规划占地面积7km²，分三期建设。园区一期开发面积为3.9km²，包括1.16km²的主题乐园和酒店及零售餐饮娱乐配套设施、湖泊边缘景观等项目，建筑面积25.2万m²，分为奇想花园、探险岛、宝藏湾、梦幻世界、明日世界五个游乐片区和BOH后勤区（包含迪士尼乐园酒店和玩具总动员酒店）；园区二、三期占地3.1km²，为过渡性开发区域。园区规划科学、

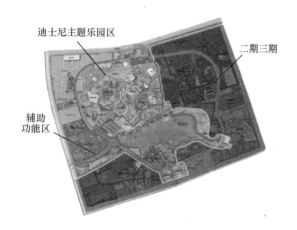

图1 上海国际旅游度假区分区图

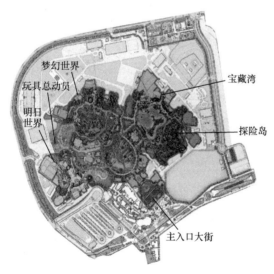

图2 上海迪士尼主题乐园园区布置图

功能齐全、景观优美，并在众多项目中均不同程度应用了数字建造技术，成为绿色生态度假区和数字建造技术应用工程的典范。

2 数字化项目管理

上海迪士尼度假区工程构建了完整的数字建造管理体系。在工程建设过程中，首先由业主单位的项目管理团队创建生成BIM模型、管理平台搭建等数字建造的基础数据；之后通过咨询机构、BIM团队和深化设计部门完成过程中的数字建造设计，并形成可用于现场施工和项目管理的数字信息；最后，各专业分包（土建、安装、装饰等）接收这些数字信息并进行本专业的深化协调后，将可用数据传递到加工厂用于数字化加工，同时将合适的数字信息同步到进度、质量、安全等部门用于指导和实施现场数字化施工及管理，以实现全园区的数字建造。

上海迪士尼度假区建造方式和管理模式有别于常规的项目管理方式，根据美方要求，项目所有决策都必须依据数据推演得出，所有的工程行为也都要有数据依据，对项目各个阶段的数据信息收集、整理、分析和共享提出更高的要求。鉴于此，项目管理团队详细设计和制定了各专业流程精细化管理体系；并开发了数字化项目协同管理平台，将业主方、设计方、总承包、分包商和材料供应商等各参与方的沟通协作集成在网络平台上进行，同时通过平台不仅可以进行项目信息输入、提取、修改或者更新，以及进行项目的可视化模拟、虚拟仿真分析、结构性能优化、进度计划管控、质量安全监控以及成本分析等工作，实现了项目建设全生命周期资源信息的集成共享，探索了一体化数字建造和协同管理模式。

3 数字化深化设计

迪士尼项目多专业集成性较高，各个专业

在深化设计过程中除满足结构功能和建筑功能外，还需配合相关专业满足工艺技术要求，常规的深化设计方法已无法满足施工需要。项目从整体上考虑，进行专业间矛盾的协调，通过BIM技术有效的解决实际问题，提前在深化设计阶段解决了施工过程中可能出现的问题。在深化设计阶段，针对设计资料有限问题，形成了创新"补充型""纠正型"和"创造型"的深化设计模式，通过BIM模型进行方案的三维设计，通过细节推敲、跨专业整合，实现了深化设计从单专业到跨专业、从二维到三维的两个转变（图3）。通过对初期的粗略设计进行深化，完成由粗到精"补充型"的深化设计；借助三维模型，查找并修正设计错误，完成由错到对"纠正型"的深化设计；对于复杂曲面的结构，直接通过三维建模设计，实现由无到有"创造型"的深化设计。同时，在项目深化设计中，创新形成了三维逆向设计技术，国内首次在建造过程中采用"逆向设计"方法，基于概念设计模型，由模型生成二维底图，完成初步设计及施工图设计，大大提高了施工图的出图质量及效率，突破了建造工程师与幻想工程师之间思维方式差异、专业领域不同的障碍。

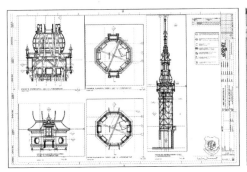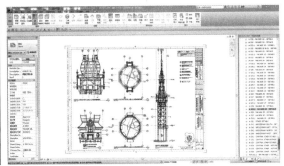

图3 深化设计图

4 数字化加工

迪士尼项目中各类建筑、景观以及配套设施造型独特，如不规则的塑石假山、艺术化的屋面、曲率不同的墙体等，建筑构配件及饰品加工难度极大，采用传统的工艺方法已无法满足加工需求。鉴于此，项目研发了数字化加工制作成套技术。针对模型精度和基础数据差异大难题，项目约定了相关的构件精度格式要求以及制定差异化的数字加工方法，统一了建模软件、模型表达方式、数据交互格式，从源头确保了建筑构配件及饰品数字化加工的高效协同。针对复杂异形钢结构制作加工难题，通过采用数字化排版、下料、零部件加工以及数字化装配、油漆喷涂技术，很好地满足了加工难度大、安装精度高等工程要求。针对复杂管线加工制作难题，在机电安装工程中风管、管道、装配式支吊架等构件均采用数字化加工完成，同时采用了基于二维码和物联网的物流管理系统，实现了管道及部件的预制场加工成型、出厂、运输、现场验收、安装、跟踪等一体数字化管理。针对建筑和景观饰品，采用了以三维打印、三维雕刻为主的数字加工技术，显著提高了工作效率，缩短了施工周期。如在艺术构件的制作过程中，利用三维打印技术，导入模型信息后可以直接打印出标准的艺术构件，减少了传统方法中繁复的构件制作步骤，直接得到产品；对于局部肌理的精细操作，后期可进行适当的人工雕刻以臻完美，极大地缩短了构件的制作周期。

5 数字化施工

5.1 混凝土工程数字化建造技术

迪士尼工程结构造型非常复杂,采用常规的工艺方法已无法完成异型混凝土结构施工。为更好地满足混凝土工程建造需求,项目形成了混凝土数字化深化技术,在防水节点处理、混凝土与机电专业的留洞深化、大型游艺设施埋件预理的定位等阶段采用了混凝土数字化深化设计,解决了复杂形体建筑结构深化设计难题。形成了混凝土模板工程数字化加工技术,通过采用数字化的模板设计加工技术以及异型混凝土数字化定位技术,在保证了模型的互通性的前提下可生成和输出各种模板平面布置图、拼装详图的标准图纸,解决了复杂异形结构定型模板的深化、加工、定位的难题。形成了混凝土工程数字化施工控制技术,通过将扫描模型与设计模型进行比对,完成了混凝土施工偏差精细化检测,为后道工序如装饰的深化调整、安装管线的深化调整提供了数据[1]。图4为现场混凝土工程施工。

图 4　现场混凝土工程施工

5.2 钢结构工程数字化建造技术

迪士尼工程主要依靠钢结构骨架来完成复杂、多变的建筑造型,其钢结构工程构件繁多、安装精度要求高、定位难度大、专业协调多。鉴于此,工程形成了基于 BIM 技术的钢结构数字化加工技术,实现了钢结构工程参数化建模、深化设计、生产加工、施工控制一体化数字建造。通过将深化设计模型数据与钢结构排版加工设备控制系统进行有机结合,实现了钢结构构件的快速排版、套料、加工、装配;通过统筹同步进行建筑设计和钢构件加工详图,显著提高了加工详图的出图速度和准确性,以及钢构件的制造和安装工效;通过采用数字化建造技术,对施工过程进行力学性能计算以及三维可视化预拼装模拟,提前暴露和解决了钢结构施工可能存在的问题和风险,有效指导了施工作业;通过采用数字化施工控制技术,对施工各个环节进行实时监控,实现了钢结构的高效施工和实时可视化控制,有效解决了安装精度高、定位难等施工难题。图5为屋面钢结构仿真模拟图。

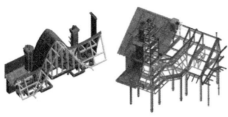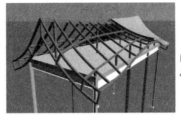

图 5 屋面钢结构仿真模拟图

5.3 机电安装工程数字化建造技术

迪士尼机电安装工程环境条件复杂，施工质量要求高，对其深化设计、产品加工、现场安装、现场调试都提出了较高要求。工程采用了三维扫描技术、BIM 技术、有限元分析等数字化技术进行深化设计，有效解决了机电安装工程深化设计容错率低、地下管网设计复杂、预制化产品深化难度大等难题，实现了机电安装工程整体水平的提升（图 6）。在产品加工和运输阶段，采用 BIM 技术进行管线设备预制加工，采用二维码和移动终端等物联网技术进行预制管线设备的运输和现场物流管理，实现了预制机电构件生产、运输和安装就位的数字化管控。在现场安装阶段，采用全自动激光测量技术进行管线设备的安装作业精确性定位；采用虚拟仿真技术对管线设备安装施工进行了全过程模拟，有效减少了管线碰撞和纠错返工；采用三维可视化演示技术，将轻量化的三维模型通过移动设备带入施工现场指导施工作业，使一线作业人员更形象、立体地掌握施工作业要求，显著提高了施工精度和工效。

5.4 装饰装修工程数字化建造技术

迪士尼装饰工程构件多、造型独特、艺术性强，施工难度极大。工程基于设计模型大量采用了数字化技术对装饰艺术构件进行深化设计和细节优化、分件，将图纸无法表达的设计模型反映在三维空间里，立体化展示了建筑装饰造型，为装饰工程施工提供了详细的空间定位信息。在艺术构件加工时，打破了传统的翻模技术，采用 3D 打印技术直接生成构件，解决复杂艺术构件的加工生产难题。在现场施工

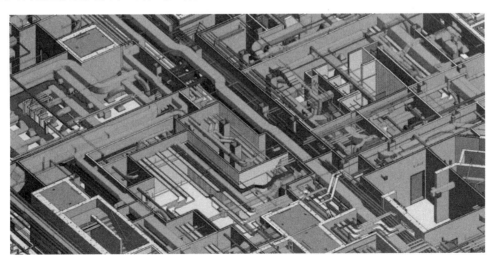

图 6 机电管线复杂模型图

时，采用数字化方法控制混凝土现场浇筑的标高，通过激光整平机实时采集地坪标高，分析和整平施工场地。针对造型复杂多变的塑石假山，预先制作1：25手工模型，基于三维扫描技术得到假山点云数据并深化生成塑石假山模型，采用BIM技术进行假山内复杂专业的空间协同优化，生成分级制的假山网片安装深化图，并基于三维场景实现了创新脚手体系的精细化设计；在工厂预制加工时，采用基于三维钢筋自动弯折机技术实现了塑石假山网片的半自动化高精度预制生产；现场施工时，采用基于二维码标签技术确保了大批量假山网片的有序运输，通过综合应用机器人全站仪与三维扫描技术复核确认假山钢结构安装精度，采用基于三维可视化移动终端设备进行施工现场管理，数字化技术的采用显著提升了现场施工管理水平[2,3]（图7）。

图 7　塑石假山施工

6　数字化交付运维

迪士尼项目从设计、施工到竣工验收均采用了数字化技术，项目采用数字化技术对工程建设过程中所产生的各类信息均进行整理和存档，形成了完整的数据库。竣工移交时，除移交了传统的竣工资料外，还移交了工程数据资料，工程数据资料主要是BIM图形文件和建筑信息资料。项目同时制定了数字化交付标准，竣工前总承包单位每周提供更新文件，以便深化团队与业主BIM工作团队协作对项目建筑信息模型中的所有建筑系统进行更新，直至形成充分协调的竣工模型及资料。工程数据库的建立以及数据资料的移交，大幅减少了运维阶段的不必要的重复劳动，为项目运营阶段的正常使用和维护提供良好的数据资源保障。

7　结语

上海迪士尼工程的众多项目从设计阶段、施工阶段到竣工交付阶段均不同程度应用了深化设计、三维可视化技术、虚拟仿真技术、辅助施工技术、三维扫描技术、数字化物流管理、3D打印技术、三维雕刻技术、数字化协同管理平台等数字化技术，改变了传统工艺方法，显著提高了工程建造效率，成为应用数字建造技术的典范工程，使我国数字化技术综合应用水平达到了一个新的高度。

参考文献

[1] 龚剑，王玉岭.《混凝土结构工程施工规范》GB 50666—2011编制简介——现浇结构工程[J]. 施工技术，2012，41（6）：8-14.

[2] 左自波，龚剑.3D激光扫描技术在土木工程中的应用研究[J].建筑施工，2016，38（12）：1736-1739.

[3] Zibo Zuo, Jian Gong, Yulin Huang. Performance of 3D Printing in Construction by Using Computer Control Technology[A]. Computer Engineering and Networks（Volume 2）[C]. 2017：7.

BIM 技术在世界最大跨度双层悬索桥
——杨泗港长江大桥中的应用

覃亚伟[1,2]　谢定坤[1,2]　龚　成[3]　张　珂[3]

（1. 华中科技大学土木工程与力学学院，武汉　430074；

2. 湖北省数字建造与安全工程技术研究中心，武汉　430074；

3. 武汉天兴洲道桥投资开发有限公司，武汉　430074）

【摘　要】　本文首先介绍了武汉杨泗港长江大桥作为世界跨度最大的双层悬索桥的项目概况和特点，结合全过程工程咨询和项目总控模式，搭建基于 BIM 的武汉杨泗港长江大桥数字化管理系统，探索了 BIM 技术在世界最大跨度双层悬索桥中的实施方案，并总结了 BIM 技术在杨泗港大桥前期阶段及设计、施工、运维阶段的应用价值。将基于 BIM 的数字化管理平台应用于武汉杨泗港长江大桥项目，解决了传统的项目管理模式存在信息采集不全面，信息传递不迅速，信息展现不直观等问题，为类似超大型工程建设提供了有益借鉴。

【关键词】　特大型桥梁；BIM 应用；管理系统；BIM 咨询；项目总控模式；智慧工地

Application of BIM Technology in the World's Largest Span Double-layer Suspension Bridge-Yang-si-gang Yangtze River Bridge in Wuhan

Qin Yawei[1,2]　Xie Dingkun[1,2]　Gong Cheng[3]　Zhang Ke[3]

（1. School of Civil Engineering and Mechanics，Huazhong University of Science and Technology，Wuhan 430074；2. Hubei Engineering Research Center for Digital Construction and Safety，Wuhan　430074；3. Wuhan Tian-xing-zhou Bridge Investment Development Co. ，Ltd. ，Wuhan　430074）

【Abstract】　The Wuhan Yang-si-gang Yangtze River Bridge is the world's largest span double suspension bridge. Firstly it was introduced that the project size and characteristics of the Wuhan Yang-si-gang Yangtze River Bridge. Then the digital management system based on BIM was completed in combination with the whole process engineering consultation and the general project control model. Finally the implementation scheme of BIM technology in the world's largest span suspension bridge was explored and the application value of BIM technology was summarized. In conclusion, application of this digital management platform based on BIM could help to solve the problems existing in the traditional project management mode, such as incomplete information collection, slow information transmission and unclear information display. It also provides a useful reference for the construction of similar super-large projects

【Keywords】 Extra-large Bridge Engineering; BIM Application; Digital Management System; BIM Consultation; Construction Site of Intelligentization

1 引言

桥梁是交通设施互联互通的关键节点和枢纽工程，是国民经济发展和社会生活安全的重要保障。当前我国桥梁建设发展正处于 21 世纪以来的创新与超越的黄金时期，建成了以苏通大桥、天兴洲大桥、杭州湾大桥等为代表的一大批结构新颖、技术复杂、设计施工难度大和科技含量高的特大型桥梁。截至 2013 年底，中国桥梁总数达 86 万座，已超越美国的 61 万座，居世界第一，预计 2025 年将突破 100 万座[1]。

随着 BIM 技术应用的日益成熟，建筑行业信息化已上升到国家战略，BIM 技术逐渐从民用建筑领域向大型复杂桥梁工程领域拓展，并且已经在全国许多大型桥梁建设项目中进行过 BIM 技术应用的工程实践[2]。但是大多数研究成果集中于桥梁施工等某一阶段 BIM 应用，BIM 技术集成应用案例相对较少，本文试图结合武汉市杨泗港大桥，探索 BIM 技术在世界最大跨度双层悬索桥中的全过程实施方案，从而提高特大型复杂桥梁建设的效率。

2 项目概况

2.1 项目规模

武汉杨泗港大桥是目前国内跨度最大的悬索桥，也是目前世界上跨度最大的双层悬索桥。武汉杨泗港大桥是武汉市第十座跨长江大桥，位于鹦鹉洲大桥和白沙洲大桥之间，西接汉阳国博立交，东连武昌八坦立交，全长 4.13km，其中主桥长 1.7km（两座桥塔之间距离），汉阳岸接线长 0.97km，武昌岸接线长 1.46km，如图 1 所示。

跨江主桥采用主跨 1700m 单跨双层钢桁梁悬索桥，上层为城市快速路，双向六车道，设计车速 80km/h，下层为城市主干道，双向四车道，设计车速 60km/h，桥面总宽 32.5m。在下层桥机动车道两侧各设置一条 3.5m 宽非机动车道。汉阳侧主塔高 226.8m，武昌侧主塔高 240.3m，主塔基础均为沉井基础，锚碇采用地连墙结构形式。

全桥混凝土 92 万 m³，开挖土方 57 万 m³，钢筋 5.4 万 t，主缆高强钢丝 3.3 万 t，

图1 杨泗港大桥效果图

钢材7.2万t，项目总投资为84.9亿元，建设总工期54个月。

2.2 项目特点

杨泗港大桥具有"桥梁跨度大、交通功能全、材料性能强、施工工艺新"等特点。

1. 桥梁跨度大

杨泗港大桥主跨跨径1700m，是目前国内跨度最大的悬索桥，也是目前世界上跨度最大的双层悬索桥。

2. 交通功能全

大桥采用双层桥面布置，上层为双向六车道城市快速路，两侧设置了人行观光道；下层为双向四车道城市主干路，两侧设置了非机动车道和人行道，是武汉市目前交通功能最齐全的跨江桥梁，如图2所示。

图2 杨泗港大桥双层桥面及主缆

3. 材料性能强

首先是大桥结构的生命线—主缆（图2），通过对悬索桥主缆的调研，结合国内钢丝及线材生产厂家的前期研究和试验，主缆设计首次采用了大直径高强钢丝，单根直径6.2mm、抗拉强度1960MPa，较好地解决了主缆钢丝长效耐久性问题，推动了国产高强钢丝材料性能和生产技术的进步；其次是主塔，由于主塔受力大，考虑降低大桥恒载，主塔混凝土材料采用了C60高性能混凝土，其应用具有国际先进水平。

4. 施工工艺新

对于主塔沉井基础：大桥2号塔底节钢沉井下水重量高达6200t，是国内外采用气囊法下水重量最大的沉井；主塔沉井下沉首次采用超厚黏土层条件下超大沉井下沉新技术，如图3所示。

对于双层钢桁梁：结合钢梁制造、运输条件，首次采用了大节段全焊拼装新工艺和千吨级整体吊装新技术，缩短了架梁工期、减少了现场焊接工作量、降低了施工对航道的影响，从而保证了大桥施工质量。

基于杨泗港大桥的项目特点，为了使工程建设管理目标按计划实现，业主方联合华中科技大学工程管理研究所采用项目总控模式结合BIM技术开发了武汉杨泗港长江大桥数字化

图 3　超大沉井下沉施工

管理系统。

3　基于 BIM 的武汉杨泗港长江大桥数字化管理系统的介绍

武汉天兴洲道桥投资开发有限公司联合华中科技大学工程管理研究所开发了武汉杨泗港长江大桥数字化管理系统，该系统又分为总控中心、工程管理和系统维护三个子系统。总控中心用于信息的输出和表达，工程管理旨在完成信息输入和数据库建立，系统维护保证了系统信息安全并对基础数据进行维护。

武汉杨泗港长江大桥数字化管理系统的总控中心子系统对传统的项目总控系统进行了创新。在基于 BIM 的项目总控模式下，根据信息的流动、状态及映射关系，可以将项目总控的信息输出分成四个平面（图 4），其中 BIM 平面为输出信息系统过程的核心，旨在可视化显示计划任务的进展情况和正在进行的工作状态。

为了将 BIM 技术在世界最大跨度双层悬索桥中的应用落地，在探索基于 BIM 的项目总控管理模式和基于 BIM 的全过程工程咨询的同时，必须要搭建一个基于 BIM 的数字化管理系统，对项目建设过程中参与方产生的信息和知识应用 BIM 技术进行集中有效管理，为业主方提供一个信息高效获取、分析和及时决策的项目管理环境。

杨泗港长江大桥数字化管理系统架构设计（图 5）分为应用层、服务层、数据层和采集层。

（1）采集层采用摄像头、传感器等自动化采集工具，手机等半自动化采集工具，以及人工采集的方式全面收集项目信息，如图 6 所示。

（2）数据层包括 BIM 数据库、关系数据库和文件库，BIM 数据库和文件库通过关系数据库和各自的编码体系关联。

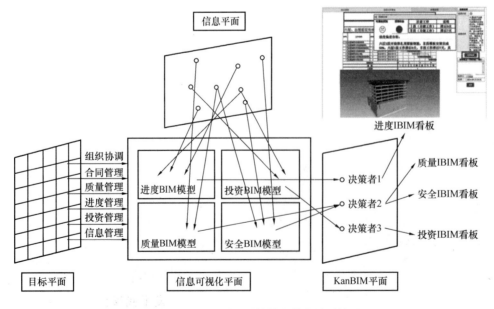

图 4　基于 BIM 的项目总控输出信息的系统过程

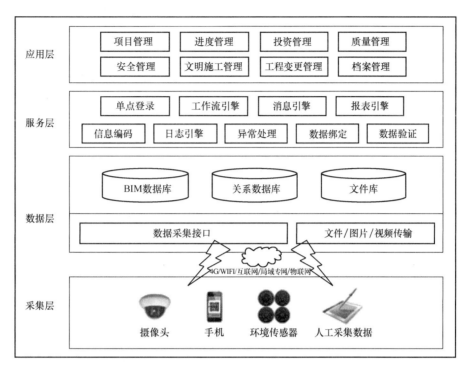

图 5　杨泗港大桥数字化管理系统架构

图 6　半自动化采集数据

（3）服务层处理应用层和数据层的关联，包含了平台所需的处理业务逻辑的方法，执行与数据的操作。

（4）应用层完成数据的融合分析，本平台中应用层基于项目管理目标分为 8 个模块，如图 7 所示。

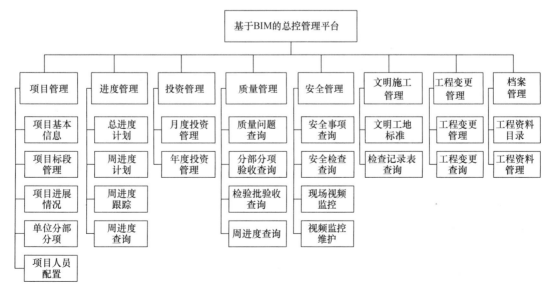

图 7　杨泗港大桥数字化管理功能架构

4 基于BIM的杨泗港大桥全过程咨询

杨泗港大桥项目将BIM技术与全过程工程咨询结合起来，全过程工程咨询可以向上游设计端延伸、向下游运维端延伸[9]，并将工程设计、项目建造、项目管理、工程监理、招投标管理、造价咨询等各个模块紧密联系，形成一体化信息管理平台，如图8所示。

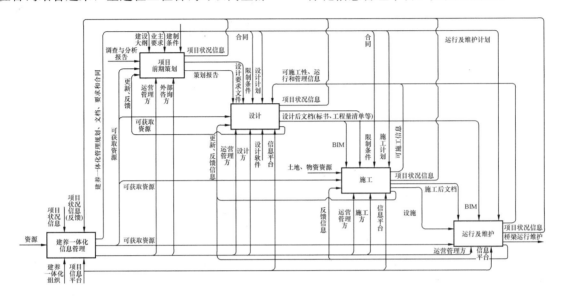

图8 基于BIM的杨泗港大桥全过程工程咨询

基于项目实施流程可将BIM技术应用划分为4个阶段：前期阶段、设计阶段、施工阶段、运维阶段[10]。

4.1 BIM技术在前期阶段的应用

杨泗港大桥前期阶段的BIM技术应用主要涉及杨泗港大桥的方案优选。

（1）针对1700m跨度桥型方案进行基于BIM的设计和比较（图9）。

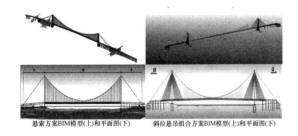

悬索方案BIM模型（上）和平面图（下）　斜拉悬吊组合方案BIM模型（上）和平面图（下）

图9 基于BIM的桥型方案比选

基于BIM，通过对悬索方案和斜拉悬索方案的综合比较，鉴于本桥为城市双层桥梁，受桥梁结构和交通功能制约，且工程投资略高，综合考虑，采用单跨悬吊方案。

（2）基于BIM的环境方案比选效果展示（图10）。

图10 基于BIM的环境方案

（3）基于BIM的交通疏解方案。通过BIM技术进行交通疏解方案的展示，如图11所示。

（4）应用BIM技术进行景观绿化设计（图12）。

除上述涉及的方案选型外，前期阶段还应用BIM技术进行了下层桥亮化设计方案比选等。与传统方式的方案比选相比，在基于BIM技术的方案比选，通过三维可视化模型

图 11　基于 BIM 的交通疏解方案

图 12　景观绿化设计 BIM 模型

搭建了沟通交流的平台，将设计理念更加清晰直观的传递给业主，同时业主也把意见反馈给设计单位，使设计方案的选择高效便捷[7]。

4.2　BIM 技术在设计阶段的应用

杨泗港大桥设计阶段 BIM 技术应用价值主要体现在：

（1）搭建基于施工图的杨泗港 BIM 精细化模型（图 13）。

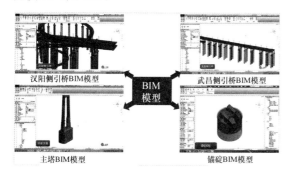

图 13　杨泗港大桥 BIM 精细化模型

（2）利用 BIM 软件进行设计校核与碰撞检查（图 14）。

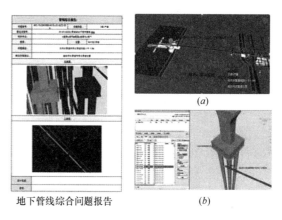

地下管线综合问题报告

图 14　基于 BIM 的设计校核与碰撞检查
（a）管线设计冲突检查；（b）周边管线碰撞优化

（3）进行 BIM 模型轻量化，为搭建杨泗港长江大桥数字化管理系统作好准备。在搭建平台前，为了使模型能在基于 B/S 架构的信息管理平台中使用，需要定制一套模型轻量化处理方案（图 15），对各专业模型进行轻量化处理，对冗余数据进行删除，留下总控管理平台需要使用的信息，既不影响信息的获取与查询，又能在更多的日常设备上进行使用[3]。

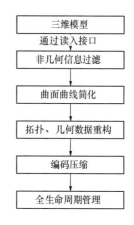

图 15　基于 BIM 的轻量化处理方案

在设计阶段除了上述 BIM 技术应用外，还搭建了杨泗港大桥桥梁 BIM 构件库，并实现了可视化和协同设计。杨泗港大桥设计阶段的 BIM 技术将专业、抽象的桥梁工程的设计资料转化为通俗易懂的三维模型，解决了桥梁构件异型问题，并通过参数化的生产方式摆脱了方案优化带来的重复性工作，各专业的协同设计解决了因信息交互不畅带来的错漏缺等问题[4]。

4.3 BIM技术在施工阶段的应用

通过设计阶段数据模型的沿用和信息共享接口的开发，可将设计阶段建立的BIM模型应用于施工过程的模拟与管理。施工阶段BIM应用主要涉及：

（1）数字信息化施工管理：

利用搭建完成的武汉杨泗港长江大桥数字化管理系统（如图16所示）进行施工阶段的项目管理和总控。

图16 杨泗港长江大桥数字化管理系统界面

以施工阶段的进度管理为例，武汉杨泗港长江大桥数字化管理系统的进度总控界面是一个基于KanBIM技术[5]的进度BIM看板（图17）。杨泗港长江大桥进度BIM模型，可以通过鼠标操作，从各种角度和视距查看模型；BIM模型左侧是杨泗港长江大桥的WBS分解结构，通过点击各个构件，可以查看到该构件的施工进度情况，可在BIM模型中对构件的施工进度进行模拟（图18）；BIM模型下方显示的是进度横道图，WBS分解与进度横道图相关联（图19），根据杨泗港长江大桥项目的实际工作进展，将进度信息录入总控管理平台，平台基于进度BIM模型，将构件的当前

施工进度情况与横道图中的计划进度比较，将对比结果以不同的颜色标记在构件BIM模型上：灰色代表未施工、红色代表滞后、黄色代表正常、蓝色代表超前、绿色代表完成。

图17 进度总控界面

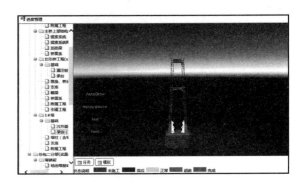

图18 进度模拟

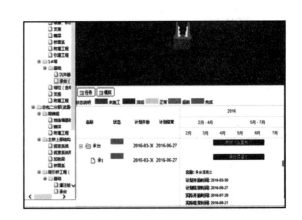

图19 构件进度横道图

再如，在施工阶段的安全管理中，通过杨泗港长江大桥安全BIM模型查看施工专项方案、安全检查记录及安全要求标准文件等；总控管理平台对接施工现场视频监控接口，接口

与安全 BIM 模型关联，可以在平台中实时检查施工现场的安全情况（图 20）。

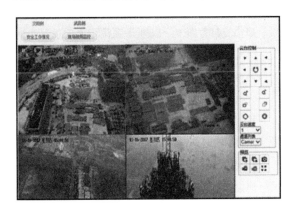

图 20　总控平台安全监控

（2）可视化交底和施工 4D 模拟（图 21），能有效避免施工中出现的预料不到的错误。

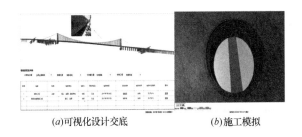

(a)可视化设计交底　　(b)施工模拟

图 21　基于 BIM 的可视化设计交底和施工模拟

（3）打造杨泗港 BIM 智慧工地，开发手机 APP 客户端进行实时监控，如图 22 所示。

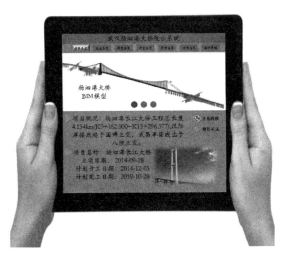

图 22　杨泗港大桥手机 APP 客户端

通过将施工的工艺流程电子化，把电子数据转化为现场实时展示，实现施工过程的现场演示。将各个专业、全过程、监控环境等数据通过综合管理平台的网络连接上传客户端，业主方管理人员可通过电脑、手机、平板等智能化设备阅读施工信息，实时动态掌控施工信息，如图 23 所示。

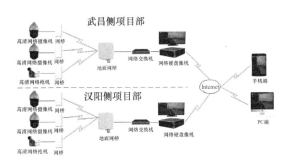

图 23　杨泗港监控系统拓扑图

在杨泗港大桥施工阶段应用 BIM 技术，提高了数字信息化施工水平，打造了杨泗港 BIM 智慧工地，不仅帮助项目参与各方实现协同工作和施工过程中的信息共享，而且有助于业主方及时掌控施工进度。

4.4　BIM 技术在运维阶段的应用

武汉杨泗港长江大桥数字化管理系统在设计阶段就为后期运营维护和监管预留了系统接口[6]，可用于监管部门设备及一些运营设备系统的接入，例如桥梁监控系统数据接口、结构安全状态信息系统数据接口等[8]。

5　结论

武汉杨泗港长江大桥作为世界首座跨度最大双层悬索桥，社会各方予以高度关注。武汉天兴洲道桥投资开发有限公司联合华中科技大学工程管理研究所，构建了基于 BIM 的武汉杨泗港长江大桥数字化管理系统，进行了特大型桥梁工程的全过程咨询管理，总结了 BIM 技术在杨泗港大桥前期阶段及设计、施工、运维阶段的应用，克服了特大型桥梁工程设计施工难点和项目管理障碍，截至目前该桥建设进展顺利，预计 2019 年 9 月通车。

参考文献

［1］ 张喜刚，刘高，马军海，等 . 中国桥梁技术的现状与展望［J］. 科学通报，2016，61(4)：415.

［2］ 胡杰 . BIM 技术在桥梁施工设计中的应用探索［J］. 铁路技术创新，2014(2)：63-67.

［3］ 鲁有月，何志明，覃文波，等 . 基于 BIM 的武汉杨泗港长江大桥总控管理平台研究［J］. 土木建筑工程信息技术，2017，9(06)：16-21.

［4］ Shim C S, Yun N R, Song H H. Application of 3D Bridge Information Modeling to Design and Construction of Bridges［J］. Procedia Engineering，2011，14(3)：95-99.

［5］ 张柯杰，苏振民，金少军 . 基于 KanBIM 的施工质量控制活性系统模型构建研究［J］. 建筑经济，2016，37(12)：35-40.

［6］ 董莉莉，谢月彬，王君峰 . 用于运维的桥梁 BIM 模型交付方案——以港珠澳跨海大桥项目为例［J］. 土木工程与管理学报，2017，34(6)：45-50.

［7］ 马少雄，李昌宁，徐宏，等 . 基于 BIM 技术的大跨度桥梁施工管理平台研发及应用［J］. 图学学报，2017，38(3)：439-446.

［8］ 洪磊 . BIM 技术在桥梁工程中的应用研究［D］. 成都：西南交通大学，2012.

［9］ 何淑杰，李雅萱 . 浅谈我国工程咨询业的发展趋势——全过程工程咨询［J］. 建筑市场与招标投标，2011(2)：30-34.

［10］ 王新哲 . 零缺陷工程管理［M］. 北京：电子工业出版社，2014.

超大型钢结构工程数字建造管理研究与实践①

马小波[1] 时 炜[1] 周 力[2]

（1. 陕西建工集团有限公司，西安 710003；2. 陕西建工第十一建设集团有限公司，咸阳 712000）

【摘 要】 本文结合实际案例，对超大型钢结构工程建造过程中的工厂化加工、机械化装配、文明化施工、信息化管理进行了研究与实践，论述了装配式钢结构的物联网管理技术、BIM 技术、信息化管理技术等数字建造手段的实施过程，对于实现建筑业的绿色化、工业化、信息化有重要意义。

【关键词】 数字建造；钢结构；物联网；BIM；信息化管理

Digital Construction Research and Practice of Super-sized Steel Structure Engineering

Ma Xiaobo[1] Shi Wei[1] Zhou Li[2]

（1. Shaanxi Construction Engineering Group Co. Ltd. , xi'an 710003；

2. SCEGC NO. 11 Construction Engineering Group Company Ltd. ,

xianyang 712000）

【Abstract】 Based on the actual cases，this paper studies and practices the factory processing，mechanized installation，civilized construction and information management of the super-sized steel structure engineering's construction，and discusses the implementation process of digital construction methods such as Internet of things management technology for fabricated steel structures，BIM technology and information management technology，which makes great significance to realize the greening，industrialization and informatization of construction industry.

【Keywords】 Digital Construction；Steel Structure；Internet of Things；BIM Technology；Information Management

---

① 住房城乡建设部科学技术计划（2018-S4-121）。

1 引言

数字建造由美国著名建筑师弗兰克·盖里提出，其在计算机上建立博物馆的三维建筑表皮模型进行建筑设计，然后将三维模型数据输入数控机床中加工成各部位的构件，最后运送到现场装配成建筑物，这是最早进行数字建造的案例。

随后一大批建筑师开始在数字建造方面展开积极的探索，并随着信息技术和机械制造技术的提升而迅速发展。从目前国内的情况来看，数字化建造主要体现在两方面：一是利用计算机进行复杂建筑曲面的设计，采用各种数控设备进行加工，如鸟巢、上海迪士尼乐园等；二是利用计算机进行复杂结构的模拟建造，用以指导施工，如上海中心大厦等。

另一方面，国内一大批大型公共建筑、地标建筑等正在兴起，具有投资大、建设规模大、建设过程复杂多样的特点，如果能引入数字建造等信息化管理手段辅助建造，将对提升工程的质量、安全、建造速度，降低劳动强度和实现绿色建造有重要意义。

2 工程概况

咸阳彩虹第 8.6 代薄膜晶体管液晶显示器件项目位于咸阳市高新区，总投资 280 亿元，主要生产 2250mm×2600mm 的玻璃基板，是西北唯一一家液晶面板生产线，建成后将彻底改变陕西省乃至西北"缺芯少板"的现状，对打造丝绸之路新起点有重要意义。本项目总建筑面积 65 万余平方米，主要结构形式为钢框架结构和钢管混凝土柱，有以下特点：

（1）工程体量大、资源调配难度大。本工程共需钢材 13.5 万 t、混凝土 41.5 万 m^3、钢筋 5.2 万 t、钢管 7170km、模板 19 万 m^2、大型机械 130 台，如此庞大的资源量本地区已无法全部供应，需要在全国范围内进行调配。

（2）工程工期紧。本工程从开工到移交场地给洁净分包仅 272 天，其中钢结构安装仅 93 天。

（3）专业协作多。陕西建工集团发挥集团多专业优势，在此部署 9 个专业项目部，为施工管理过程带来了巨大挑战。

鉴于在短时间内需要完成大量资源的调配，并且过程中专业作业协作多，本工程基于 BIM 技术、区块链技术、物联网管理技术、信息化管理技术等数字建造手段保障了工程的顺利完成，提高项目管控能力，实现建筑业绿色发展、可持续发展。

3 基于 BIM 的数字建造

BIM 技术是目前实现数字建造理念最好的方式，能用多维度结构化的数据来描述一个复杂工程，改变了只能用线条在二维图纸上描述工程的现状，真正解决了复杂工程的大数据创建、管理和共享应用，在数据、技术和协同管理三大层面提供了新的理念。本项目在建造过程中通过施工全周期的 BIM 应用对超大型复杂工程的管理提供了重要支撑。

3.1 深化设计

本项目成立了 90 人的深化设计团队，深化设计中考虑安全、安装措施、连接板件的设计，如图 1 所示，使得到场构件直接安装，节

图 1 复杂节点深化设计

省现场安装工期。同时在生产加工、材料采购和运输管理等过程中应用，保证了数据的准确性和完整性。

3.2 虚拟建造

针对不同软件多种格式的问题，制定多平台协同工作流程，如图2所示。

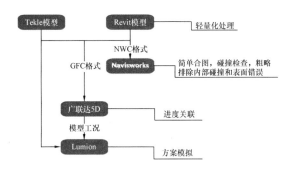

图2 多平台协同工作

本工程施工进度紧，钢结构和土建必须进行穿插作业才能满足工期要求，专业间的协调配合显得十分重要，施工前期必须对施工中主要关键工序进行合理编排，但传统的 Project 进度计划很难发现工序间的碰撞。在现场施工之前，项目利用 Synchro 软件进行施工模拟，在虚拟环境下对建设过程进行优化设计和实时分析，如性能分析、工效分析、干涉分析、施工工艺分析等，通过多次的模拟找到钢结构和土建搭接施工的最佳方式，如图3所示。虚拟建造还可用于复杂项目的整体模拟、新技术应用和施工技术的创新、重要施工方案的模拟和

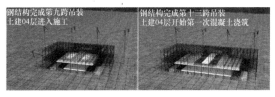

图3 整体模拟建造

优化、施工过程的安全和质量交底等。

3.3 进度管理

项目部制定计划时，通过建立 WBS 层次结构，工序搭接关系，在 Synchro 软件中导入 Project 进度计划，并使其与 BIM 模型关联。在可视化模拟过程中识别工序错误和冲突问题，完成对进度计划的校验，并以虚拟建造为基准，完善进度，将此成果作为现场指导性文件。

在实际建造过程中，将模型与进度计划、实际进度关联，通过进度管控，及时掌握进展，如果发现某一区块进度滞后，可预警显示，协助管理层作出工作调整，以保证工期，如图4所示。

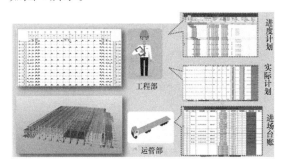

图4 进度管控

3.4 协作管理

本工程技术方案和过程施工资料庞杂，且更新速度快，极易在信息传递过程中出现信息的滞后和遗失，从而导致质量偏差、进度拖延、成本增加等问题，因此在现场采用协作协助管理。

具体做法为：将现场协作类型分为安全、质量、进度、变更、图纸问题、联系单和其他自定义七个种类，不同的协作种类分别对应一种模型类别，防止协作内容繁杂、分类不明晰。将与模型相关的协作与模型相关联，并且可以进行模型反查，直接定位在模型位置查看

模型构件信息。无法与模型关联的协作可以进行文字或语音描述，最后发给协作相关人员，每个问题都有专门人员负责跟进，施工管理人员可以进行线上交流，形成工作闭环，并且最终所有的协作内容会被归档生成现场记录资料文档，如图5所示。

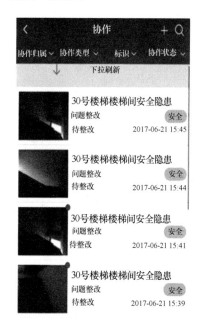

图5　现场协作

3.5　助力企业大数据

对于陕西建工集团而言，有上千的项目同时施工，同时管理这些项目时，必须实现模型信息的集约管理。通过鲁班驾驶舱平台对集团公司多项目进行集中管理；将工程信息模型汇总企业云端，形成基础数据库，依据管理权限进行数据的查询和分析。创建好包含量、价的模型信息后，利用大数据分析系统对其进行解析，多个项目庞大的数据会被分类和整理好，形成一个多层次的多级成本数据库。同一个企业在同一个BIM系统中即可统计多个项目上月完成的产值、下个月该采购多少材料，这为企业的集中采购、集约化经营提供了管理基础。

4　基于区块链技术的物联网管理

面对工期超短、体量超大的超级工程，在93天内安装13.5万t构件必然对现场管理、信息集成、资源调度等要求高。为确保安全、工期及质量目标，本项目将BIM技术、互联网技术、远程视频监控技术、构件追踪技术等物联网技术融入施工管理。利用区块链技术实现去中心化管理，使得每一个管理人员能参与其中，并设定相关奖励机制，使得这个可信任的团队中所有人员参与到集体维护中，从而对施工过程中的各类资源信息进行有效统计分析，快速科学调度。

4.1　创建信息模型

从功能需求、操作的便捷性、稳定性、专业针对性等方面考虑，本工程采用Tekla平台进行钢结构模型的创建，如图6所示。创建时，考虑钢结构等资源用量信息，通过模型的分块，按材料类型、部位等进行筛分、统计汇总，为施工过程中材料的需求分析、下达订单、运输、进场堆放及安装的集约化管理提供手段，科学有效提高调度效率。

图6　钢结构信息模型

在模型创建过程中，采用多用户协同工作模式，尽可能快速完成模型，并实现轻量化处理，以便后续在手机端应用模型。

4.2 材料加工、运输管理

本工程选取全国十大钢结构厂家中的八家作为合作单位，以满足项目需求，这些加工厂距离项目均在1000km左右，因此对钢构件的加工、运输过程管理要求极高。项目采用EBIM云平台作为连接信息模型与施工现场的桥梁，建立信息模型并深化设计完毕后，将整个模型划分为8个区块，我方负责人持各区块模型与加工厂对接，以模型内构件信息为主，指导加工厂进行数字化加工，保证产品精度，最终实现群栓区域、异型结构等部分预拼装一次成功。

本工程钢构主构件约72687支，构件出厂时驻场人员将构件的二维码打印贴于构件端部，利用移动设备对构件的生产、运输、进场、安装、验收等环节进行扫码记录，以二维码信息为纽带将材料状态与BIM模型实时关联，实现各端口从工厂到现场对材料跟踪的全方位动态监控，解决了超大型钢结构工程材料管理不善所带来的风险及问题，如图7所示。

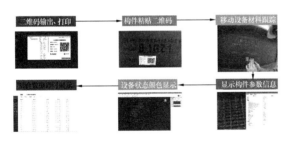

图7 EBIM材料管理流程

4.3 现场装配管理

钢构件进场前，项目创新超大平面多层钢桁架的梯次安装技术，科学合理安排各构件安装顺序。钢构件进场后，管理人员可利用手机等移动设备扫描构件上的二维码，得到构件的相关信息，包括物理属性、安装位置等，利用排布好的施工计划调配机械设备安装。安装过程中，二维码与BIM模型关联，管理人员可将构件的安装进度、存在问题等信息在模型上标注，问题的实时反馈与处理，彻底解决办公室与现场信息脱节、传递慢、易丢失等问题，规避超大型钢结构工程因安装管理不善所带来的风险。

5 项目管理协同平台的建设

5.1 信息化管理团队

目前无法找到一整套适合施工企业的解决方案或软件平台，项目部专门成立了信息化管理部，以组合拳的方式完成对众多软件及信息的集成管理，实现信息的快速传递，打破信息孤岛。在项目推进的过程中针对实际需要不断修正方案，并根据各部门需求提供基于管理平台和BIM技术的解决方案收到显著效果（图8）。

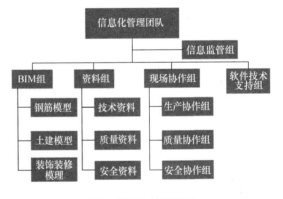

图8 信息化管理团队

5.2 信息协同平台

由于微信、QQ、邮件、短信等的单向性，无法确认信息已读确保信息必达，而造成严重的沟通问题，项目部必须建立统一的管理平台，完成各项管理工作。经过多方对比及以往的经验，项目部选定"钉钉"软件作为统一的信息化管理平台。利用钉钉后台建立项目部人员的管理架构，线上审批流程附带信息自动流转于项目部的人与人之间，人与平台通过手机移动端紧密连接。以 EBIM、鲁班软件作为项目 BIM 管理软件，以二维码为介质，项目管理人员通过移动端扫描二维码，实现对 BIM 模型信息的输入和读取，完成信息交互。

5.3 审批流程标准化

线下审批耗时长，效率低，如果一个人不在现场，审批往往会因此停滞。项目部根据现场特点及管理路径，量身定制了诸多线上审批流程，如请假调休审批、采购审批、考察审批、钢构件放行单审批、合同审批等众多审批模板，覆盖了项目部日常管理的方方面面，施工过程中的审批流程基本上是线上完成。

5.4 可追溯资料系统

传统的工程表单都是以打印的纸质文件进行信息的传递、事件的处理、文件的签署与归档，针对本项目施工管理人员众多、管理层级复杂、管理难度大等特点，EBIM 云平台借助"表单管理"模块将材料表单、档案、报表等电子文档与相应 BIM 模型直接关联，通过模型的修改实时反馈材料信息，使每个构件质量、每份工程变更、每种工程资料都能得到及时有效记录、永久保存和随时查阅，同时为我们提供了一个无纸化、移动化的档案管理方案。其中管理流程如图9所示。

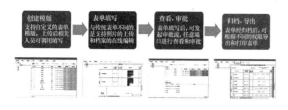

图9 档案管理流程

5.5 质量安全巡检系统

超大型项目的施工现场质量问题、安全隐患多，过程管控及事后追溯显得尤为重要。

在巡检系统平台上，管理人员可关注重点日常隐患和质量问题，结合企业的作业标准和管理制度，做到施工前完整识别和预判风险源、质量通病，施工时及时发现、分析和解决，提升过程管控水平和排查整改的效率。此平台记录的处理安全隐患、质量缺陷全过程的数据，还可作为利用大数据分析集团公司施工过程对质量安全管控水平的重要依据，全面提高可溯可控水平。

6 数字建造的思考

（1）信息表达方式的改变并不能根本上提高企业的建造水平和生产效率，必须配合一定的优化，在制定建造方案时配合计算机算法，寻找最优计划；

（2）BIM 技术是目前实践数字建造理念最好的手段，但是受限于目前 BIM 和其他信息化管理手段的桥梁没有完全打通，只能实现数字建造的一部分；

（3）目前钢结构运输过程中所采用的二维码技术需要人工去扫码，当大量构件一次进场时，需要大量人力，建议结合 RFID 技术，提高收集数据效率；

（4）硬件设备、软件技术将会随着科学技术的进步快速发展革新，以满足施工现场的需求，关键点在于项目管理人员思维方式的转变，应该带着更加开放的"互联网＋"思维去迎接数字建造的时代；

（5）以信息化技术为手段、数字建造为契机，实现项目部管理向集团集约式管理的转变，实现标准化设计、工厂化加工、机械化安装、文明化施工、信息化管理的目标。

7 结语

本文介绍了咸阳彩虹第8.6代薄膜晶体管

液晶显示器件项目的数字建造过程，以实际案例展现目前数字建造的发展水平，取得了一定成绩，但发展空间依然很大。建筑领域在科技应用、管理手段、思维方法上，与其他制造业相比还是比较落后的，我们需要数字建造这种工业化流程式的转变，减少对劳务技术工人的依赖，提高对项目的管控能力，做到建筑行业的绿色发展、可持续发展。

参考文献

[1]　叶浩文，周冲，樊则森，刘程炜 . 装配式建筑一体化数字化建造的思考与应用[J]. 工程管理学报，2017，31(05)：85-89.

[2]　李久林，王勇 . 大型建筑工程的数字化建造[J]. 施工技术，2015，44(12)：93-96.

[3]　李建成 . 建筑信息模型与数字化建造[J]. 时代建筑，2012(05)：64-67.

[4]　李鸽 . 弗兰克·盖里的数字化建筑创作[J]. 华中建筑，2007(01)：204-205.

基于 BIM 的全过程数字化建造技术
在长安大桥的应用研究①

刘长宇[1]　李久林[2]　董锐哲[1]　陈利敏[2]

（1. 北京城建道桥建设集团有限公司，北京 100124；

2. 北京城建集团有限责任公司，北京 100088）

【摘　要】　近些年，大量造型美观、结构形式独特的大型建筑物拔地而起，但与此同时，异型结构建筑设计的广泛应用，也极大地增加了深化设计和施工难度，如何高效高精度地建造异形建筑是亟需解决的问题。本文以长安大桥工程为实例，详细论述了基于 BIM 的设计、深化设计、虚拟仿真、成品质量验收和虚拟预拼装等，解决了该异型结构建筑的可建造性和精确建造的难题，为其他异型结构建筑的建造提供参考。

【关键词】　大型异型结构；BIM 技术；精确建造

Application of BIM Technology in the Construction of Changan Bridge

Liu Changyu[1]　Li Jiulin[2]　Dong Ruizhe[1]　Chen Limin[2]

（1. Beijing Urban Construction Road & Bridge Group Co. , Ltd. , Beijing 100124；

2. Beijing Urban Construction Group Co. , LTD, Beijing 100088）

【Abstract】　In recent years, a large number of complex buildings with beautiful shapes and unique structural forms have risen to the ground, but at the same time, the wide application of the design of special-shaped structures has also greatly increased the difficulty of deepening the design and construction, and how to construct special-shaped buildings efficiently and accurately is an urgent problem to be solved. Taking the Changan bridge project as an example, this paper discusses in detail the design, deepened design, virtual

①　北京市科技计划课题《大型建筑工程智慧建造与运维关键技术研究与应用示范（Z151100002115054）。
中国工程院咨询课题《绿色建造基本策略和保障措施研究（2016-XZ-14-05）》。

simulation, quality acceptance and virtual pre assembly based on BIM, which solves the constructability and accurate construction problems of the heteromorphic structure, and provides reference for the construction of other special-shaped structures.

【Keywords】 Complex Buildings; BIM Technology; Accurate Construction

目前 BIM 技术已广泛地应用于工程建设中，尤其是在异型结构建筑中发挥了极其重要的作用。长安大桥工程大量运用了非一致曲率曲线形成的空间弯扭钢塔以及变截面钢梁，给工程建造带来了巨大的挑战。工程结构的高、矮双塔由不规则的空间弯扭构件组成，传统的二维图纸表达方法几乎无法完成工程的设计任务，因此本工程设计阶段全面运用 BIM 技术，实现了全过程数字化建造。本文通过对长安大桥施工中 BIM 技术应用实例的介绍，以期为类似工程提供借鉴[1~3]。

1 工程概况

长安大桥又名长安街西延跨永定河特大桥，是长安街西延项目的标志工程，设计意向为"合力之门"（图 1）。主桥跨越西六环、莲石湖公园、永定河、丰沙铁路，与永定河斜交57.4°，主桥全长 639m，主跨 280m，钢梁最宽处为 54.9m，为大横梁连接的分离式钢箱结构。钢塔为迈步空间非一致倾斜的椭圆拱形结构，最大塔高（高塔）为 124.26m，断面尺寸为 15m×15m 至 4.6m×3.3m 渐变。

图 1 长安街西延长安大桥效果图

2 设计模型的创建

2.1 施工图设计模型

工程使用了 CATIA 软件，有效地解决了传统二维图纸无法表达复杂异型结构的困难，利用软件优化了桥塔成形方式和曲板外形，降低了钢结构加工难度。本工程中，通过对二维图参数的分类准备（图 2），构建了模型的骨架（图 3）和模型板单元模型（图 4），最终完成了全桥模型的建立（图 5）。实现了协同设计的自动、参数、高效、精确，达到设计、加工、施工和后期养护无缝衔接的目的[4,5]。

Parameters
├ 常规壁板加劲肋间距 =0.6000m
├ 门洞位置翼缘板加劲肋间距 =0.7000m
├ 加劲肋高差衔接过渡坡比 =10
├ 装饰槽深度h =0.1500m
├ 壁板变厚坡比 =8
├ 壁板加劲肋高宽比 =10
├ 辅助切割面偏移量 =0.2000m
├ 高塔翼缘板参数
│ ├ 高塔翼缘板厚-顶部 =0.0300m
│ ├ 高塔翼缘板厚-中部 =0.0400m
│ ├ 高塔翼缘板厚-中上部 =0.0400m
│ ├ 高塔翼缘板厚-底部 =0.0500m
│ ├ 高塔翼缘板加劲肋厚-底部 =0.0300m
│ ├ 高塔翼缘板加劲肋厚-中部 =0.0250m
│ ├ 高塔翼缘板加劲肋厚-中上部 =0.0250m
│ ├ 高塔翼缘板加劲肋厚-顶部 =0.0220m
│ └ 翼缘板加劲肋通过孔参数
├ 高塔腹板参数
├ 钢锚箱腹板参数
├ 塔底腹板参数
├ 塔底横向加强板参数
├ 门洞参数
├ 横隔板参数
├ 检修车通过孔参数
├ 横隔板顶部人孔参数
├ 锚区参数
└ 道路参数

图 2 模型结构树

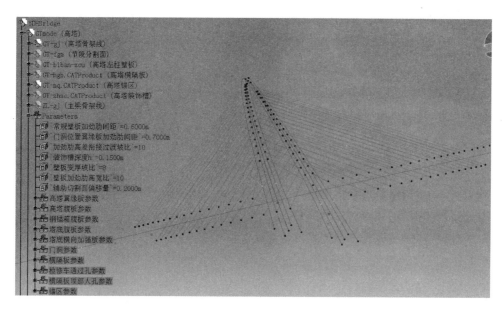

图 3　长安大桥模型骨架

图 4　长安大桥板单元模型

图 5　长安大桥塔梁共构段模型

2.2　施工深化的模型基础

　　本工程施工深化团队在有效承接了施工图设计 BIM 模型的基础上，充分实现了设计模型的价值，对其进行精准深入的施工模型深化，利用设计模型划分了建筑结构分段（图6）及制造分段模型深化，实现了曲线异型结构的可建造性的施工深化。在利用 BIM 技术

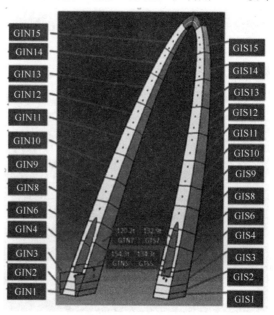

图 6　长安大桥高塔节段的划分

展开工程主体施工深化工作的同时，项目团队以工程主体设计模型为基准创建了施工场地及施工环境的施工模型（图7），并结合主体设计模型的建造需求对工程施工辅助设施及架控、施工所需设备、实物进行了工程模型建立。如建立了锚杆定位架、结构吊耳（图8）、高矮塔支架、矮塔支座及工装（图9）等关键点模型。

图7　形成场地资源模型

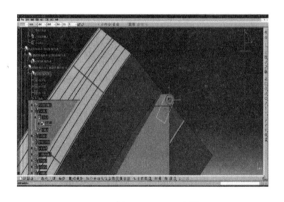

图8　九节段吊耳建模

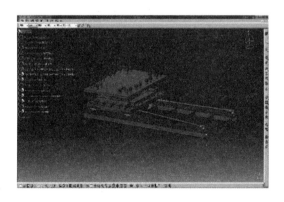

图9　矮塔支座及安装工装的建模

通过对设计模型的深化以及创建施工深化模型实现了基于BIM技术的满足工程施工深度的模型及工程整体施工虚拟环境的建立，为工程的数字化建造提供了必要条件。

3　基于BIM技术的施工深化设计

3.1　设计、施工协同深化

基于BIM技术的工作环境下，施工单位施工深化工作和设计模型的有效结合极大地提高了施工单位对于设计意图的理解，同时也做到了施工需求和设计成果的最高效的结合。本工程在定位架的深化设计中，很好地实现了设计和施工的协同。

施工单位利用设计模型及工程需要展开定位架的深化，形成了最终实施的定位架设计模型（图10）。设计单位利用此模型结合基座模型对钢筋构造进行必要的调整和优化，及时在设计阶段解决了大量潜在碰撞点，为施工的高效展开打下了坚实的基础。施工单位与设计单位基于三维模型的深度协同工作不仅为工程的展开节省了工期，也为工程节省了大量的资源，避免了浪费，创造了巨大的价值（图11、图12）。

图10　定位架三维模型

图 11　定位架与基座合模

图 12　定位架钢构与基座钢筋的优化设计

3.2 高塔支架方案及支架架控方案的深化设计

主塔支架的研究是基于 BIM 技术对支架结构进行有限元建模分析，然后根据吊装工况进行每一节段变形与力学仿真分析。本工程中进行承接设计单位 BIM 模型，采用壳单元模拟桥塔，采用梁单元模拟支架，进行了梁单元法计算与壳单元法计算两种方式，多种不同支架类型的多次建模计算，在确保结构准确性的同时大大提高了效率。

将桥塔主要结构的所有板件从 BIM 模型中抽取为壳体几何模型（图 13（a）），然后划分为 11 万个壳单元（图 13（b）），对壳单元模型进行桥塔—支架耦合（图 13（c）），分析计算和支架的内力、应力与稳定性（图 13（d））计算。最后，在以上模型和分析的基础上创建支架整体模型，并通过自主研发的软件插件完成了 BIM 模型转化为加工图纸并进行下料加工，如图 14 所示。

主塔线形控制是支架法的核心问题也是支架法的难点所在，本工程中，基于 BIM 技术

图 13　计算过程中的各种软件模型

（a）壳单元横桥向视图；（b）壳单元网格（c）桥塔-支架整体模型；（d）支架设计模型

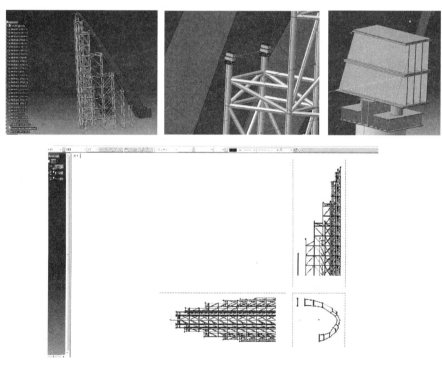

图 14　基于 BIM 系统的支架设计与出图

建立了主塔线形控制方法，具体流程为：①计算主塔在无支架状态下的变形；②计算主塔在有支架状态不做其他调整下的变形，通过其结果与主塔无支架状态下的变形的对比验证支架法对主塔线形控制的效力；③使用预变形法，辅助支架法对主塔线形进行进一步控制。通过"正拆倒装法"进行主塔安装线形的计算，确定主塔的安装线形；④使用 BIM 技术将有限元计算结果与设计模型进行交互，确定每个设计节段的安装位置；⑤通过卡尔曼滤波法，对理论计算与将来实际安装时的误差进行纠偏。

通过实际施工中的验证，此套线形控制的方法很好地解决了工程吊装中线形控制的问题（图 15）。

图 15　高塔北肢 8 节段吊装

3.3　BIM 模型应用于仿真计算存在的问题与分析

采用 BIM 模型直接对接有限元计算的方式大大提高了效率，但同时也存在着以下问题：

（1）BIM 模型精度不足，虽然模型的精度已经满足单元件加工与现场安装的要求，但是作为仿真计算使用仍然不够，在抽取壳单元的过程中，存在局部细小断点的问题，尤其是在结构交叉部位，需要后续的修补操作才能进行仿真计算。

（2）BIM 模型与仿真软件的交互并不完美，模型本身为实体模型，理论上可直接通过有限元计算软件进行实体单元仿真计算，这样得到的结果更加精准，但是由于实体单元的计算量远高于壳单元，而且由于模型中包含过多仿真分析中不需要的信息，在交互时不能实现有效规避，导致实体仿真分析计算量过大无法进行。

上述两个问题产生的主要原因在于 BIM 模型与仿真计算模型所需要的信息源的差异。仿真计算模型的核心信息是结构的计算尺寸属性与节点处的相互关系，BIM 模型更倾向于结构的实际尺寸模型并且对于节点位置的描述方式与仿真计算模型的要求不一致。该问题的解决可以通过 BIM 模型在建立时对各类信息进行分类管理，对于不同使用环境可以快速选择所需要的信息以实现模型的快速、精确使用。

4　数字仿真技术应用研究

利用数字仿真技术，通过充分模拟吊装过程中可能出现的风险源，在吊装前合理优化吊装施工工序，从而降低施工风险和提高吊装施工经济性。为了实现施工仿真的准确，施工 BIM 模型不仅体现重点工序施工细节，还要考虑施工仿真过程的施工顺序。本工程对主要施工方案进行了仿真模拟，如高塔钢拉杆定位架安装（图 16）、塔支架安装（图 17）、吊装方案（图 18）等的仿真模拟。

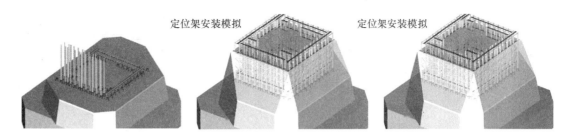

定位架安装模拟　　　　　　　　　定位架安装模拟

图 16　吊装方案的模拟

图 17　基于 BIM 系统的支架 4D 模拟施工示意图

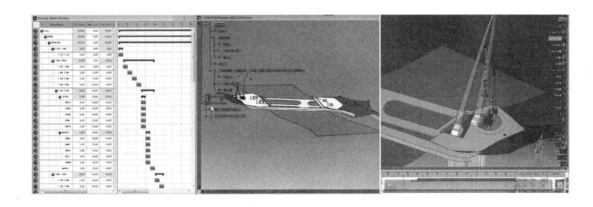

图 18　吊装方案的模拟

5　基于 BIM 的智慧建造技术应用研究

　　由于长安大桥异形钢结构构造复杂和非一致曲率曲板加工精度控制难度大，因此在工程建造中开展了基于三维激光扫描的钢构件空间位形测量及质量控制技术研究，取得了良好的应用效果。通过测量机器人在众多构件中对目标进行高速自动识别、照准、跟踪、测角、测距和三维坐标测定，实现了对结构在复杂空间环境下快速精准测控的目标；通过三维扫描技术建立了构件点云模型，快速制作了平面图、立面图和剖面图，并对工程实体剪力键进行了复测（图 19）、曲板单元验收（图 20）、节段制造精度验收（图 21）的工作，取得了良好效果。

图 19 对扫描剪力键在 Trimble Business Center
进行复测

图 20 对曲线段进行三维扫描

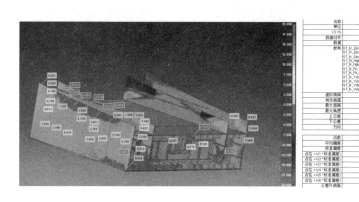

图 21 节段制造精度验收的工作

6 结语

本工程中,以长安大桥项目的实际需求开展了基于 BIM 技术的全过程数字化建造应用实践,取得了良好的应用效果,不仅降低了施工成本,还为工程建造节省了资源、缩短了工期、创造了可观的社会价值。随着我国城市化进程的加快和经济的持续快速增长,未来大型场馆、交通枢纽、工业厂房以及商务高层建筑中复杂异型建筑也将不断推陈出新,给工程建造带来极大的挑战。而 BIM 技术以及基于 BIM 技术的数字化建造和智慧建造技术的应用将有效提高工程建造的数字化和智能化的水平,对于确保设计理念的实现、提高工程施工水平和效率、降低劳动强度和环境影响有非凡的意义。

参考文献

[1] 李久林,魏来,王勇,等.智慧建造理论与实践.北京:中国建筑工业出版社,2015:7-9.

[2] 刘占省.BIM 技术概论.北京:中国建筑工业出版社,2016:1-1.

[3] 李久林.智慧建造关键技术与工程应用.北京:中国建筑工业出版社,2017:12-1.

[4] 单岩.CATIA V5 曲面造型应用实例.北京:清华大学出版社,2007:5-7.

[5] 单岩,谢龙汉,等.CATIA V5 自由曲面造型.北京:清华大学出版社,2004:1-1.

中国西部科技创新港项目的 BIM 管理与实践

宫 平 李 宁 王 雷

（陕西建工集团有限公司，西安 710003）

【摘 要】 中国西部科技创新港是教育部和陕西省共同建设的国家级项目，在项目实施过程中，根据设计阶段模型应用和信息传递，通过施工阶段应用策划、全员BIM 等管理方法，拉近 BIM 技术与现场管理间的协作关系，促进 BIM 落地应用的同时，确保运维阶段的数据信息累积，使 BIM 技术贯穿于本项目设计、施工、运维的全生命周期的应用，实现城市化智慧管理、创新驱动平台。

【关键词】 模型传递；信息载体；模块化

Research and Practice of BIM Technology Based on Full Life Cycle Taking the Project of Scientific and Technological Innovation Port in Western China as an Example

Gong Ping   Li Ning   Wang Lei

(Shaanxi Construction Engineering Group Co. Ltd，Xi'an 710003，China)

【Abstract】 The scientific and technological innovation port in Western China is a national project jointly built by the Ministry of education and Shaanxi province. In the course of the project implementation，according to the application and information transfer of the design stage model, the cooperative relationship between the BIM technology and the field management is drawn up through the construction stage application planning and all BIM management methods，and the application of the BIM is promoted simultaneously. It ensures the accumulation of data and information in the operation and maintenance stage, and makes the BIM technology run through the whole life cycle of the project design，construction and operation and maintenance, and realizes the urbanization intelligent management and innovation driven platform.

【Keywords】 Model Delivery；Information Carrier；Modular

建筑信息模型，是以建筑工程的各项信息数据作为模型的基础，进行各专业模型的建立，通过数字信息仿真，模拟建筑物所具有的真实信息。BIM 是以从设计、施工到运营协调、项目信息为基础而构建的集成流程[1]。建筑信息模型应用的精髓在于这些数据能贯穿项目的整个寿命期，对项目的建造及后期的运营管理持续发挥作用。

中国西部科技创新港科创基地项目具有单体建筑多，建筑面积大，专业分包多，工期短的特点。BIM 作为整个项目的数据载体，包含设计—施工阶段有效信息，满足运维阶段的数据支撑，通过对能耗管理、设备的智慧管理、实现中国西部科技创新港智慧校园的理念。

1 工程概况

中国西部科技创新港科创基地项目是陕西省和西安交通大学落实"一带一路"、创新驱动及西部大开发三大国家战略的重要平台。项目定位为国家使命担当、全球科教高地、服务陕西引擎。项目占地 1750 亩，分为科研、教育、转孵化和综合服务配套等四大板块。共计48 个单体，总建筑面积 159 万 m²，工程项目总投资 75.3 亿元。

2 设计阶段应用概述

从设计阶段开始，创建的虚拟建筑模型已经包含了大量的设计信息（几何信息、材料性能、构件属性等），运用在建筑物系统中，如能源数据、结构信息等，可以显著改善设施的能源消耗和更为详尽与客观的数据分析。紧急疏散性能仿真，模拟灾害发生的过程，分析灾害发生的原因，指定避免灾害发生的措施，以

及发生灾害后人员的疏散、救援等应急预案等。在设计阶段模型所包含的信息都可为建筑物运维后续参用。

3 施工阶段应用实践

3.1 BIM 应用背景及难点

（1）项目本身工期紧、质量标准高、管理体量巨大的客观条件对项目提出的精细化管理的需求既是 BIM 应用的机遇也是难点。面对庞大的信息数据流量，如何保证信息传达的即时性和进行有效的信息迭代是其在 BIM 应用中最大的难题。

（2）由业主方驱动，其提出必须完成建筑信息模型从设计—施工—运维阶段的全生命周期 BIM 应用的信息传递，并制定了 LOD400的信息模型交付标准。

3.2 BIM 应用策划原则与实施计划

项目最终制定了"目标、流程、协同、配套"四步走的 BIM 项目实施计划书制定流程。满足全生命周期 BIM 应用遵循信息模型贯穿设计、施工、运维三大过程，统一各主要单位的信息交互标准，通过信息化管理手段提高协同工作效率的原则[2]。

3.3 人员组织与管理制度

根据制定的 BIM 应用目标内容组建核心管理团队，并从各参建单位调集了各专业人才共计 35 名共同组建 BIM 中心。

在中心运作过程中不断更新包括《BIM中心管理办法》《BIM 实施方案》《创新奖励办法》等管理制度，逐渐形成了包括人员管理、技术管理和行为激励的制度体系。

3.4 完善配套设施

结合应用目标搭建服务器、云平台，建立信息集散中心。统一采购高性能桌面工作站作为信息输入输出终端。购置无人机、3D打印机、VR设备等辅助信息的采集、交流与传递。

BIM建模和相关的计算、分析软件很多，即使在一个项目里也可能需要多个BIM建模软件进行建模。[3]因此，数据交换是BIM应用策划必须解决的问题。利用协同平台软件完成日常信息协同及管理要求，同时根据各应用点选择相应的软件完善信息模型搭建和信息交换，以满足LOD400的模型精度要求。

3.5 应用总体流程

在BIM技术的推广过程中，首先要考虑清楚项目的管理模式[4]，通过设定项目BIM实施总流程图（图1），梳理应用逻辑，明确各方在不同阶段的责任和期限。

3.6 应用实施

业务需求永远是新技术新方法产生和推广应用的第一推动力[5]。通过BIM在整个项目建设过程中的应用实施，我们将BIM在项目中的实施成果主要归纳为模型传递、沟通媒介、落地应用与流程以及创新应用。

3.6.1 模型传递

如何控制设计—施工—运维模型传递，并且达到LOD400的交付标准，成为了我们需要去研究和探索的一个方向。因此我们在本项目中必须打破翻模的传统做法，改为在同一套标准下不断完善模型（图2）。

BIM改变了传统的建设工程生产模式，为项目的生产和管理提供了大量的数据信息[6]。制定建模标准进行模型准确性检查，分阶段按要求完善模型精细度，并最终完成信息模型整合（图3）。

模型精度控制，不仅能够检查设计图纸本身的质量问题，同时对信息模型也进行了多次的自校和互校，检查模型构件信息错误、扣减关系错误、复杂节点做法等。同时以信息完备的高质量施工阶段模型，对于业主方进行运维管理打下了良好的基础。

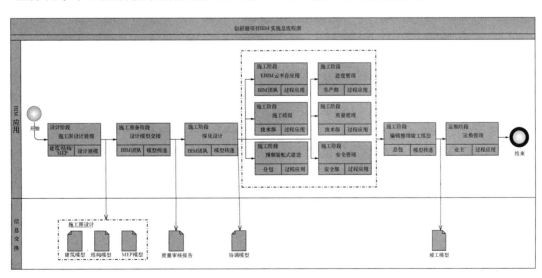

图1 创新港项目全生命周期BIM实施总流程图

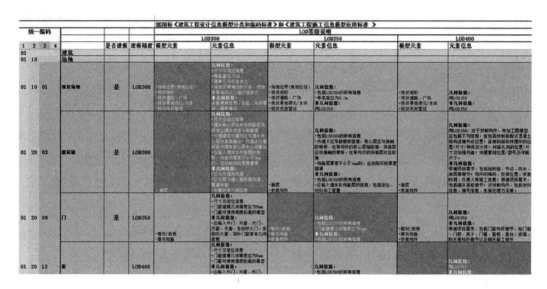

图 2　模型精度开发表

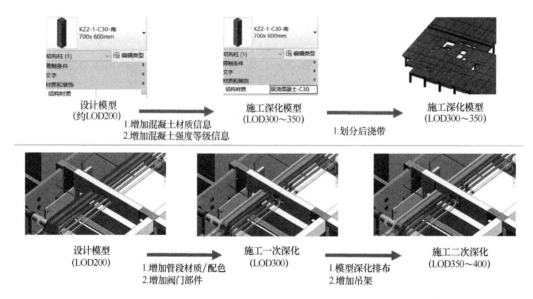

图 3　模型细度完善步骤

3.6.2　沟通媒介

要发挥 BIM 技术的核心价值，辅助现场信息化管理，最大的困难就是各环节的沟通协作。在本项目中我们结合现场实际需求，从部门间的协作、多单位协同和对外展示三个层次，将 BIM 技术融入常规的现场管理模式中。

部门间协作。由创新港 BIM 中心人员整体运作，搭建各部门间的信息沟通协作平台，开通 800 多人私有云账号，以全员参与 BIM

的管理模式，将 BIM 应用作为常态化的管理手段和信息交流渠道深入各部门间的日常工作（图 4）。

BIM 中心人员通过协同平台，实现模型的轻量化，方便各个职能部门对照现场快速查看模型情况，及时协调沟通质量、安全等各类问题，现场通过移动端查看模型信息和挂接好的资料，辅助现场进行施工，实现信息的协同沟通与管理（图 5）。

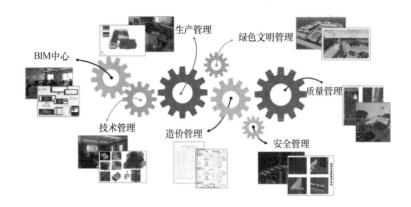

图4 各部门协同工作

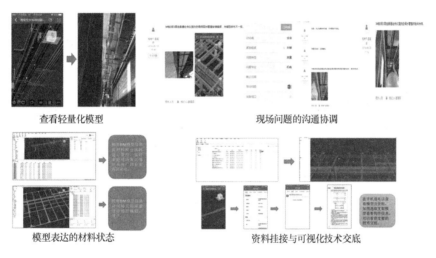

图5 辅助现场管理应用

多单位协同。BIM最直观的特点在于三维可视化[7]，细化工程中重、难点节点模型，根据实际需求制作节点施工动画或基于节点深化模型发布节点项目，直观展示节点施工要点，增强对技术节点的理解深度，辅助现场管理应用，提升沟通效率。

利用BIM平台和BIM思维，项目建立起了多项强力、高效的沟通机制，从项目实际需求出发，选择合理应用点并落地，才能真正做到降本增效，提高工程品质，从而带来更多潜在的经济和社会效益。

3.6.3 落地应用

方案模拟和优化。在制作挑架方案的过程中，通过对不同构件位置的方案进行材料工程量提取比对，最终择优选择，辅助施工现场管理（图6）。生成的《扣件式脚手架计算书》《型钢悬挑脚手架（扣件式）计算书》大大提高了编制方案的效率与计算书的可靠性。

创优策划。在装饰装修深化设计时，对楼梯间、卫生间等装饰构造的细部做法进行优化和空间尺寸优化。合理选择墙砖、地砖尺寸，坚持样板引路，弘扬工匠精神，实现过程精品，质量一次成优（图7）。

复杂节点预施工。重点对钢筋密集区进行模型搭建，针对钢筋绑扎工艺利用BIM进行施工模拟，避免二次返工，保证工程质量和进度（图8）。

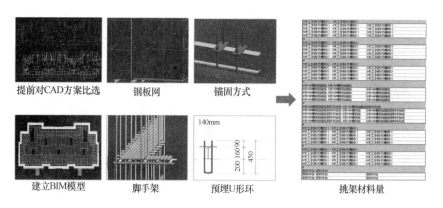

图 6　挑架方案比选步骤

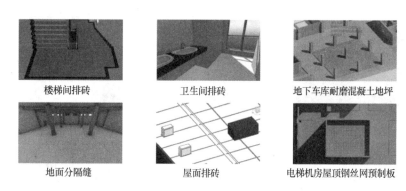

图 7　装饰装修深化设计展示

化虚拟交底，真正将 BIM 技术结合现场。

以机电施工阶段的 BIM 实施流程为例，项目打破传统模式，由具备丰富施工经验的机电 BIM 小组，独立拟定多套机电管线综合排布方案，项目管理人员通过方案内审会议，选定并确认最合理方案。管线综合方案制定，由"问答题"变为了"选择题"，有效减少现场管理人员工作量，节省工作时间（图 9）。

机电 BIM 人员根据模型对实体样板出具各专业施工图纸，现场按图对实体样板区进行施工，通过模型提取出的工程量，可辅助现场进行三算对比，有效提高现场管理效率（图 10）。

实体样板实施完成，邀请各方共同检验确认，BIM 小组根据模型出具施工图，辅助现场进行大面积施工。

落地应用效益并不在于 BIM 应用点的数量，而是如何利用 BIM 管理模式从应用深度

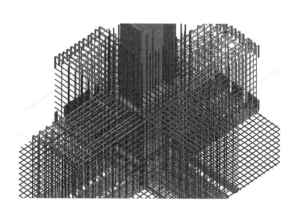

图 8　型钢复杂节点建模

3.6.4　实施流程

针对本项目资源需求密集、工期要求紧、专业交叉集中的特点，项目将 BIM 应用植入现场施工实施的全过程，协助项目部梳理了基于 BIM 技术的工作模式，采用 BIM 技术策划先行，方案制定、方案内审、分析报告、方案确认、现场实施的全过程。对质量样板展示手段进行升级，对细部做法进行优化，实现可视

和广度，为项目建设各个阶段创造的效益。"模型＋样板间"施工样板的新模式结合完善的应用流程，在提高项目管理效率的同时，使施工质量一次成优。

3.6.5 创新应用

BIM技术为建筑行业提供了新的思路，俨然成为建筑行业最火热的创新平台。在本项目中，通过创新领域与科技的结合，提高整体项目信息的采集与传递效率，对部分复杂构件、工艺难点进行微缩打印，进行模拟施工，优化施工顺序（图11）。

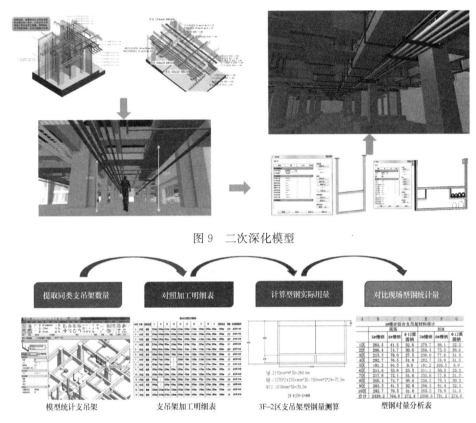

图9　二次深化模型

图10　实体样板区型钢对量

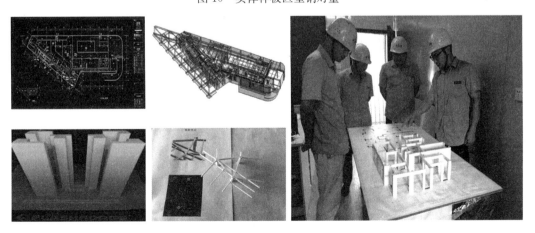

图11　BIM＋3D打印复杂节点

本工程 15 号楼是陕西省首栋装配整体式框架结构公建项目，通过 BIM 技术，提前发现和解决了各类碰撞问题，以预制信息二维码为信息载体，承载预制构件状态，从生产到装配完成的全过程周期，并实现了构件从设计到安装完成的全过程物料追踪。为现场装配式工程提供了便捷管理方式（图 12）。

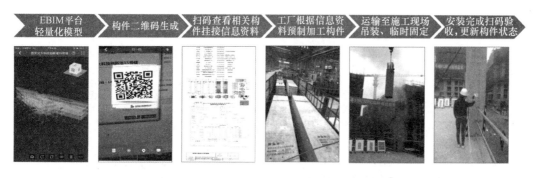

图 12　BIM＋装配式建筑构件物流追踪全过程

4 号科研楼创新尝试"基于 BIM 技术策划的机电综合干线模块化提升"技术，BIM 小组对综合干线进行模型分段，通过协同平台生成信息二维码，现场管理人员扫码提取分段信息，相关材料预制加工，用研制的整体提升设备对综合干线进行模块化提升（图 13）。

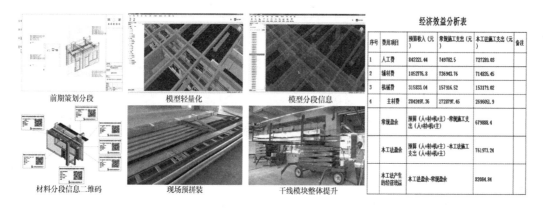

图 13　基于 BIM 技术策划的机电综合干线模块化提升

机电干线装配式模块化施工方法具有不受现场场地条件的约束；将系统繁杂、管线规格型号不一的机电干线综合管线，以标准的接口，简化施工工艺进行整体提升，提高质量，也缩短了安装周期。

3.6.6　智慧建造

此外，我们根据智慧建造理念，搭建智慧工地平台（图 14），并在指挥部设置智慧工地指挥中心，对现场的实时作业人数、进度、质量、安全总体情况、基本信息、建成后的整体模型展示以及电子地图进行全方位的精细化管理。

现场环境实时监测数据、塔吊防碰撞系统、视频监控系统和无人机航拍视频。其中环境信息与现场设置的自动喷淋进行联动，再辅以绿化、覆盖、洒水等一系列措施，保证治污降霾科学、集约、规范。每台塔吊都安装了塔吊防碰撞系统，指挥部可随时掌握塔机群运行情况，解决群塔作业管理难度大的问题，有效避免了塔吊碰撞，确保现场机械设备安全运行，项目生产顺利进行。无人机每天专人负责固定拍摄两次，以此作为查看形象进度和生产例会协调的工具。同时，现场在作业区、生活区、办公区布置了上百个摄像点，做到监控全覆盖，及时了解现场进展发现和解现场安全隐患（图 15）。

平台显示的安全、质量数据，都是一线的质量员、安全员每天检查发现并上传的问题，相关负责人会自动接收问题推送，进行督促落实整改，不得到解决的问题始终在平台上显示，保证责任落实到人、问题可追溯，形成安全、质量的闭环管理，有效提高问题的解决效率。同时，每周周例会，项目部根据本周质量、安全问题分布及趋势分析数据等进行安排部署相关工作（图 16）。

图 14　智慧工地平台

环境监测系统

自动喷淋系统

无人机航拍

视频远程监控

能耗检测系统

智能节水浇砖

污水排放检测

塔吊安全监控系统

图 15　生产管理

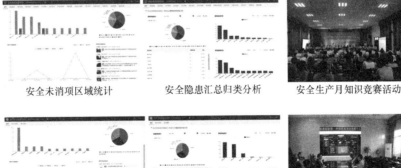

安全未消项区域统计　　安全隐患汇总归类分析　　安全生产月知识竞赛活动

质量未消项区域统计　　质量问题汇总归类分析　　周例会质量检查

图 16　安全、质量管理

项目的精细化管理在于对数据信息的收集、分析与决策，BIM 技术作为其中的管理手段，其特点是更详实全面的数据采集能力，更简单高效的管理指挥能力，由粗放转向集约，人工趋于智能。

4 运维阶段应用规划

运维管理的基础条件是准确的竣工数据和完善的运维管理系统，二者缺一不可。中国西部创新港项目在整个实施阶段，通过集成设计和施工阶段模型信息，得到各个阶段可利用的有效数据，满足竣工数据的交付要求。以相关数据为信息基础，集成了业主运行维护平台系统，可以充分发挥空间定位和数据记录的优势，对水、电等能耗管理，合理制定维护计划，分配专人专项维护工作，以降低建筑物在使用过程中出现突发状况的概率。对一些重要设备还可以跟踪维护工作的历史记录，以便对设备的适用状态提前作出判断。

结合先进的互联网、物联网、云计算、虚拟现实、数据集成等先进技术，在信息感知、智能分析、后期运营、信息互联、管理决策等方面创建"生态良好、环境宜居、开放包容、青春激扬"的绿色大学城。

5 结语

BIM 工作正推动项目管理工作的系统性

革新，在施工全过程中对深化设计、施工工艺、工程进度、施工组织及协调配合方面高质量运用 BIM 技术进行模拟管理，提高本工程管理信息化水平，提高工程管理工作的效率，为本工程全生命周期管理中提供施工管理阶段数字化信息这种标准化的数据格式，使得信息得以在建筑设施生命周期的各个阶段顺利传递、累积，解决了以往在运营维护阶段数据不足或是错误的问题。我们将 BIM 技术贯穿于中国西部科技创新港项目的全生命周期中，实现城市化智慧管理、创新驱动平台，打造一座集"校区、园区、社区"为一体的开放性"智慧学镇"。

参考文献

[1] 王业祥. 《建筑工程技术与设计》. 2017(5).

[2] 李犁. 基于 BIM 技术建筑协同平台的初步研究[D]. 上海：上海交通大学，2012.

[3] 何波. BIM 软件与 BIM 应用环境和方法研究[J]. 土木建筑工程信息技术，2013(5)：1-10.

[4] 张江波. BIM 的应用现状与发展趋势[J]. 创新科技，2016(1)：83-86.

[5] 程健. 关于建筑 BIM 的研究[J]. 安徽建筑，2013(6)19-20.

[6] 何关培. 我国 BIM 发展战略和模式探讨（二）[A]. 土木建筑工程信息技术，2011(3)112-117.

[7] 赵雪峰. BIM 技术在中国尊基础工程中的应用[J]. 施工技术，2015(6)：49-36.

群体项目施工集团化组织的实践与思考

吴 飞 付加快 万 历 陆优民

（浙江省建工集团有限责任公司，杭州 310012）

【摘 要】 随着社会的不断发展，人们对公共建筑有了结构更安全、使用功能更全面、视觉效果更美观的要求，建筑工程鲁班奖更成为越来越多企业追求的项目终极目标。本文结合了浙江音乐学院群体建筑工程施工管理过程，从工程特点难点、集团化组织策划、集团化组织的效果亮点等三个方面对群体项目施工集团化组织的实践进行了总结，为同类工程提供经验借鉴。

【关键词】 群体项目；集团化组织；效果亮点

The Practice and Thought of Collectivization Organizations of Group Projects Construction

Wu Fei Fu Jiakuai Wan Li Lu Youmin

（Zhejiang Construction Engineering Group Co.，Ltd.，Hangzhou 310012）

【Abstract】 With the continuous development of society, people put forward more requirements to public buildings: safer structure, more comprehensive function and more beautiful architectural configuration. The luban prize has become the ultimate goal pursued by more and more enterprises. Combined with the construction management process of group building engineering of Zhejiang Conservatory Music in which the author participated, this paper summarizes the practice of group projects construction collectivization organizations from three aspects including the characteristics and difficulties of projects, the planning of collectivization organizations, the highlights of effects of collectivization organizations providing experiences for similar projects.

【Keywords】 Group Projects; Collectivization Organizations; the Highlights of Effects

1 引言

随着公共建筑工程建造的实践增多，笔者在实践中发现大型多功能商住小区、整体学校校区工程等建设项目的建设规模越来越大。规模庞大的群体项目中，每个单体又独具特色，尤其以艺术类高校校区建设工程最为典型。这些新的发展给工程管理带来很多新的要求，比如：①不拘一格的造型，需要集成多项施工技术来实现寓音于形的设计理念；②音乐殿堂的定位，需要专业声学施工方案来实现室内装饰的形声合一；③线形校园的布局，需要通过巧妙的施工部署安排来实现"一轴三园"的完美串联（图1）；④占地六百余亩的体态，需要清晰的集团化组织来实现"三街十坊"的流水施工（图2）。因此，在如此复杂的群体项目施工过程中还实现了精品工程的目标，将给类似工程带来全新的启示和思考。

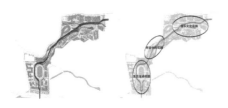

图 1 一轴三园的布局

图 2 三街十坊的场景

2 浙江音乐学院工程概况

在笔者参与的群体项目中，成功解决以上问题并取得良好效果的项目代表是浙江音乐学院工程（图3、图4）。浙江音乐学院工程位于杭州市西湖区之江板块，是全国规模最大的新建类音乐院校。项目设计阶段确认了以"流动地景，交互边界"为设计理念，延山而筑，用地线性展开，城市和自然分别从不同角度对场地进行限定，跳出传统大学校园的围城式布局，面向城市和自然，分别采用两种截然不同的边界策略对自然和场地予以回应。项目施工阶段更是以"誓夺鲁班奖"作为工程目标进行实施，全力打造精品工程。工程共13个单体，包括：音乐厅，大剧院，图书馆行政楼，音乐楼，人文学院，体育馆等。地下2层，地上2～13层，总建筑面积25.72万 m²。工程采用灌注桩基础；主体为框架剪力墙结构；外立面采用玻璃、石材、铝板幕墙组合；室内根据教学、声学等使用功能，采用了异形 GRG 装饰板、异型劈开砖、曲面覆膜高密度板等材质。安装采用了太阳能伴热系统、涡轮式全热回收系统、智能升降舞台及声光电系统、生态水循环系统等。

图 3 浙江音乐学院南区鸟瞰图

图 4 浙江音乐学院北区鸟瞰图

3 工程特点难点

3.1 建筑造型与结构形式多样复杂

校园建筑造型各异，着重于音乐旋律的视觉表现，大量采用了多折面、斜面、放射形等造型（图5）。大跨钢筋混凝土桁架、多曲面空间网架、预应力、斜柱、变截面壳体等结构形式均有应用，对土建施工及装饰装修技术要求高。

图 5 浙江音乐学院图书馆、体育馆、大剧院实景

3.2 各类声学功能面积大、细部节点要求高

校区声学设计性能及指标居国内顶尖水平，专业琴房采用浮筑地面、穿孔硅酸盖板吊顶、隔音墙等声学构造，并结合了音乐门锁等细节设计。音乐厅、大剧院声学性能媲美波士顿音乐厅、维也纳金色大厅等世界一流场馆水平（图6）。

图 6 浙江音乐学院各类演播大厅

3.3 群体工程总承包协调管理难度大

由于本工程为校园整体新建，包含数个多功能综合性建筑群，体态庞大，单体多，多个平面区域内同时施工，形成集团化作业。施工高峰周期长，劳动力及施工机械、材料需求量大。如何保障高强度、不间断的劳动力及材料投入难度大，以及随之而来的材料采购、加工、周转和班组管理、后勤保障工作皆是确保工程建设顺利实施的重中之重。

4 集团化组织策划

本工程为校园整体新建，建设规模大、单体数量多、专业功能复杂。混凝土 25 万 m^3、钢筋 2 万 t、各种电线电缆 143 万 m、灯具 10 万套。多单体、多专业交叉施工，工程总体推进难度大。针对工程特点难点，项目开工伊始就确立了鲁班奖的质量目标，开展集团化组织策划为核心的质量全过程管控，通过集群项目总承包管理，贯彻策划先行、过程精品、技术与信息化支撑的理念。形成设计深化图纸 273 份、专项方案 154 份，组织专家论证 31 次，广泛应用建筑业十项新技术 10 大项，38 子项，其中绿色施工技术 7 个子项，保证了项目顺利实施。

4.1 总体思路

本工程集团化组织策划充分利用建筑群体空间特点，将项目总体分为南北两片区。同时结合楼群功能组团的布局，又细分为 6 大区块。其中南片区分为南三院、体育馆两个区块；北片区分为北三院、东三院、音乐学院、图书馆四个区块。每个区块为一个工程部，负责本区块日常生产工作，是保证集团化组织策划实现的支撑。各个区块根据现场单体数量划分成条带，即将各个单体在区块中实现有序串联。同一专业亦根据总体条块划分成条带，有序分解成各逻辑单元，最终实现"分而不散、动态把控"的目标（图7）。

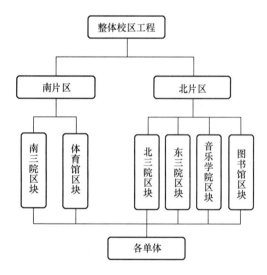

图 7　条块化管理示意图

4.2 技术质量管理思路

围绕创建精品工程这一核心目标，以鲁班奖为目标的直接体现，紧紧把握技术创新手段，使其作为工程质量、安全、进度、效益的重要保证。技术创新思路总体把握三条原则：

（1）结合工程的精品要求，工程中应用的新技术应具有先进性、前瞻性，避免与目前广泛采用的新技术工程停留在同一水平。

（2）技术创新应注意贯穿工程建设的各个阶段，使得在各个形象部位都有亮点。

（3）技术创新应注重对传统施工模式的改造，引入 BIM 三维模型技术、信息化、电子化、智能化手段，使施工过程切实受控。

4.3 组织体系

工程成立精品工程创建领导小组和实施小组，由集团总工程师担任组长，集团技术质量部部长、总监及项目经理担任副组长（图8）。项目部创建精品工程实施小组由项目部相应岗位人员参加，集团对口部门派专人进行指导。安全生产、技术质量、成本核算等各方面工作由项目经理总负责，分管副经理具体落实，各岗位根据自身岗位职责做好相应执行工作，保证精品工程目标的有效实施。

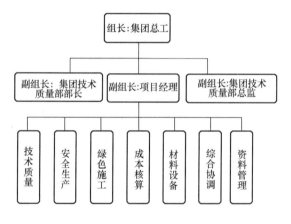

图 8　组织体系示意图

4.4 制度保证

精品工程创建的制度保证体现在两个层次：

（1）集团创优夺杯规定、示范工程工作管理标准以及包括体系文件在内的各项工程项目管理规定。

（2）项目部内部管理制度以及班组、分包合同的对应条文。

4.5 投入保证

创精品工程，项目部必须集合成本管控，加大人、财、物的投入，保证精品工程的实施。人员方面，派驻现场的管理和操作人员要求经验丰富、素质好，并且有创鲁班奖施工经验。资金方面，工程款必须专款专用，引进劳动力、材料遵循优质优价的原则，严禁以次充好。物资方面，工程施工所需的机具设备、周转材料必须按时足额到位，所需模板采用新购优质品，部分专门定制，另对模板周转次数进行控制，及时更换。另在项目部配置电脑及相关软件，提高管理水平。从原材料进场开始把关，高标准，严要求，加强施工过程控制及产品保护，切实履行合同的承诺。

4.6 学习培训

在项目施工中，积极参加国家、省、市的各项检查评比活动，充分展示工程的施工水平。另外还要经常性地邀请有关评委专家来现场指导工作，改进不足，确保鲁班奖。在现场施工过程中，不仅要"请进来"，还要主动"走出去"，利用施工间隙分期分批地组织项目人员参观、学习先进的工程，及时掌握最新的评选标准和要求，进一步搞好创杯工作。

4.7 计划、资料准备

施工前，及时向上级建设主管部门逐级申报列入评杯计划。项目施工中，注意有关资料的同步收集。除了做好常规工程资料外，还应对重点部位施工进行拍照、录像，收集有关施工数据，为今后评杯的申报工作积累相应的资料。

5 集团化组织的效果亮点

5.1 特色结构成型控制措施

"音谷云廊"（图9）作为图书馆和体育馆

的连接建筑，如同长河飞瀑，玉带缠腰形成一条流线走廊，将南北区有机地结合起来。全长380m，整个建筑结构完成面不再装饰，采用木纹清水混凝土成型。建筑一侧覆土与自然地景融为一体，另一侧形成遮阳走廊，延山坡地势由南向北逐渐升高。工程对曲面混凝土墙模板和木纹清水混凝土模板体系加以结合改进（图10），采用3层模板（弧形龙骨、衬板、面板）的组合形式，实现施工现场的标准化操作，有效解决了漏浆、气泡等质量通病，确保了异型结构尺寸精确，保证了工程质量（图11）。

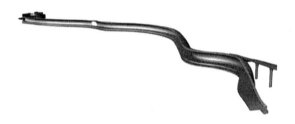

图9 380m异型双曲面木纹清水混凝土长廊模型

5.2 建筑声学施工质量全面优化

浙江音乐学院大剧院、音乐厅、体育馆、电影院、演播厅、排练厅、报告厅、录音室、琴房、排练教师等场馆厅堂和空间对声学的高要求贯穿于建筑方案设计至工程验收全过程。声学质量控制涉及专业性较强的构造做法、种类繁多的建筑材料以及高质量要求的施工工艺，工程着重针对组织人员、进场原材料及重点部位构造做法改进实施控制（图12）。

5.3 交叉施工管理合理布局

浙江音乐学院工程于2013年11月8日开工，并于2015年9月13日竣工，在短短674天内需要完成占地602亩的群体建筑创优工作，针对群体工程总承包协调管理难度大的工程特难点，交叉施工管理的方法显得尤为

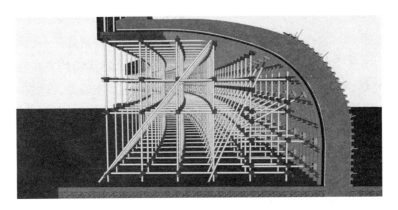

图 10　380m 异型双曲面木纹清水混凝土长廊三维模拟施工剖面图

图 11　380m 异型双曲面木纹清水混凝土长廊实景

图 12　各类声学场馆内景

重要。

5.3.1 "样板先行"是交叉施工管理的有效方法

工程伊始，精品工程创建领导小组组织召开"样板先行专题研讨会议"，会上针对工程特点、难点对进场人员安排、现场创杯标准、管理方法思路、分包工序协调、人员上墙动态控制五部分内容进行详细部署。着重强调发挥精品工程创建小组的工作协调作用，确定了

"样板先行"的工作方法，要求各单位对责任范围内的典型部位首先实施"样板区块"进行施工，并明确"只有做到样板先行，才能将整体精品提升，才能全面实施到位"。

为实现自然、古朴的效果，设计采用了多种形式的清水混凝土。表面类型有木纹、光面，结构造型有平面、圆弧、异型，构件部位有柱、墙、筒体。构件分布零散、面层效果要求高，施工难度大。综上特点，决定了对各劳务班组交叉施工管理提出了更高的要求。

根据各部位的不同要求，通过大量的样板试验，经监理方、用户、设计等相关各方验收合格后，各方签字确认为样板（图13），再组织各专业劳务班组在现场作详细的施工技术交底，然后全面铺开进行大面积施工，最终实体效果令各方非常满意（图14）。

图13 木纹清水混凝土样板

图14 音乐厅22m高木纹清水混凝土圆弧筒体

5.3.2 "深化设计"是交叉施工管理的有效保障

根据创优策划总体思路，通过学习培训，明确了"深化设计"是工程进行全面规划和具体安排实施意图的最终过程，是质量、成本与进度多方关系的关键环节，特别是对创优工程来说，"深化设计"显著减少返工，一次成优更是工程评优的追求目标。

浙江音乐学院工程各类屋面92个，事先深化排版，根据现场实测尺寸，精心做好排版工作，块材避免出现小于1/2块材的小条。屋面设备基础，在屋面碰到设备基础、排风烟道处等，在基础四围采用石材走边。管道锥体匠心独具，美观牢固。风帽造型别致，水泥砂翻边精致美观。32491m² 绿化屋面覆土密实平顺，坡向正确，无渗漏、积水，节能保温效果好，与自然山景浑然一体（图15）。

工程各类卫生间共204个，经深化排版，对构造方式、工艺做法和工序安排进行优化升级，满足完全具备使用功能的前提下，对未能表达详尽的节点进行优化补充，明确了装饰装修与土建等其他专业的施工界面，为各专的交叉作业管理提供了有效保障（图16）。

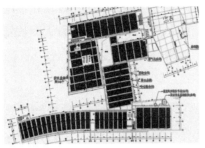
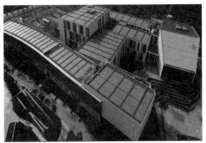

图 15　舞蹈学院屋面深化设计图与实景

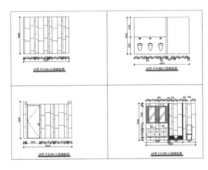

图 16　音乐厅一层卫生间实景图

5.3.3 "BIM 技术"是交叉施工管理的创新应用

工程设备用房是创优的重难点，土建结构空间相对狭小，安装管线错综复杂。利用"BIM 技术"从综合管线平衡图着手，将所有管线施工图在三维立体上综合反应，并附各节点三维详图，实现了各类管线及设备"和平共处"，是交叉施工管理的创新应用。

浙江音乐学院 39 个设备机房，经 BIM 深化设计，管线排布规范，间距、走向合理，标识清晰。其中，水泵房基础抹灰精致，设备隔振垫外露长度满足要求。设备基础四周设置排水明沟，水沟做工精致。泵房中所有支架、管子根部做双层多边形锥体，穿楼板管子套管在锥体处外露（图 17）。

图 17　水泵房 BIM 技术应用与实景图

6　结语

浙江音乐学院自 2015 年 9 月开学至今，历经台风、雨季、严寒考验。承办浙江省委纪念建党 95 周年大会、G20 峰会宣传，"奔跑吧兄弟"及专业艺术演出 47 场次，接待来宾 87600 人，结构安全稳定，系统运转良好。

工程荣获 2016 年浙江省建设工程优秀设

计奖、浙江省优质工程"钱江杯"、住房城乡建设部"科技示范工程"、浙江省建设科学技术奖等多项荣誉。已顺利通过各类验收并荣获2016年度中国建筑工程"鲁班奖",师生一致赞誉,得到了社会各界的高度评价。

参考文献

[1] 陈伟. 大型商办楼综合创优措施研究[A]. 工程质量,10.3969/j.issn.1671-3702.2017.04.009.

[2] 张淳劼,王健,陆俊超. 弘扬工匠精神铸就精品工程——上海海航大厦创建国优奖工程纪实[A]. 工程质量,10.3969/j.issn.1671-3702.2017.04.008.

[3] 罗朝晖. 大型工程中多工种交叉施工管理协调的应用[A]. 广东科技,10.3969/j.issn 1006-5423.2005.07.027.

[4] 付加快. 建筑声学在施工阶段的质量控制要点[A]. 安徽建筑,2017(5)183-185. 189.4.

基于 SWOT-AHP 的老旧小区"租赁化改造"策略分析

朱诗尧　李德智

（东南大学，南京 211189）

【摘　要】　为解决新时代人民群众日益增长的美好生活需要和不平衡不充分发展之间的矛盾，老旧小区改造势在必行。结合当前房屋租赁市场的供给与需求矛盾，对老旧小区实行"租赁化改造"或可成为解决上述两大矛盾的方法之一。本文基于老旧小区改造的政策与研究现状，结合房屋租赁市场发展需求与"租售同权"的呼声，提出老旧小区"租赁化改造"概念，并运用 SWOT 分析法对老旧小区租赁化改造的优势、劣势、机遇与挑战进行定性分析，进而结合层次分析法，建立 SWOT-AHP 模型，在定量分析的基础上找出影响老旧小区租赁化改造的关键因素，为老旧小区租赁化改造提供发展策略建议。

【关键词】　老旧小区改造；租赁化；策略分析

Strategy Analysis for "Leasing-Style" Old Community Renewal Based on SWOT-AHP

Zhu Shiyao　Li Dezhi

（Southeast University，Nanjing 211189）

【Abstract】　In order to solve the contradiction between people's growing needs of a better life and unbalanced development，it is imperative to renovate the old communities. Combining the current supply and demand contradiction in the housing rental market，"Leasing-Style" old community renewal could be one of the ways to solve these two problems. Based on the policy and research status quo of old community renovation，the concept of "Leasing-Style" old community renewal is proposed combing with the development of the rental market and the voice of "rental rights". A SWOT analysis is used to qualitatively analyze the advantages，disadvantages，opportunities and challenges of "Leasing-Style" old community renewal. Then through analytic hierarchy process，the quantitative SWOT-AHP model that helps to identify the key factors for the "Leasing-Style" old community renewal.

【Keywords】 Old Community Renewal；Leasing-style；Strategy Analysis

1 引言

近年来，为了解决城镇居民住房问题，切实落实"房子是用来住的，不是用来炒的"这一时代要求，政府部门积极响应，多措并举，出台多项政策，以尽早实现人人有所居的市场环境。其重要举措之一：便是培育和发展住房租赁市场，建立租售并举的住房制度。但由于我国的房地产租赁市场发展处于起步阶段，租赁房源主要来自于私人出租，总量不足，与市场巨大的租赁需求存在差距，租赁市场的重要作用一直难以发挥。

与此同时，我国城市中尚存在着量大而面广的老旧小区，显著影响着居民的幸福感和安全感，与新时代人民在居住安全、权利公平和环境友善等方面的需求形成突出矛盾，亟需进行整治改造。鉴于此，本文建议将老旧小区改造与住房租赁市场相结合，实施老旧小区租赁化改造，合理发挥存量的老旧小区区位价值和改造所带来的经济提升价值，引入开发商运营机制，助力城市的房屋租赁供应。

2 老旧小区改造的现状

2.1 老旧小区的概念

老旧小区在国内由来已久，目前我国存在近 16 万个老旧小区，涉及居民超过 4200 万户，建筑面积约为 40 亿 m²[1]，对于其具体定义尚未统一，普遍认为老旧小区多存在建筑外观衰败、基础设施破损、公共空间"脏乱差"等问题。

我国学术界对老旧小区环境治理的关注，肇始于 20 世纪 80 年代以来的城市更新、城中村改造、棚户区改造、"城市双修"等相关政策、实践和理论研究，并于 2010 年左右快速升温。部分学者将其泛指为建设年代久远，至今仍在居住使用，不能满足人们正常或较高生活需求的居住小区[1]，更多学者从建成时间、出资单位、运营现状等方面，提出明确但不尽相同的界定标准，如 20 世纪 80 年代初修建的公房或单位住宅[2]、20 世纪 80 年代初期至 90 年代中期建设的居住区[3]、20 世纪 90 年代建设的"三无小区"（即无管理体系、无基础设施、无社区活力）[4]、1998 年房改之前由政府或单位出资建设的居住区[5]等。

2.2 老旧小区改造的相关政策

2015 年中央城市工作会议公报、"十三五"规划纲要等政策文件，均要求统筹政府、社会、居民等多元主体，加快老旧小区综合整治。我国各级政府皆通过定政策、定标准、定措施等手段，下大力气加强城市老旧小区的综合整治，部分政策如表 1 所示。2017 年 12 月 1 日，住房城乡建设部在福建省厦门市召开老旧小区改造试点工作座谈会，将广州、韶关、柳州、秦皇岛、张家口、许昌、厦门、宜昌、长沙、淄博、呼和浩特、沈阳、鞍山、攀枝花、宁波 15 个城市作为老旧小区改造试点，以探索城市老旧小区改造的新模式，提出"共同缔造"理念，实现决策共谋、发展共建、建设共管、效果共评、成果共享，为推进全国老旧小区改造提供可复制、可推广的经验。

我国老旧小区改造相关政策文件（部分） 表1

地区	文件名称	改造目标
中央	《关于开展中央和国家机关老旧小区综合整治工作的通知》（国管房地〔2013〕342号）	用4年时间基本完成中央和国家机关及在京中央企业约1500万m²老旧小区综合整治工作
	《中华人民共和国国民经济和社会发展第十三个五年规划纲要（2016—2020年）》	推进城市有机更新，组织实施好老旧城区改造
	《中共中央国务院关于进一步加强城市规划建设管理工作的若干意见》（中发〔2016〕25号）	有序实施城市修补和有机更新，解决老城区环境品质下降、空间秩序混乱等问题
北京	《北京市老旧小区综合整治工作实施意见》（京政发〔2012〕3号）	"十二五"时期，完成1582个、建筑面积5850万m²老旧小区的综合整治工作
上海	《上海市旧住房综合改造管理办法》（沪府发〔2015〕3号）	旧住房综合改造应当遵循"业主（公房承租人）自愿、政府扶持、因地制宜、分类改造"的原则
	《上海市住宅修缮工程管理试行办法》（沪府办发〔2011〕60号）	行政区域内投资额在30万元以上的住宅修缮工程的实施及其建设管理办法
	《上海市住房发展十三五规划》（沪府发〔2017〕46号）	计划旧房综合改造30万户，中心城区二级旧里以下房屋改造240万m²，各类旧住房修缮改造面积5000万m²
山东	《山东省老旧住宅小区整治改造导则（试行）》（鲁建房字〔2017〕4号）	统筹规划、因地制宜地做好老旧住宅小区整治改造工作
南京	《南京市棚户区改造和老旧小区整治行动计划》（宁委办发〔2016〕19号）	至2020年底前，将对主城六区936个、新五区30个老旧小区进行整治出新
	《玄武区老旧小区整治工作实施意见》（玄政办〔2016〕30号）	2016年起，集中三年左右时间，对区内2000年以前建成的、尚未整治的160个非商品房老旧小区实施分类环境整治

资料来源：收集整理。

2.3 老旧小区的改造内容

国内老旧小区改造近年来普遍反对大拆大建，而是提倡"有机更新"[6]或"局部整治＋修缮"的"微改造"[1]。就具体改造内容而言，大部分侧重技术范畴的治理，如外墙保温等绿色化改造[7]、提高小区排水能力等海绵化改造[2]、加装电梯等适老化改造[8]，少量探究健全物业管理[9]等管理范畴的治理，也有部分强调总体上把控，如分为"硬件"（即房屋建筑本体修复和小区公共环境改造）和"软件"（即和谐邻里氛围的营造）两个方面[1]，或者公共空间、绿化空间和停车空间三个方面的综合整治[3]。

3 老旧小区租赁化改造的内涵

多年来，尽管全国各地政府投入大量资金，老旧小区改造实践却呈现了经济、社会、环境多方面不可持续的状态。从经济方面来看，老旧小区改造的资金来源单一化，以政府为主的投资方式使地方政府面临较大的财政压力，北京、上海、山东等省市尝试运用PPP模式、实物期权理论解决资金问题，但尚未得到广泛的实践；从社会方面来看，老旧小区改造的居民参与机制尚不完善，表现为改造前"无意参与"，改造中"无路参与"，改造后"无力参与"，未能充分调动广大居民的积极性，不利于基层治理能力的提升。从环境方面来看，改造后老旧小区没有得到持续有效的管理，脏乱差"回潮"的现象反复出现，物业较差的管理能力和居民较低自治水平，致使改造效果呈现出"面子靓、里子虚"的特点，无法形成良性循环。

结合上述老旧小区改造前的资金难、改造中的管理难、改造后的运营难等困境，以及老旧小区大量原住居民流失、外来人口涌入、治安较差、社区归属感较弱等问题[10]，对老旧小区施行租赁化改造，可以提供一种吸引社会资本主动参与改造、发展机构出租人、增加住房租赁市场供应量、重构社区氛围的"改造＋经营"模式。老旧小区作为住房租赁的重要来源，一直以来出租主体多为居民个人，承租人群也较为繁杂，不便政府、社区统一管理和监督。而通过统一改造，发展机构出租人批量经营租赁业务，有助于规范化管理房地产租赁市场，拓宽社会资本的投资渠道，同时帮助实现老旧小区"一次改造、长期保持的管理机制"，提升老旧小区的居住品质，实现"双赢"局面。因此，老旧小区"租赁化改造"可以理解为：在政府参与协调组织下，通过引入社会资本（如房地产商、中介机构、物业运营机构等）的参与，采取市场化运作方式，对老旧小区进行整体改造，再由市场机构进行统一的物业管理和租赁经营。

4 老旧小区租赁化改造的 SWOT 分析

4.1 老旧小区租赁化改造的优势

4.1.1 盘活存量，补充城市租赁房屋供给量

2015 年 12 月中央城市工作会议提出："要坚持集约发展，框定总量、限定容量、盘活存量、做优增量、提高质量，转变城市发展方式，科学划定城市开发边界；有效推进老旧小区综合整治。"在经济发展转型与空间资源供给下降的双约束下，我国城乡建设逐渐从"增量扩张"向"存量盘活"转变，城市发展从以往的新旧区同步开发，逐渐走向旧区存量开发的内涵式发展道路[13]。老旧小区租赁化改造是当前去库存导向下的重要创新，对于盘活存量资产有重要意义。通过合理盘活利用空置的存量住房，可有效增加城市租赁房屋的供给量，缓解当前的租赁房源不足问题，满足人们对城中心租赁房屋的需求。推行老旧小区租赁化改造和运作，有助于促进空间资源的合理配套，改善人居环境，提高住房租赁品质。

4.1.2 吸引社会投资，减轻政府财政压力

当前，老旧小区改造主要依靠政府财政扶持，在房屋修缮、配套基础设施建设与维护、治安、停车等方面的资金需求量均很大[14]。政府虽然鼓励社会资本积极参与，但实际由于参与模式不清晰、投资价值不明显等因素，社会资本的参与积极性普遍不高，除接受政府委托具体实施改造的营利组织（如设计院、施工单位）外，很少有其他营利组织（如房地产企业）主动参与，因此传统老旧小区改造的资金来源较为固定和单一。若将租赁化模式引入老旧小区改造，为社会资本的投入创造了条件，将有助于促进政府与社会资本合作，以"先改造后运营"的方式吸引企业投资，使其有利可图，很大程度上可以帮助减轻政府的财政压力。

4.1.3 吸引租客，区位优势明显

目前国内的大城市都在执行人口控制计划，并且还有量化考核指标，面对外来涌入的人口，无论是公租房还是自住房等福利性分配体系，都不会将他们纳入其中，高房价的逼迫以及特殊的城市居住政策必然导致租房人口的增长[15]。而老旧小区大部分位于城市中心地带，区位优势明显。例如，老旧小区的位置多在旧城中心，交通发达且便利，周围配套设施完善，教育资源充足，学区房占很大比例，距

离医院、商场、图书馆等都比较近。并且老旧小区的户型面积一般在 $30\sim90m^2$，多为单间配套、一室一厅和两室一厅，厨房、厕所等功能齐全，能满足不同类型人群和家庭的基本居住需求。通过对老旧小区租赁化改造可以实现楼栋单元的整合、外部空间环境的改善，配套相应的商业、休闲、运动空间等实现"邻里同质，社区混合"的居住模式[16]，吸引各年龄层的租客。

4.2 老旧小区租赁化改造的劣势

4.2.1 老旧小区改造成本较高

老旧小区改造需要投入大量的人力、物力和财力进行修缮整治。以上海市老旧小区改造为例，进行电梯、加固、加层、管道更新、线路更换、停车场、公共活动室等全套改造资金约为 1.5 万~1.8 万元$/m^2$，外立面、环境绿化改造等的费用约为 3500 元$/m^2$，而上海市政府对相关改造的补贴约为 2000 元$/m^2$，仅占总投资的 $35\%\sim40\%$[14]，对于投资企业而言，前期投入成本较高，面临的风险也比较大。

4.2.2 老旧小区成片购买或租赁困难

老旧小区人口结构复杂，存在原住居民流失、老龄化严重等现象，投资企业短期内只能零散地从房屋所有权人处取得闲散的房源，为后期的改造、配套服务和物业管理均增加了难度。而对老旧小区进行集中式改造和租赁，易于实现标准化产品，便于改善小区整体环境和控制日常运维成本，也有利于后期房屋增值，但是需要将整栋楼或整片小区拿下，对资金要求、政府统筹规划以及老旧小区业主配合的要求都比较高，实际操作困难很大。

4.2.3 老旧小区产权获得困难

老旧小区的产权形式十分复杂，早年的老旧小区往往由几个单位合作开发，建成后分配给本单位的员工居住，因此存在有的产权仍属于单位所有，有的已经卖给职工，成为了房改房的现象。更甚者，有的单位隶属于大的企业集团，开发完毕后分给下属单位，使产权更加不明晰[17]。老旧小区产权的混乱增加了统一收购或租赁的难度，并可能为未来的改造、出租和运营管理埋下隐患，造成不必要的纠纷。

4.3 老旧小区租赁化改造的机遇

4.3.1 国家住房租赁政策的支持

2016 年 5 月国务院总理李克强主持召开国务院常务会议时就提出，"要发展住房租赁企业，支持利用已建成住房或新建住房开展租赁业务""鼓励个人依法出租自有住房""允许将商业用房等按规定改建为租赁住房"。2017 年开始国家部委加快推动发展住房租赁市场，批准武汉等 12 个城市为全国培育和发展住房租赁市场的试点城市，推动住房租赁市场发展。为此，武汉在全国率先出台《武汉市培育和发展住房租赁市场试点工作扶持政策》，其中明确规定"允许出租人按照国家和地方的住宅设计规范改造住房后出租，其中符合条件的客厅，可以出租"；重庆编制了《培育和发展住房租赁市场的实施意见》，从培育租赁住房供给主体、引导租赁住房消费、优化住房租赁服务、加强住房租赁管理等方面出台政策措施；广州出台了《广州市加快发展住房租赁市场工作方案》，目标到 2020 年，形成政府、企业和个人互相补充、协同发展的租赁住房供应体系。

4.3.2 "租购并举""租售同权"的时代要求

根据国家卫生计生委发布的《中国流动人口发展报告 2017》，目前我国流动人口规模为 2.45 亿人，许多一线省市，如北京、上海、广东等，出现常住人口快速增长态势。同时，由于大城市高额的房价门槛，租赁住房吸引了越来越多的人。目前，北京租房比例为34％，上海已达到40％，这个比例仍在不断上升[15]。因此，随着住房租赁需求的不断扩大，建立租购并举的住房制度、重点解决租售同权问题、提高租赁群体地位、加强对租赁群体的保护、稳定租赁群体的长期居住预期等已成为当前的时代要求。政府旨在引导社会资源进入住房租赁市场，鼓励各类社会资本同市场上现有的供给主体合作，创新住房供给形式[18]。给予有意愿、有能力、有条件的社会资本适当的优惠政策，以鼓励其成为住房租赁市场新的供给主体。实现租售同权，有助于扭转城镇居民对租赁住房的偏见和过分看重住房产权的理念，与老旧小区租赁化改造的初衷相符。

4.3.3　房地产开发公司创新模式的需要

在市场空间逐渐见顶的背景下，谋变是众多房地产开发公司的共同选择。对于房地产公司而言，旧有模式持续增长困难，风险加大，一、二线城市纯商品房用地的获取越来越困难，长租公寓、养老、文旅等存量运营领域成为大型房企的重点布局领域，如万科、龙湖、金地、旭辉、远洋等相继建立了独立的长租公寓品牌，而保利、绿城、阳光城、复星等选择和长租公寓运营公司进行合作，由房企提供房源，运营公司提供运营、管理等专业服务，如表2所示。对于房地产开发公司而言，其拿地与改造经验均比较丰富，并且在历史开发中储备的不少自持物业，其中已开发的商业和操盘的老旧小区改造等项目在条件合适时均可转换为租赁房源。

目前国内主要租赁机构类型　　**表2**

租赁机构	品牌
专业公寓运营商	魔方；优客逸家；YOU＋；蘑菇租房
房地产开发商	万科—泊寓；龙湖—冠寓；旭辉—领寓；招商—壹公寓

续表

租赁机构	品牌
房地产服务商	链家—自如；我爱我家—相寓；世联行—红璞公寓
酒店集团	泊涛—窝趣；华住—城家；如家—逗号公寓；住友—漫果

资料来源：收集整理。

4.4　老旧小区租赁化改造的挑战

4.4.1　市场不健全，存在安全隐患

目前国内租房租赁市场仍处于试验阶段，尚未形成统一的租赁标准，同时监管体系也不健全，使得不法分子有机可乘。老旧小区改造涉及的质量、绿色、环保等问题与人民的身体健康息息相关，如果使用的建材甲醛超标，不仅违反相关政策法规，更会对租户的身体健康造成威胁，也会给企业的品牌带来巨大的伤害，造成难以弥补的损失。

4.4.2　资金回收期长，盈利不确定

老旧小区的改造资金投入大，租金收入不确定性高，回收期长，需要投资者有较强的资金实力，同时对租赁运营机构的专业化运作能力也有较高要求。社会资本收购房源改造出租需要大量的资金，使得加入门槛提高，需要实力更加雄厚的房地产企业加入，势必使得竞争更加惨烈，获取物业再出租的成本也越来越高。

4.4.3　租赁立法缺位，缺少法律保障

我国住房租赁市场发展长期处于弱势地位，很大程度上源于我国缺少相对健全的住房租赁法律体系，许多租赁合同纠纷的处理方法和规定缺位。市场发展长期处于一种无序竞争、多头监管的状态下，致使城市租赁群体缺乏必要的保护，难以与有房屋产权的市民平等地享受教育、医疗等基本公共服务的权利生存[19]。

5 老旧小区租赁化改造的定量评价分析

5.1 AHP 评价指标体系构建

根据前述对老旧小区改造的 SWOT 定性分析，建立 AHP 层次分析结构图，如图 1 所示。

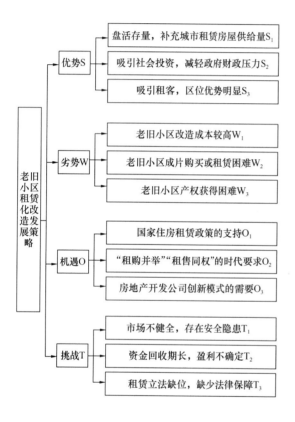

图 1 老旧小区租赁化改造的层次分析模型

5.2 判断矩阵确定

确定老旧小区租赁化改造的关键影响因素后，利用 AHP 的 1～9 比例标度（表 3），对各影响因素的相对重要性进行判断。邀请城市更新、社区治理领域的专家对 SWOT 组中的要素进行两两比较，得到表 4～表 5 的评价层组、优势组、劣势组、机遇组和威胁组 5 个判断矩阵。

1～9 标度评价法　　表 3

标度	含　义
1	表示两元素同等重要
3	表示前者元素比后者元素稍重要
5	表示前者元素比后者元素明显重要
7	表示前者元素比后者元素强烈重要
9	表示前者元素比后者元素极端重要
2、4、6、8	表示上述相邻判断的中间值
倒数	若元素 i 与元素 j 的重要性之比为 B_{ij}，则元素 j 与元素 i 的重要性之比为 $1/B_{ij}$

SWOT 组的判断矩阵　　表 4

SWOT 组	S	W	O	T
S	1	5	3	7
W	1/5	1	1/3	4
O	1/3	3	1	3
T	1/7	1/4	1/3	1

SWOT 各组的判断矩阵　　表 5

S 组	S_1	S_2	S_3	W 组	W_1	W_2	W_3	O 组	O_1	O_2	O_3	T 组	T_1	T_2	T_3
S_1	1	2	1/3	W_1	1	1/5	1/7	O_1	1	2	5	T_1	1	6	3
S_2	1/2	1	1/5	W_2	5	1	1/3	O_2	1/2	1	3	T_2	1/6	1	1/4
S_3	3	5	1	W_3	7	3	1	O_3	1/5	1/3	1	T_3	1/3	4	1

5.3 一致性检验与排序

根据上述判断矩阵，运用公式（1）计算出每个判断矩阵的特征值和特征向量，运用公式（2）、（3）进行一致性检验，其中 λ_{max} 为判断矩阵的最大特征值[23]。当 $CR < 0.1$ 时，认为判断矩阵具有较好的一致性，否则需对该矩阵进行修改，使其一致性检验满足标准。一致性检验与排序结果如表 6、表 7 所示，各判断矩阵具有较好的一致性，因此分析结果可取。

$$\omega_1 = \frac{\sum\limits_{j=1}^{n} B_{ij}}{\sum\limits_{k=1}^{n} \sum\limits_{j=1}^{n} B_{kj}k} \tag{1}$$

$$CI = \frac{\lambda_{max} - n}{n - 1} \tag{2}$$

$$CR = \frac{CI}{RI} \quad (3)$$

一致性检验结果　　　表6

判断矩阵	λ_{max}	n	CI	RI	CR	结果
SWOT组	4.2282	4	0.0761	0.89	0.085<0.1	一致性
S组	3.0037	3	0.0018	0.52	0.004<0.1	一致性
W组	3.0655	3	0.0328	0.52	0.063<0.1	一致性
O组	3.0387	3	0.0194	0.52	0.037<0.1	一致性
T组	3.0540	3	0.0270	0.52	0.052<0.1	一致性

评价层对目标层总排序　　　表7

SWOT层	级别排序值	SWOT层要素	层内排序值	要素总体排序值
S	0.5617	S_1	0.2299	0.1291
		S_2	0.1222	0.0686
		S_3	0.6479	0.3639
W	0.1414	W_1	0.0738	0.0104
		W_2	0.2828	0.0400
		W_3	0.6434	0.0910
O	0.2344	O_1	0.6333	0.1484
		O_2	0.2605	0.0611
		O_3	0.1062	0.0249
T	0.0626	T_1	0.6393	0.0400
		T_2	0.0869	0.0054
		T_3	0.2737	0.0171

由表7可知，老旧小区租赁化改造SWOT权重值总排序由高到低依次为优势、机遇、劣势、挑战，其中优势组的影响远大于其他三组。在各组内比较中，优势组内"吸引租客，区位优势明显"的影响程度最高，为0.6479；劣势组内"老旧小区产权获得困难"的影响程度最高，为0.6434；机遇组内"国家住房租赁政策的支持"的影响程度最高，为0.6333；挑战组内"市场不健全，存在安全隐患"的影响程度最高，为0.6393。在各要素总体排序中，SWOT各组内因素对老旧小区租赁化改造策略的影响程度最高的5个因素分别为："吸引租客，区位优势明显""国家住房租赁政策的支持""盘活存量，补充城市租赁

房屋供给量""老旧小区产权获得困难"和"吸引社会投资，减轻政府财政压力"。

6 老旧小区租赁化改造的发展策略建议

老旧小区"租赁化改造"是新时期住房租赁市场发展与老旧小区改造政策相结合的创新设想，虽然目前尚未出现老旧小区租赁化改造的案例，但是老旧小区基于其明显的区位和存量优势，是对住房租赁市场供给量的有效补充。根据SWOT-AHP模型分析结果，老旧小区租赁化改造的优势与机遇作用明显，其发展应采取SO策略，即发挥优势，把握机遇。应充分利用自身区位优势，抓住国家高度重视住房租赁的发展机遇，在租赁法制的健全和住房租赁政策的支持下，快速推动老旧小区"租赁化改造"的发展，助力存量优化。

6.1 加快立法，尽早落实"租售同权"

完善的立法是老旧小区租赁化发展的重要保障，政府应当尽早出台针对租赁市场的法律法规，以填补目前的法律空白。例如，出台专门规范租赁行业秩序的法律、完善租赁合同的法律规定、明确租赁合同纠纷的处理方法和规定等，规范出租人、机构和承租人的行为。并且，国家应当以立法的形式确定"租售同权"的原则，明确租赁群体的权利义务，赋予其与有房屋产权的居民平等的权利[20]。

6.2 建立政府、市场与社会的多元合作机制

老旧小区租赁化改造涉及众多参与主体，改造资金巨大，需要统筹政府、市场、社会等各方利益，构建政府、市场、社会的多元合作机制。通过政策引导与财政支持，吸引更多的社会资本加入老旧小区改造，减轻政府财政负担；同时重视居民参与，妥善合理解决产权问

题。力求充分发挥政府的主导作用，在政府的指导下开展企业收购或租赁活动，以小区居民为基础、以社区组织为纽带，协调各方利益，构建多元协同参与的"改造＋租赁"体系。

6.3 稳步推进房地产投资信托基金试点

目前，我国租赁市场的机构渗透率仅为2％，远低于发达国家[22]。而房地产投资信托基金（Real Estate Investment Trusts，RE-ITs），可以提供一种以发行收益凭证的方式来汇集多数投资者的资金，交由专门投资机构进行房地产投资经营管理的形式[21]。随着RE-ITs的进一步深化发展，完全可以将其与老旧小区改造相结合，探索"持有＋改造＋运营"模式，吸引更多金融机构参与老旧小区改造与住房租赁。

参考文献

［1］ 蔡云楠，杨宵节，李冬凌．城市老旧小区"微改造"的内容与对策研究［J］．城市发展研究，2017，24(4)：29-34.

［2］ 王建龙，涂楠楠，席广朋，等．已建小区海绵化改造途径探讨［J］．中国给水排水，2017(18)：1-8.

［3］ 王敏，段渊古，马强，等．城市旧居住区环境改造的思考［J］．西北林学院学报，2013，28(3)：230-234.

［4］ 杨志杰，钟凌艳．台湾社区治理中的"社区共同体"意识培育经验及借鉴——成都老旧居住区的社区治理反思［J］．现代城市研究，2017(9)：65-71.

［5］ 黄珺，孙其昂．城市老旧小区治理的三重困境——以南京市J小区环境整治行动为例［J］．武汉理工大学学报（社会科学版），2016(1)：27-33.

［6］ 吴良镛．北京旧城与菊儿胡同［M］．北京：中国建筑工业出版社，1994.

［7］ 仇保兴．城市老旧小区绿色化改造——增加我国有效投资的新途径［J］．建设科技，2016(9)：14-19.

［8］ 赵立志，丁飞，李晟凯．老龄化背景下北京市老旧小区适老化改造对策．城市发展研究，2017(07)：11-14.

［9］ 张志红，刘慧，张新爱．基于WSR的老旧住宅小区整治改造完成后物业管理引入机制研究［J］．经济研究参考，2017(34).

［10］ 单菁菁．社区归属感与社区满意度［J］．城市问题，2008(3)：58-64.

［11］ 王建红．服务式长租公寓运营模式探析［J］．中国房地产，2015(31).

［12］ 报告：长租公寓行业梳理及运营、盈利模式分析［EB/OL］．（2018.2.20）．http://www.ocn.com.cn/touzi/chanye/201710/tchqp30084728.shtml.

［13］ 段德罡，杨萌，王乐楠．土地产权视角下旧城更新规划研究——以西安市碑林区为例［J］．上海城市规划，2015(3)：39-45.

［14］ 王彬武．上海市老旧小区有机更新的探索与实践［J］．经济研究参考，2016(38)：39-43.

［15］ 数据告诉你"新北漂"真相［EB/OL］．（2018.2.20）．http://finance.china.com/news/11173316/20170401/30380764_1.html.

［16］ 穆晓燕，王扬．大城市社会空间演化中的同质聚居与社区重构——对北京三个巨型社区的实证研究［J］．人文地理，2013(5)：24-30.

［17］ 梁传志，李超．北京市老旧小区综合改造主要做法与思考［J］．建设科技，2016，19(9)：20-23.

［18］ 黄燕芬，张超．加快建立"多主体供给、多渠道保障、租购并举"的住房制度［J］．价格理论与实践，2017(11).

［19］ 胡光志，张剑波．中国租房法律问题探讨——现代住房租住制度对我国的启示［J］．中国软科学，2012(1)：14-25.

［20］ 谢鸿飞．租售同权的法律意涵及其实现途径［J］．人民论坛，2017(27)：100-102.

[21] 李新天，闾梓睿. 论我国房地产投资信托制度（REITs)的困境及出路[J]. 社会科学，2009(2)：70-76.

[22] 长租公寓将迎万亿市场［EB/OL］．（2018.2.20）．http：//finance.ce.cn/rolling/ 201801/10/t20180110_27656537.shtml.

[23] 邓雪，李家铭，曾浩健，等. 层次分析法权重计算方法分析及其应用研究[J]. 数学的实践与认识，2012，42(7)：93-100.

基于智能安全帽的建筑工人安全行为监测及奖惩机制研究

金　睿[1]　张　宏[2]　符洪锋[2]　颜　朗[1]

(1. 浙江省建工集团有限责任公司，杭州　310012；

2. 浙江大学建筑工程学院，杭州　310013)

【摘　要】 建筑施工现场的安全事故经常发生，而许多事故与工人不安全行为密切相关。同时，施工现场工人安全行为难以实时监控，缺乏管理机制。为了实时监控现场工人安全行为，充分调动工人安全生产积极性，有效降低建筑事故发生率，实现主动的安全与组织管理模式，本研究开发了结合智能安全帽的施工人员安全行为监测系统，并构建了工人安全行为绩效考核及奖惩机制。通过某施工项目的智能安全帽监测系统应用，进行了现场工人安全行为绩效的横向与纵向对比。研究表明，依据现场行为监控和绩效考核能够主动有效地改善工人的安全行为，有助于形成施工现场的安全生产氛围，改善施工现场安全行为表现。

【关键词】 建筑事故；智能安全帽；不安全行为；行为绩效；奖惩机制

Study on Safety Behavior Monitoring and Reward-Punishment Mechanism for Construction Workers Based on Smart Helmets

Jin Rui[1]　　Zhang Hong[2]　　Fu Hongfeng[2]　　Yan Lang[1]

(1. Zhejiang Construction Engineering Group Co., Ltd., Hangzhou 310012；

2. College of Civil and Architecture, Zhejiang University, Hangzhou 310013)

【Abstract】 Safety incidents often occur on the construction sites, which are closely related to the unsafe behaviors of the construction workers. Meanwhile, there are lacks of real-time monitoring as well as control and management mechanism on the safety behaviors of the on-site workers. In order to real-timely monitor the safety behaviors of the on-site workers, fully motivate the workers to work safely, effectively reduce the construction incidence rate and achieve proactive safe and organizational management model, this study explores the real-time monitoring system combined with the smart helmet and the reward-punishment mechanism with regards to the on-site workers' safety behaviors. The smart helmet-based monitoring system has been applied to a construction project, thus conducting the horizontal and vertical comparisons of the workers' safety behavior performances. The study shows that the safety behaviors of the workers can be proactively and effectively improved through real-time monitoring and the corresponding reward-punishment mechanism, helping to develop a safety competition environment and finally increase the production and safety performances on the construction site.

【Keywords】 Construction Safety Incidents; Safety Behavior; Real-time Monitoring; Reward-punishment Mechanism; Smart Helmet

1 引言

作为国民经济支柱产业的建筑业正处于高速发展期，建筑业年产值在不断提高，但随之而来的安全事故也在不断发生[1,2]。根据住房城乡建设部披露的数据[3]，我国2017年房屋市政工程生产安全事故高达692起，死亡807人，相比于2016年分别上升9.15%和9.8%。而在发达国家，建筑施工事故率也是居高不下[4,5]。所以，加强施工现场的安全管理是提升建筑业生产力和生产绩效的重要环节。

Heinrich[6]提出88%的事故是由于人的不安全行为所致，且每300次不安全行为会导致29次轻伤和1次重伤。而相关研究表明导致建筑事故发生的主要原因就是不安全行为[7]。因此若要切实有效地降低施工现场的事故发生率或者提高企业整体的安全业绩，企业管理层就必须着眼于施工人员的不安全行为，采取相应的安全管理手段。Mohammad等人[8]通过建立结构方程模型分析影响施工现场安全行为的主要因素，并提出改善工人安全行为的五项技术措施。行为安全管理方法在施工现场的实践应用也颇为常见[9,10]。李恒等人[11]在2015年提出主动行为安全的管理概念，将主动建造管理系统和行为安全相结合，自动监测并记录工人行为，量化评估工人安全绩效并且挖掘不安全行为的潜在原因。安全教育和安全训练有助于工人现场安全风险的认知[12]。但受限于项目进度及成本等因素，现场实地训练不易进行，因此BIM，VR，AR及游戏引擎等前沿的可视化技术被逐渐运用到工人的安全教育与训练之中[13]。Han等人[14]建立了叠加施工现场照片的四维增强现实模型，并提出施工现场安全管理的可视化框架。

但是，目前有关建筑施工安全行为的研究主要侧重于安全行为因素分析、现场安全行为检测预警、安全行为培训改善，少有结合施工现场安全行为实时监测和安全行为奖惩激励机制的研究。本研究首先研发了针对施工现场安全行为监测的智能安全帽监测系统，然后建立了工人现场安全行为绩效考核及奖惩激励机制，最后以某施工项目为例进行了本监测系统和奖惩激励机制的实证分析。

2　建筑工人安全行为监测

针对施工现场工人安全行为监测的必要性，应用红外线传感器、RFID 技术、线圈技术、蓝牙 4.0 技术及 4G 网络等互联网＋技术研制了基于智能安全帽的安全行为监测系统，其结构如图 1 所示。相对于现有安全帽佩戴监测系统，该系统具有极小化影响工人正常工作、关机或离线记录与提醒、安装和移动方便、防雨和充电功能、定位精度高等优点。

2.1　监测系统技术原理

通过安装在多个特定生产场合的触发器（定位器）TRIG，定时发出 125kHz 触发信号，智能安全帽接收到此信号后，会发出 2.4GHz 蓝牙信息，与智能手机 APP 通信及时间同步，把当前 TRIG 所在位置、时间戳、工人是否佩戴安全帽、进入此位置的时间等信息发给手机 APP，进而通过 4G 网络，发送到服务器端，从而实现了信息的收集与管理。触发器 TRIG 与智能安全帽，如图 2 所示，智能手机 APP 界面如图 3 所示。通过触发器连接的天线围成的封闭范围，如图 4 所示，可表示危险区域。

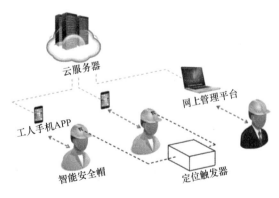

图 1　智能安全帽监测系统结构

监测系统由 3 个硬件模块和 4 个软件模块

图 2　RFID 触发器和安全帽检查模块

(a) 登录　　　(b) 首页　　　(c) 记录

(d) 报警　　　(e) 设置界面

图 3　手机 APP 五个界面

图 4　触发器现场安装示例

组成。硬件模块包括：基于 RFID 技术的触发器、应用人体红外与红外对射技术的安全帽佩戴检测模块、智能手机（IOS 与安卓系统）。软件模块包括：触发器嵌入式控制软件、安全帽电路内的嵌入式软件、手机 APP 软件以及 WEB 管理（数据收集与分析）软件。本系统是在普通安全帽上安装实施，而触发器和安全帽佩戴检测模块都可重复使用，因此具有成本低的优点。

2.2 安全行为数据收集

本监测系统提供的监测数据包括：安全帽佩戴数据、危险区域进入数据、手机（APP）关机或离线数据（本文称之为消极安全态度数据）。

2.2.1 安全帽佩戴数据

当工人进入施工区域时，本系统将检测其安全帽佩戴是否正确。如果没有佩戴安全帽，系统将通过 APP 向工人进行预警提醒（文字和声音信息）；同时，WEB 管理端会统计每位工人的脱帽次数以及记录每次脱帽的具体时间，以此作为安全帽佩戴数据。将工人的不当行为记录至远程服务器，管理者可根据记录制定相应的奖惩制度。工人在 APP 端可以实时查看安全帽佩戴表现。

2.2.2 危险区域进入数据

当工人佩戴安全帽进入施工危险区域或未授权区域（如低权限级别的工人进入高级别权限工人能够进入的范围），系统将通过手机 APP 面相关工人发出警报（文字和声音信息），同时将报警信息实时传至 WEB 管理端。通过安全帽上的 RFID 接收器和在工地现场设定的 RFID 定位触发器（图 4）确定工人的实时位置，精确到厘米。同样后台服务器会记录并统计工人靠近高级别权限危险区域次数及时间。管理者在服务器 WEB 管理端可随时定义

某个区域为施工危险区域或未授权区域。

2.2.3 安全帽离线数据

安全帽后台离线与工人关闭安全帽检查开关、手机关机、APP 关闭一种或多种原因有关，反映了工人逃避监测、节省手机流量或电量等想法的不配合态度，既不利于安全行为监测与管理，同样会造成安全隐患。为了避免此类不配合态度，本系统将监测和记录有关数据。当安全帽检查开关关闭、APP 关闭或手机关机时，WEB 管理平台将记录其关机或离线时间，同时向工人发出文字和声音提醒信息（手机处于开机状态时信息将及时送到，如果手机关机，WEB 管理平台将以关机时间记录）。

另外，通过 RFID 定位触发器与接收器间的信号传送，工人所在的区域和逗留时间可以被实时探测并记录。管理者可以在 WEB 管理平台查看所有工人的位置分布及轨迹回放，也可分类查找与导出报表，如图 5 和图 6 所示。

3 工人安全行为绩效考核及奖惩机制

通过安全帽监测系统收集施工现场工人安全行为数据之后，需要针对相关工人的安全行为进行控制管理。在行为安全理论和经济学理论分析的基础上，将构建施工现场工人安全行为绩效考核与激励模型。

3.1 理论基础分析

3.1.1 行为安全理论及作用原理

行为安全是从行为科学的角度进行事故预防的一套理论和方法[17]。事故的发生是行为链的运行结果，需要根据行为链来研究如何预防事故的发生[18]。行为安全 2-4 模型[19] 提出人的安全知识不足，安全意识不强以及安全习惯不佳是导致事故发生的间接原因。根据组织行为学的基本原理，即个人行为决定于组织行

为，组织行为为组织文化所导向，因此行为安全2-4模型认为组织的安全管理体系和安全文化是导致事故发生的根本原因，如图7所示。

	发生时间	触发器ID	地点	报警情况
1	2017-12-28 12:11:17	4359	办公室	未佩戴安全帽
2	2017-12-28 12:09:36	4359	办公室	未佩戴安全帽
3	2017-12-28 12:03:45	4359	办公室	无
4	2017-12-28 12:03:26	4311	侧门	未佩戴安全帽进入未授权区域
5	2017-12-28 11:55:29	4311	侧门	进入未授权区域
6	2017-12-28 11:54:54	4340	卸料平台	进入未授权区域
7	2017-12-28 11:51:01	4311	侧门	进入未授权区域
8	2017-12-28 11:49:16	4616	大门	无
9	2017-12-28 11:44:42	4340	卸料平台	进入未授权区域
10	2017-12-28 11:31:02	4334	地下室顶板出料口	进入未授权区域
11	2017-12-28 11:27:41	4326	二楼卸料平台危险	未佩戴安全帽进入未授权区域
12	2017-12-28 11:14:56	4326	二楼卸料平台危险	未佩戴安全帽进入未授权区域
13	2017-12-28 11:14:43	4326	二楼卸料平台危险	未佩戴安全帽进入未授权区域
14	2017-12-28 11:14:35	4326	二楼卸料平台危险	未佩戴安全帽进入未授权区域
15	2017-12-28 11:14:19	4326	二楼卸料平台危险	未佩戴安全帽进入未授权区域

15 ⏵ ⏮ ◀ 第1 共9页 ▶ ⏭ ↻   显示1到15, 共127记录

图5 WEB管理平台有关工人位置与脱帽记录显示界面

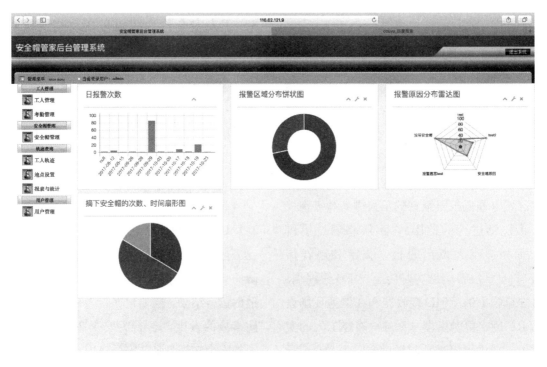

图6 WEB管理平台有关数据可视化界面

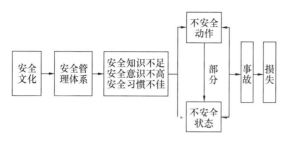

图7 行为安全2-4模型

本文从行为安全中组织运行行为的解决层面出发，对工人安全绩效考核及薪酬奖惩制度的作用原理进行分析。运行行为指安全管理体系的体系文件及其执行状态，是安全管理体系的质量。安全管理体系的运行行为是组织的整体行为，即组织行为，运行行为的直接结果是组织成员的习惯性行为状态。因此，体系文件及其执行状态对安全管理体系而言均非常重要。任何组织都拥有安全管理体系，只是质量和形式不同。体系文件的重要组成部分是操作程序文件，也称为管理制度，改善安全管理制度是改善运行行为的主要途径之一[20]。而工人施工现场安全行为绩效及薪酬奖惩制度属于企业安全管理制度的一部分，该制度的建立便是对企业安全管理制度的改善，对组织运行行为的改善，最终会带来组织成员的习惯性行为状态的改善，从而达到预防事故的目的。

3.1.2 经济学理论基础及作用原理

建筑企业一旦发生安全事故，必然遭受巨大的经济损失，包括事故所造成的直接经济损失和间接经济损失。假设企业没有发生生产安全事故，那么这些因事故造成的经济损失应该是企业效益的一部分。因此从经济学角度看，企业有效预防事故发生及控制事故损失，也是提高企业经济效益、增加利润的有效途径之一。从行为安全2-4模型可知，导致人的不安全动作的原因是工人个体的安全知识不足、安全意识不强以及安全习惯不佳。这些方面存在的缺陷是导致事故发生的间接原因。若工人

都具备丰富的安全知识、强烈的安全意识以及良好的安全习惯，就可以有效预防生产安全事故的发生，从而间接增加企业经济效益。这种安全知识、安全意识和安全习惯的组合可以纳入工人人力资本的范畴，并可称之为安全人力资本[21]。薪酬是安全人力资本收益权的主要实现形式，因此现阶段实施安全绩效考核及薪酬奖惩制度能够有效调动工人安全生产积极性。工人可以凭借自身良好的安全业绩获取利益，从而进一步激发其最大程度发挥安全人力资本，创造更优异的安全业绩；随着工人安全业绩的提高，企业整体安全业绩也随之提高，间接增加了企业的经济效益，企业便会有更大的动力对工人的安全业绩进行激励。这一激励过程形成了一个安全人力资本的激励环路[21]，如图8所示。

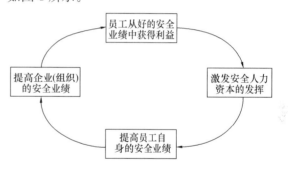

图8 安全人力资本激励回环

3.2 工人安全行为绩效考核与激励模型

在施工现场工人安全行为监测数据的基础上，建立了安全绩效考核与激励模型。该模型遵循以正向激励为主，负向激励为辅的原则，最大化调动施工人员的安全生产积极性。

3.2.1 安全行为绩效指标体系

根据系统可收集的工人安全行为数据，构建安全绩效激励模型与工人安全行为绩效指标体系，如图9所示。

3.2.2 安全行为绩效考核标准

（1）设定工人的月度安全绩效基准分为

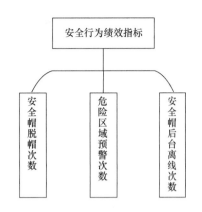

图 9　安全绩效激励模型中绩效指标体系

100 分。

（2）若每月工人存在安全帽脱帽情况并且少于 b_1 次，则不进行安全绩效分的扣罚，但现场监督人员要进行口头警告；如果大于等于 b_1 次且少于 b_2 次，则每次在安全绩效基准分之上减 k_1 分；如果大于等于 b_2 次，则每次减 k_2 分，并且要重新接受施工安全生产的培训和教育。故

$$Q_s^1 = \begin{cases} 0 & m < b_1 \\ k_1 \cdot m & b_1 \leqslant m < b_2 \\ k_2 \cdot m & m \geqslant b_2 \end{cases} \quad (1)$$

式中：Q_s^1——安全帽脱帽扣分；

　　　m——工人安全帽脱帽次数；

　　　b_1，b_2——脱帽次数惩罚下限、脱帽次数强化惩罚下限；

　　　k_1，k_2——对应 b_1，b_2 的脱帽惩罚系数。

（3）施工现场存在危险区域，定义区域危险系数 α，范围从 0—1，数值越大代表区域越危险。工人佩戴智能安全帽时靠近高于自身权限的危险区域时，手机就会发出警报并由后台记录数据。工人每靠近 1 次，就会减去相应的安全绩效分，即

$$Q_s^2 = \sum_{i=1}^{r} \alpha_i \cdot k_3 \quad (2)$$

式中：Q_s^2——靠近危险区域扣分；

　　　r——工人靠近高权限危险区域次数；

　　　α_i——不同危险区域对应危险系数；

　　　k_3——靠近危险区域标准惩罚系数。

（4）危险区域进入数据由安全帽后台离线次数来量化。考虑到施工现场环境较为恶劣，某些地点存在网络信号不畅的问题，允许每位工人每月出现 c 次生产时间安全帽后台离线情况。如果每月超过 c 次，则每超过 1 次从基准分中减去 k_4 分。故

$$Q_s^3 = \begin{cases} 0 & n \leqslant c \\ k_4 \cdot (n-c) & n > c \end{cases} \quad (3)$$

式中：Q_s^3——工人消极安全作业扣分；

　　　n——工人安全帽后台离线次数；

　　　c——安全帽后台离线次数惩罚下限；

　　　k_4——安全帽后台离线惩罚系数。

（5）故由上述可知，安全绩效分计算如下：

$$Q_s = 100 - Q_s^1 - Q_s^2 - Q_s^3 \quad (4)$$

3.2.3　安全行为奖惩方案

基于模型绩效考核所得出的工人安全行为绩效总分 Q_s，设计相应的薪酬奖惩方式及力度（表 1）。表中对安全行为绩效总分小于 70 分的工人进行负向激励，分为五档扣除部分当月薪资；对安全行为绩效总分大于等于 70 分且小于 80 分的工人既不进行惩罚也没有经济奖励；而对安全行为绩效总分大于等于 80 分的工人进行正向激励，分为四档给予薪资奖励（以手机话费、流量费补贴等形式）。为了达到更好的激励效果，提高工人的安全生产竞争意识，选取其中安全行为绩效总分前 10% 的工人，进行额外的薪资奖励。其中 w_1，w_2 分别为惩罚和奖励的基数；$w_3 = n \cdot Q_s$，n 为奖励放大系数。w_1，w_2，n 取值视具体工程项目而定。

基于安全绩效考核的月度奖惩方案　表 1

工人行为绩效分 Q	薪酬激励（"—"代表惩罚，"+"代表奖励）	备注
0～30	$-5w_1$	—
30～40	$-3.5w_1$	—

续表

工人行为绩效分 Q	薪酬激励（“—”代表惩罚，“+”代表奖励）	备注
40～50	$-2.5w_1$	—
50～60	$-1.5w_1$	—
60～70	$-w_1$	—
80～85	$+w_2$	话费、流量费补贴
85～90	$+2w_2$	话费、流量费补贴
90～95	$+3w_2$	话费、流量费补贴
≥95	$+4w_2$	话费、流量费补贴
Top10%	$+w_3$	—

除月度安全行为绩效奖惩方案外，另设季度安全行为绩效奖，工人在某季度内连续3个月的安全行为绩效分超过90分且为前10%即可获得该奖励。鉴于智能安全帽系统的运作及绩效奖惩制度的实施离不开智能手机，可将智能手机作为季度安全行为绩效奖的备选奖励。除此之外带薪休假也是现场施工人员迫切希望的，亦可纳入季度安全行为绩效奖的奖励范畴。

4 实例分析

某施工项目试验运行了基于智能安全帽的施工人员不安全行为监测和考勤管理系统，通过实施安全导向的工人行为绩效考核及奖惩制度，依托系统收集的工人行为数据，对工人的行为绩效进行横向与纵向对比。选取两名现场施工人员孔某、陶某为研究对象，实时监测其行为数据。基于该项目的施工特点、进度成本等要求，由项目管理方确定ASP模型绩效考核中的各参数。其中根据图10所示的项目现场危险区域分布，确定各危险区域危险系数（表2）。截取工人孔某5月和6月的行为数据、工人陶某5月的行为数据，依据3.2.2节计算个人行为绩效总分进行对比（表3）。

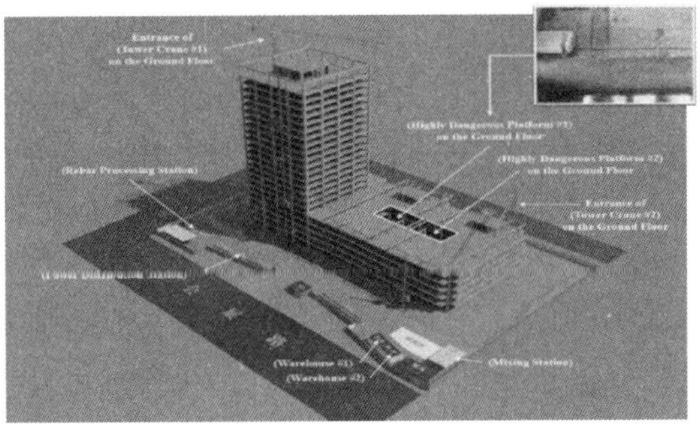

图10 某施工项目现场危险区域分布

该施工项目现场危险区域危险系数评价表

表2

	位置名称	危险系数
1	钢筋加工站（Rebar Processing Station）	0.35
2	搅拌站（Mixing Station）	0.5
3	建筑材料仓库1号（Warehouse1号）	0.55
4	建筑材料仓库2号（Warehouse2号）	0.55
5	配电站（Power Distribution Station）	0.75
6	高危平台1号（Highly Dangerous Platform1号）	0.9
7	高危平台2号（Highly Dangerous Platform2号）	0.9
8	塔吊1号（Tower Crane1号）	0.9
9	塔吊2号（Tower Crane2号）	0.9

工人孔、陶月度行为绩效指标数据及相应得分

表3

绩效指标及得分	陶（5月）	孔（5月）	孔（6月）	备注
安全帽脱帽次数	3次	7次	4次	b_1，b_2 分别取3，6 k_1，k_2 分别取3，5
危险区域预警次数	0次	3次	1次	钢筋加工站、建筑材料仓库1号、塔吊1号；高危平台2号；k_3 取8
安全帽后台离线次数	2次	2次	2次	c 取2 k_4 取2
安全绩效总分	91	50.6	80.8	—

通过分析表3可知，工人陶某5月的安全行为绩效总分处于90~95档，故对其进行 +$3w_2$ 的薪酬激励，且工人陶的绩效分在当月所有工人中排名前10%，他能够获得 $n \cdot Q_s$ 的额外奖励；工人孔某5月的安全行为绩效总分处于50~60档，故对其进行 −$1.5w_1$ 的薪酬激励；工人孔某6月的安全行为绩效总分处于80~85档，故对其进行 +w_2 的薪酬激励。现由项目管理方设定惩罚基数 w_1 为200元，奖励基数 w_2 为150元，奖励放大系数 n 为3。因此5月份工人陶某能够获得企业给予的450元薪资补贴以及273元的额外奖金，而工人孔某则是处以300元的薪酬惩罚；6月份工人孔某能够获得企业给予的150元薪资补贴。

在某施工项目现场试行了安全导向的工人行为绩效考核及奖惩制度之后，由上述两名工人的对比分析可以看出不同的现场行为会对自身的薪资收入造成较大的影响。且通过薪资激励，工人会有动力去最大化自身的安全人力资本，主动创造良好的现场安全业绩，工人孔某6月行为绩效总分相较于5月的提升也证明了这一点。

5 结论

本研究在研发智能安全帽监测系统的基础上构建了施工人员不安全行为检测及考勤管理系统，并且在某施工项目上试行，实时收集了工人安全行为数据。通过施工现场工人安全行为监测及绩效奖惩机制，希望有助于推动建筑施工现场的安全管理，为建筑企业提供一种提升现场工人安全生产意识及现场安全氛围的安全管理技术与手段。现场应用结果表明，该监测系统与激励机制能够有效激励工人去实现自身安全人力资本（即安全知识、安全意识和安全习惯的组合）的最大化，进而提升企业安全业绩。

进一步研究中将探讨其他安全行为的监测功能、结合视频识别技术的预警功能、某些作业禁带手机情况下的监测系统功能。

参考文献

[1] 方东平，黄新宇，黄志伟. 建筑安全管理研究的现状与展望[J]. 安全与环境学报，2001，1(2)：25-32.

[2] 徐桂芹. 我国建筑业安全生产状况浅析[J]. 中国安全生产科学技术，2010，6(6)：145-149.

[3] 中华人民共和国住房和城乡建设部. 2017年12月房屋市政工程生产安全事故情况通报[EB/OL]. (2018-01-23). http://www.mohurd.gov.cn/wjfb/201801/t20180130_234983.html.

[4] 方东平，黄新宇，毕庶涛，等. 英国和美国建筑安全的现状与发展[J]. 建筑经济，2001，(8)：26-29.

[5] OHDD K, HINO Y, TAKAHASHI H. Research on fall prevention and protection from heights in Japan[J]. Industrial Health, 2014, 52(5)：399-406.

[6] HEINRICH H W. Industrial accidents prevention: a scientific Approach[M]. 4th ed. New York：McGraw-Hill, 1959.

[7] CHI C F, LIN S Z, DEWI R S. Graphical fault tree analysis for fatal falls in the construction industry[J]. Accident Analysis and Prevention, 2014, 72：359-369.

[8] 郭圣煜，骆汉宾，滕哲，等. 地铁施工工人不安全行为关联规则研究[J]. 中国安全生产科学技术，2015，11(10)：185-190.

[9] 陈伟珂，孙蕊. 基于行为主义理论的地铁施工工人的不安全行为管理研究[J]. 工程管理学报，2014，28(6)：54-59.

[10] DUFF A, ROBERTSON I, PHILLIPS R, et al. Improving safety by the modification of behavior[J]. Construction Management and Economics, 1994, 12(1)：67-78.

[11] CHOUDHRY R M. Implementation of BBS and the impact of site-level commitment[J]. Journal of Professional Issues in Engineering Education and Practice，2012，138(4)：296-304.

[12] LI H，LU M J，HSU S C，et al. Proactive behavior-based safety management for construction safety improvement[J]. Safety Science，2015，75：107-117.

[13] 朱峭，王静，琚秋月，等. 基于ZigBee无线技术和TOA测距模型实现人员定位施工安全管理的解决方案[J]. 智能建筑，2017，(1)：58-61.

[14] KIM Y J，KIM K R，SHIN D W. Improvement for safety education considering individual personality in the construction site[J]. Journal of Korea Institute of Construction Engineering and Project management，2008，9(3)：175-184.

[15] GUO H L，LI H，CHAN G，et al. Using game technologies to improve the safety of construction plant operations[J]. Accident Analysis and Prevention，2011，48：204-213.

[16] HAN S U，PEÑA-MORA F，GOLPARVAR-FARD M，et al. Application of a Visualization Technique for Safety Management[J]. Computing in Civil Engineering，2009，217：543-551.

[17] 里基·W. 格里芬[美]，唐宁玉，格力高里·摩海德[美]. 组织行为学[M]. 刘伟译. 北京：中国市场出版社，2010.

[18] 傅贵，杨春，董继业. 安全学科的重要名词及其管理意义讨论[J]. 中国安全生产科学技术，2013，9(6)：145-148.

[19] 傅贵，殷文韬，董继业，等. 行为安全2-4模型及其在煤矿安全管理中的应用[J]. 煤炭学报，2013，38(7)：1124-1129.

[20] 解福利，王业超. 四三三结构工资制在许厂煤矿的应用与实践[J]. 硅谷，2009，(6)：104.

[21] 毛祎琳. 以安全业绩为导向的薪酬分配方法研究[D]. 北京：中国矿业大学，2013.

关于新旧围护结构的冷缝渗漏处理措施

郭　谱[1]　杨　俊[1]　马文瑾[1]　余群舟[1]　喻大严[2]

（1. 华中科技大学 土木工程与力学学院，武汉 430074；

2. 武汉国博能源管理有限公司，武汉 430000）

【摘　要】研究目的：随着城市建设的快速发展，城市地铁网络化运营正逐步扩大，城市轨道交通新建线路与运营线路之间需要建立越来越多的换乘车站，新建车站围护结构与旧有结构的连接处易形成冷缝，导致开挖过程中出现渗漏现象，进而导致周边建构筑物的变形，甚至对既有车站、隧道造成破坏，影响运营。

研究结论：本文基于真实案例中新旧围护结构冷缝出现的七次渗漏事件以及其根据实际情况采取的相应处理措施进行分析，同时根据监测偏移、沉降数据评估因渗漏造成的周边环境的影响程度，并对处理措施的及时性、有效性进行有效的综合分析，总结新旧围护结构冷缝渗漏处理经验，为将来类似的工程提供有益的施工借鉴。

【关键词】新旧围护结构；冷缝渗漏；处理措施；数据分析

A Case Study of Cold Joint Leakage Treatment and Data Analysis of Old and New Enclosure Structures

Guo Pu[1]　　Yang Jun[1]　　Ma Wen jin[1]　　Yu Qunzhou[1]　　Yu Dayan[2]

（1. School of Civil Engineering and Mechanics，Huazhong University of Science and Technology，Wuhan 430074；

2. Wuhan International Expo Energy Management Co. ，Ltd. ，Wuhan 430000）

【Abstract】Research purposes：with the rapid development of urban construction, and gradually expanding of subway network operation，there are more and more transfer stations between the new line and the operation line of urban rail transit need to be established. It is easy to produce leakage from cold joints which make by the connection between the retaining structure and the old structure of the new station. It will lead to the deformation of surrounding structures，and even damage the existing stations and tunnels，even affect operation.

Research conclusion：this paper is based on the real case in the old and new retaining structure of cold joints appear on seven leakage events as well as the corresponding measures according to the actual situation to take are analyzed，and according to the monitoring data to evaluate the offset，due to leakage caused by the settlement of the construction project，the surrounding environment influence degree，the timeliness and effectiveness of the treatment measures analysis，sum up the experience of the leakage treatment from cold joints，and provide useful construction for the future similar project.

【Keywords】 Old and New Enclosure Structures；Cold Joint Leakage；Treatment Measures；Data Analysis

1 引言

目前，国内轨道交通地下车站施工大多用地下连续墙作为其围护结构，而在地下连续墙围护结构施工阶段，若不重视施工质量，易发生地连墙渗漏，渗漏处涌出大量泥沙，导致基坑周围地面、管线、建筑物超标准沉降的险情[1]。随着城市的快速进展，城市地铁网络化运营正逐步扩大，新建线路与运营线路之间的换乘车站也越来越多，新建车站围护与原有车站采取无缝对接[2]，结合部位形成冷缝，易发生渗漏现象，需对地下连续墙冷缝部位采取处理措施。

监测数据是地下施工的眼睛，通过大量深基坑工程事故研究发现：基坑事故发生前一般都有预兆，如围护结构变形过大、变形速率超常、地面沉降加速等，通过分析监测数据的变化，判断基坑围护结构是否发生渗漏，从而采取相应的防范措施。当维护结构接缝发生较大漏水漏砂时，其数据表征往往可以归结为测斜发生突变，周边环境监测点（地表沉降、房屋沉降、管线沉降）也随即产生较大变形。围护结构渗漏时，主动区土压力增大是导致墙体测斜突变的主要原因；渗漏又进一步引发坑外水土流失，因此基坑周边环境监测点也会在较短时间内发生突沉现象。我们可以根据测斜与周边环境测点的变化情况，判断基坑围护结构是否发生渗漏[3]。

2 工程概况

2.1 车站结构设计

该工程项目为某市轨道交通8号线一期工程地铁车站，该站与3号线进行换乘，为地下三层双柱三跨明挖岛式站台车站。车站外包总长250m，标准段宽度23.5m，车站埋深约26～26.8m，顶板覆土厚度约为2.0m。车站围护结构采用1000mm厚地下连续墙（入岩）＋内支撑体系，基坑竖向设5道支撑＋1道换撑。小里程段基坑支撑为1000mm×1100mm、900mm×1000mm、1000mm×1100mm三种砼支撑，换撑为ϕ800，$t=20$mm钢支撑。

标准段基坑第1、3道支撑为1100mm×1100mm、1000mm×1100mm、900mm×

1000mm、800mm×900mm 四种混凝土支撑，第 2、4、5 道支撑及换撑主要为 φ800，t = 16mm 钢支撑，第 2、4、5 道有少量的 1000mm ×1100mm、1100mm×1100mm 混凝土支撑。基坑阴角处采用 φ800@600 三重管高压旋喷桩进行地层加固，加固深度为地面以下 2m 至基地以下 5m。在 3 号线与 8 号线地连墙相交位置增加素墙，并在素墙内外侧进行高压旋喷加固。

该车站采用明挖法进行施工，由于与地铁 3 号线在该车站换乘，车站分南北两区组织施工：北区为北区间盾构接收井，单独组织施工；南区为车站主体及南区间盾构接收井。

2.2 水文地质

拟建场地位于河流堆积平原地貌单元区，岩土层分布不均匀。受人类活动影响，填土层厚度较大，为 1.0～4.5m。土层自上往下依次为 1-1 杂填土，1-2 素填土，1-3 淤泥质粉质黏土，3-1 黏土，3-1a 黏土，3-2 黏土，3-4 粉质黏土夹粉土，3-5 粉砂、粉土、粉质黏土互层，4-1 粉细砂，4-2 细砂，4-2a 粉质黏土，4-3 中粗砂夹砾卵石，15b-1 强风化砂砾岩，15b-2 中风化砂砾岩。

场地地下水类型有上层滞水、层间承压水。

上层滞水主要赋存于人工填土、暗埋浅部沟、浜及塘中，含水层含水与透水性不一，受大气降水、地表水及人类生产、生活用水补给，地下水不连续，无统一的自由水面，水位埋深 1.8～5.8m 不等。

承压水为主要地下水，主要赋存于第四系冲积粉质黏土、粉土、粉砂互层（3-5），粉砂层（4-1），粉细砂层（4-2）及砾卵石层（5）中。含水层上部为微弱透水的黏性土。该车站含水层厚度 30～35m，承压水头 18～20m。

承压水主要接受侧向地下水的补给及向侧

向排泄，与长江水水力联系密切，呈互补关系，地下水位季节性变化规律明显，水量较为丰富。相当于黄海高程 17.24m。根据武汉地区区域水文地质资料，承压水位年变幅一般为 3～4m，历年最高承压水位标高约 20.00m 左右。基坑开挖时，3-4、3-5 层及 4 层在地下水动力作用下会产生流土、流砂现象，直接影响基坑稳定性，承压水对基坑工程施工影响较大。

3 围护结构冷缝渗漏案例分析与处理

3.1 多次渗漏与处理措施

3.1.1 小里程端头基坑左侧地连墙与既有车站围护结构接头处渗漏

2016 年 12 月 13 日小里程端头基坑左侧地连墙与既有车站围护结构接头处出现渗漏情况。

施工单位在渗漏位置用堵漏王进行封堵后继续土方开挖施工。

2017 年 1 月 10 日小里程端头基坑左侧地连墙与既有车站围护结构接头处第二次出现渗漏情况。现场情况如图 1 所示。

图 1　小里程端头基坑左侧地连墙与既有车站围护结构接头处第 2 次渗漏

施工单位采取基坑内堆沙袋反压，坑外注

双液浆进行封堵；在与设计单位沟通后，采取在基坑外两侧在原有降水井基础上在各增加一口降水井。

施工单位在注浆封堵完成，坑外水位下降后继续后续土方开挖施工。

2017年1月17日小里程端头基坑左侧地连墙与既有车站围护结构接头处第三次出现渗漏情况。

由于基坑开挖较深，基坑外注浆效果不好，施工单位采取坑内水平注浆进行封堵。

3.1.2 小里程端头基坑右侧中部地连墙接头处渗漏

2016年12月31日小里程端头基坑右侧中部地连墙接头处出现渗漏情况（图2）。

图2　小里程端头基坑右侧
中部地连墙接头处第1次渗漏

施工单位采取基坑内堆沙袋反压；坑外注双液浆进行封堵，之后进行后续土方开挖施工。

2017年1月24日小里程端头基坑右侧中部地连墙接头处第二次出现渗漏情况。

施工单位采取基坑内堆土反压，并进行注浆封堵，之后进行后续土方开挖施工。

2017年2月3日小里程端头基坑右侧中部地连墙接头处第3次出现渗漏情况，现场情况如图3所示。

图3　小里程端头基坑右侧
中部地连墙接头处第3次渗漏

施工单位采取基坑内堆沙袋反压，坑外注双液浆进行封堵。现场情况如图4所示。

图4　小里程端头基坑右侧
中部地连墙接头处第3次封堵

3.1.3 小里程端头基坑右侧地连墙与既有车站围护结构接头处渗漏

2016年12月14日小里程端头基坑右侧地连墙与既有车站围护结构接头处出现渗漏情况，现场情况如图5所示。

施工单位采取基坑内堆沙袋反压，坑外注双液浆进行封堵。

3.2 渗漏原因分析

通过上述渗漏情况及处理过程进行分

图5 小里程端头基坑右侧地连墙
与既有车站围护结构接头处渗漏

析[4,5]，该车站渗漏原因主要有：

（1）该车站呈南北向布置，已建成既有车站呈东西方向布置，为地下两层岛式车站，节点处为三层，两站呈"T"形节点换乘形式。"T"形节点处围护结构为冷缝连接，施工中易出现瑕疵；

（2）该车站所处位置地下水位高，开挖地层为粉细砂层，且基坑开挖深度较深，新旧地连墙接头薄弱位置易出现涌水涌砂情况；

（3）"T"形节点处接头止水施工难度大，施工质量难以保证，导致基坑新旧地连墙围护结构接头止水加固无法满足止水要求。

3.3 渗漏处理措施总结

施作单位在出现渗漏情况时采取坑内堆沙袋反压，坑内、外注浆同时坑外加设降水井进行降水等措施进行处理。处理方法及时有效。

截至2017年2月9日小里程端头基坑垫层施作完成。未发现渗漏。截至2017年2月18日小里程端头基坑底板施作完成。未发现渗漏（图6）。

图6 小里程端头基坑底板施工完成

4 监测情况数据分析

4.1 墙体测斜监测数据分析

车站小里程端头基坑墙体测斜监测点平面布置，如图7所示。

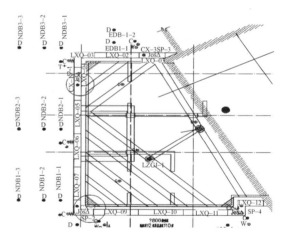

图7 车站小里程端头基坑墙体
测斜监测点平面布置图

测斜CX01、CX02位于基坑小里程端头。根据施工方监测数据显示，基坑发生第一次渗漏时地下连续墙测斜CX01累计向基坑外偏移最大值为0.95mm，基坑底板施作完成时地下连续墙测斜CX01累计向基坑外偏移最大值为1.86mm；因此在基坑发生第一次渗漏到基坑底板施工完这个过程中连续墙测斜CX01变化量为向坑外偏移0.91mm。基坑发生第一次渗漏时地下连续墙测斜 CX02 累计向基坑外偏移最大值为 34.63mm，基坑底板施作完成时地下连续墙测斜 CX02 累计向基坑外偏移最大值为 36.56mm；因此在基坑发生第一次渗漏到

基坑底板施工完这个过程中连续墙测斜 CX02 变化量为向坑外偏移 1.93mm。监测数据分析如图 8 所示。

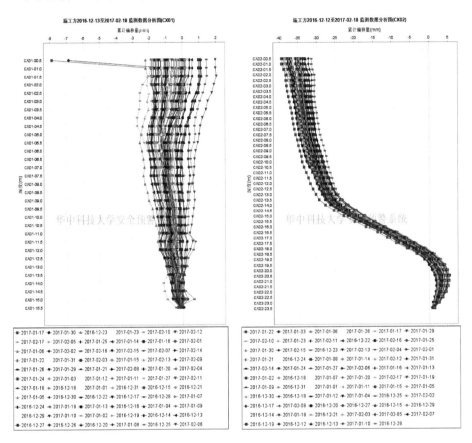

（"＋"表示向基坑内偏移　"－"表示向基坑外偏移）

图 8　监测数据分析 1

根据上述数据统计分析可知，围护结构地下连续墙在基坑发生第一次渗漏到基坑底板施工完过程中监测数据变化呈稳定趋势。

4.2　基坑周边建筑物监测数据分析

车站小里程端头房屋监测点平面布置见图 9。

根据施工方监测数据显示，基坑发生第 1 次渗漏时，房屋沉降累计变化量最大的点为 FW01，累计变化值为－1.8mm（下沉）；基坑底板施作完成时，房屋沉降累计变化量最大的点为 FW01，累计变化值为－6.3mm（下

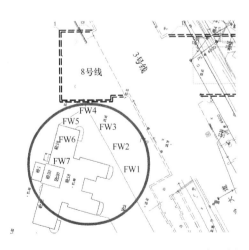

图 9　车站小里程端头房屋监测点平面布置图

沉）。因此在基坑发生第一次渗漏到基坑底板施工完这个过程中房屋沉降 FW01 变化量为 −4.5mm（下沉）。分析图如图 10 所示。

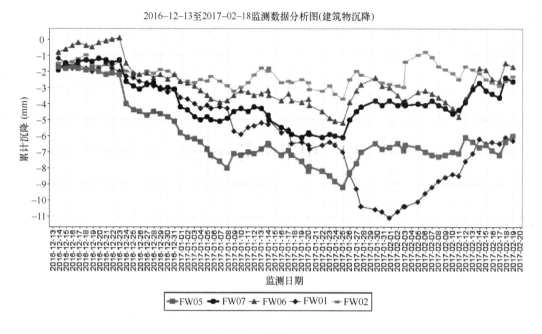

2016−12−13至2017−02−18监测数据分析图(建筑物沉降)

图 10　监测数据分析 2

根据上述数据统计分析可知，房屋沉降在基坑发生第一次渗漏到基坑底板施工完过程中监测数据变化呈稳定趋势。根据《城市轨道交通工程监测技术规范》GB 50911—2013，房屋沉降累计变化值处于监测控制项目范围内。

渗漏区域多次发生在基坑与正在运营的既有车站围护结构接头处，未对正在运营的既有车站造成较大影响，监测单位对正在运营的既有车站及时进行监测未出现数据异常情况。

5　结语

本文结合某市轨道交通车站施工中新旧围护结构冷缝出现的七次渗漏事件以及其根据实际情况采取的相应处理措施进行分析，同时根据监测偏移、沉降数据评估因渗漏造成的周边环境的影响程度，并对处理措施的及时性、有效性进行有效的综合分析，总结新旧围护结构冷缝渗漏处理经验，为将来类似的工程提供有益的施工借鉴。

通过分析得出以下几点结论：

（1）在存在先期施工时间较长的地下围护结构基坑开挖施工时，应提前充分收集相关地下围护结构资料和施工记录情况，找出先期施工时，哪些位置是薄弱点，做好处理措施。

（2）在施工前，对场地周边环境进行仔细调查，并制定有效的保护措施，对施工技术方面采取符合实际水文地质概况的应对措施，这样可以对施工风险起到一个良好的控制作用。

（3）施工中出现冷缝渗漏的可采用反压回填，加坑内外注浆封堵并结合降水的方法进行处理。

（4）在施工现场不同部位埋设监测点，并进行有效的保护，能有效对其施工过程将要出现的风险进行一个很好的反馈，并能让现场施工人员及时采取处理措施，可以有效避免险情的发生。

（5）项目部应针对性地做好应急预案，现场施工人员应进行相关培训，增强风险意识，在施工过程中，制定合理的施工方案。

（6）现场应备足各项应急物资，在发生险情后能够第一时间进行处理，能够减小险情带来的后果。

参考文献

［1］ 张海．关于深基坑工程围护结构地下连续墙渗漏原因分析及解决措施的探讨［J］．工程技术，2015(04)：250.

［2］ 王健．地下连续墙冷缝处理施工技术［J］．中国房地产业，2015(14)：133.

［3］ 张瑾．基于实测数据的基坑围护结构渗漏风险辨识［J］．岩土工程学报，2008(10)：667-671.

［4］ 谷湘泉．地铁车站深基坑地下连续墙接缝渗漏原因分析及防治［J］．江西建材．2014(18)：144-145.

［5］ 杨路．地下连续墙施工风险管理研究［D］．华南理工大学．2016.

基于 BP 神经网络的中国高铁土建承包商竞争力研究——以欧亚高铁为例

林艺馨　石碧玲

（东南大学，南京　211189）

【摘　要】欧亚高铁沿线，工程条件复杂多变、建设难度高，国际大型承包商众多而且实力强劲，中国承包商面临激烈的市场竞争。本文以土建承包商为研究对象，选取 ENR2015-2017 三年数据，采用 BP 神经网络从国家和企业两个层面进行竞争力预测和评价。结果表明：在土建承包商领域，第一层次的中国承包商与国际承包商竞争力差距小，中国在中低层次的竞争中占据优势，拥有很强的发展潜力，但是在企业无形资源、经营能力和市场开拓能力方面存在不足，对国内市场依赖程度高。

【关键词】中国承包商；欧亚高铁；BP 神经网络；竞争力评价

Research on the Competitiveness of Chinese High-speed Railway Civil Contractors Based on BP Neural Network——an Example for the Eurasian High-speed Railway

Lin Yixin　Shi Biling

（Southeast University，Nanjing 211189）

【Abstract】Along the Eurasian high-speed railway, the engineering conditions are complex and changeable，and the technical requirements are high. In addition，there are many strong international contractors in Europe，therefore Chinese contractors will face fierce market competition. In this paper，we base on data from ENR2015-2017 and focus on using the Back Propagation Neural Network model to predict and evaluate the competitiveness of the civil contractors from the national and enterprise levels. The results show that in the field of civil contractors，the competitive gap between Chinese contractors and international contractors in the first level is small. Chinese contractors occupy the advantage in the middle and low level competition and has strong development potential. However, the Chinese enterprises are insufficient in the intangible resources, management ability and market development capability, and highly dependent on the domestic market.

【Keywords】 Chinese Contractor; Eurasian High-speed Railway; Back Propagation Neural Network; Competitiveness Evaluation

1 引言

2013 年国家主席习近平提出"一带一路"倡议，其核心内容是促进基础设施建设和互联互通，形成欧洲、亚洲、非洲各国之间的区域合作平台。我国高速铁路的营业里程已达 14620km，是全世界高铁运营里程最长、在建规模最大的国家（李继宏，2015）。中国高速铁路已经成为我国的"国家名片"，是我国改革开放以来利用体制优势、创新优势建立的一项十分成功的战略产业之一，也是"一带一路"倡议中重要的组成部分。在"一带一路"倡议中，我国规划了四大跨境高铁线路，建立起中国高铁海外规划的整体布局。其中，包括了欧亚高铁、泛亚高铁、中亚高铁以及中俄加美高铁，除中俄加美高铁线路尚处于规划阶段，其余三条高铁线路的国内段均已开工建设，国外段的谈判也在相应的进行阶段。

2017 年 8 月，俄罗斯铁路公司提出了从白俄罗斯布列斯特市到中国乌鲁木齐市的欧亚高速干线项目，响应"一带一路"倡议，这也意味着欧亚高铁线路海外段的重大突破。该干线项目连通俄罗斯、白俄罗斯、哈萨克斯坦以及中国四个路段，总路线长 9447km，总造价近 1300 亿美元。项目计划于 2018 年开工，2026 年完工。该干线项目是欧亚高铁线路的起点，为后期线路的推进奠定了良好的基础。除了欧亚高铁线路上巨大的工程需求之外，欧洲各国也有建设高铁的规划和意愿，例如英国预计投资 510 亿元建设的 HS2 项目，欧洲大陆八国规划投资 2000 亿元建设共计 9000km 的高铁路线，包括法国高铁项目、波兰高铁、瑞典高铁等（杨振华和曹光四，2015）。此外，欧洲高铁网络是世界上唯一提供跨国服务的高铁网络，其建设目的主要为了连接各国的首都（Vickerman，2015）。欧洲的高铁网络能够与欧亚高铁相结合，形成完整的全球高铁网络，真正意义上实现"一带一路"互联互通各国的目标。因此，建设欧亚高铁以及开拓欧洲高铁市场，将会给我国高铁承包商带来广阔的发展空间。虽然欧亚高铁推进较为顺利，但是相对于泛亚高铁和中亚高铁而言，欧亚高铁从北京出发到达英国伦敦，途径 28 个国家和地区，横跨欧亚大陆，工程量巨大，工程难度极高，要求工程承包商拥有高水平的技术能力。欧亚高铁沿线各国经济实力更强，工程建设的实力和技术更为完善，特别是欧洲各国在高铁建设方面拥有丰富的经验和顶尖的高铁承包商。欧洲高铁承包商有建设跨国高铁线路的经验，能够更快适应跨文化的建设环境。中国承包商要开拓欧洲市场，必然会面临更为严苛的工程条件和激烈的竞争环境。

基金项目：国家自然科学基金面上项目（71573037）。

据此，本研究以欧亚高铁市场为背景，探讨在复杂多变以及竞争激烈的国际高铁市场中，面对国际承包商以及欧洲顶尖承包商，进行我国承包商和国际承包商竞争力的分析及预测，进而提升欧亚高铁项目的竞争力，使得我国承包商在竞争日益激烈的国际高铁市场中立足，实现海外高铁市场的拓张和成长。

相对于一般的工程建设项目，高铁建设具有其特殊性，往往划分为机车供应和铁路建设两个分离的部分。欧亚高铁建设难度大，对承包商的建设能力和建设技术要求高，土建承包商的竞争力对获取欧亚高铁的建设业务至关重要。因此本文以土建承包商作为研究对象，首先通过文献回顾和层次分析法，构建了国际承包商竞争力的评价指标体系；采取 BP 人工神经网络算法，建立了基于 BP 神经网络的国际承包商竞争力评价模型。选取 ENR（Engineering News Record）2015—2017 年的数据作为样本，对 BP 神经网络进行训练、误差检验等工作，目的在于完成神经网络模型的学习过程，以实现其具备对承包商竞争力进行评价的功能；最后通过已经构建完成的 BP 神经网络从国家和企业两个层面对国际、欧洲和中国土建承包商进行竞争力预测和评价。通过对我国土建承包商进行评价和分析，为我国承包商开拓欧洲高铁市场提供科学的决策支持和战略依据，以提升中国承包商在国际市场的竞争力和声誉。

2 文献综述

2.1 竞争力理论

竞争力的研究可以分为三个层次：国家竞争力、产业竞争力、企业竞争力。国家竞争力指的是一国在国际贸易中创造、生产和销售产品或提供服务，并在原来投入的资源的基础上增值的能力（Scott and Lodge，1985）；产业竞争力指产业在国际竞争的环境下保持稳定的生产要素的高利润和高就业率水平的能力（European Commission，1994）；企业竞争力指企业在设计、生产并销售产品或服务的过程中，比其国内和国外的竞争者提供更有市场吸引力的价格和质量的能力（WEF，World Economic Forum，1994）。本文研究对象为高铁承包商，故聚焦于企业竞争力层面。

对于企业竞争力，虽然国内外学者已经进行了大量的研究，但还没有形成共识，大多是从各自的角度提出了自己的看法。企业竞争力最主流的三个学派分别是以 Prahalad & Hamel 为代表的能力学派、Wernerfelt 的资源学派以及 Porter 的市场结构学派，这些国外经典的研究成果主要是建立理论的分析架构，并没有深入进行量化研究。Prahalad & Hamel（1990）认为企业的核心能力，乃是为客户提供特别收益的独特能力和技术，可以从市场进入路径、提高企业效率和难以被模仿的能力，以此判断企业的核心能力。企业能力理论包括核心能力理论、基础能力理论、动力能力理论以及基于流程的能力理论等。Wernerfelt（1984）则提出企业内部资源对于公司维持竞争优势的意义，并将企业能力纳入企业资源的范畴，认为资源是企业所拥有的能力和资产的总和。企业资源基础观认为企业竞争优势来源于企业内部有形资源、无形资源以及积累的知识在企业间存在的差异，这些资源具有价值型、稀缺性、知识性和不可复制性，企业竞争力就是这些特殊的资源。Poter（1985）主要提出用于分析产业竞争力的钻石模型，以及用于分析企业竞争力的五力模型和波特价值链。五力模型主要探讨在外部竞争的环境当中，供应商、购买者、潜在进入者、替代品企业以及同业竞争对于企业竞争优势的影响；而波特价值链，是从企业基本活动和企业支持性活动这两方面来探讨企业内部运作所带来的竞争力，其内部活动划分也可归类到企业能力和企业资源的范畴。由此可见 Poter 的竞争力分类方式，与能力学派和资源学派多有重叠。

我国对于竞争力理论的研究起步较晚，对于竞争力的构成要素和评价方式还存在着很多争论，并没有建立一个完整的理论体系。周全（2009）探讨永续经营与承包商竞争力的关系，认为承包商竞争力主要包含企业信息能力、企业策略能力和企业财富能力。谢丽芳（2010）提出，考量承包商的竞争力，需要同时考虑企业和项目两个层面，主要包含核心技术能力、人力资源能力、市场开拓能力、组织管理能力以及项目管理和实施能力。黄敏（2011）通过对国内外水电承包商的对比研究来分析承包商的竞争力构成要素，认为承包商的竞争力包含战略、组织、市场、文化、创新、环境适应等方面。我国学者探讨竞争力要素的文献视角各不相同，主要将竞争力理论应用于制造业、物流等行业，或是构建单一公司的竞争力评价模型，但缺乏多家企业的横向评价研究。

纵观国内外对竞争力的构成要素，都离不开主流学派的三条脉络：企业能力、企业资源及企业的竞争环境适应性。由于企业能力、企业资源理论以及市场结构理论有许多重叠之处，因此本文从企业能力、企业资源这两大要素探讨国际承包商的竞争力评价。

2.2 BP 神经网络

BP 神经网络是人工神经网络中应用最为广泛的研究方法，以电子线路或计算机程序来模拟神经突出连接的信息处理结构，并通过反向传播算法学习样本规律，属于一种数学模型。Goh（1995）探讨将 BP 神经网络应用于复杂系统的建模过程，Goh 指出在复杂的工程系统中，通常没有十分完备与精确的数据，在这种情况下应用 BP 神经网络，可以取得较好的预测评价效果。国外文献将 BP 神经网络应用于竞争力评价或者工程管理领域的并不多见，较为常见的是应用于模式识别以及仿真模拟。Li（2014）将 BP 神经网络应用于浅滩破坏预测。国内工程管理领域的研究中 BP 神经网络已较常见，但探讨承包商竞争力的还很少。张坚（2003）将神经网络应用于项目招标过程，他将承包商综合能力分解为资信业绩、人力资源、设备管理、质量管理、安全文明管理等，在各级指标模糊处理的基础上，建立了承包商的 BP 神经网络评价模型。乔姗姗（2012）将 BP 神经网络与 AHP 进行结合，并将神经网络应用于投标报价过程，建立投标报价的影响因素指标体系，最终构建对投标报价进行预测的神经网络模型。张熠（2014）将 BP 神经网络应用于工程承包商的选择决策，通过 Delphi 确定了工程报价、工程工期、工程质量、施工技术、企业信誉这五个评价指标，采用动量 BP 神经网络构建承包商的选择模型。

竞争力评价是一个复杂、非线性、多影响因素的问题，BP 神经能够从众多无序的数据中找寻规律，在处理非线性问题时具有明显的优势。目前相关文献虽将 BP 神经网络运用于工程管理领域，但更多的是建立承包商的选择模型，但是并没有直接用于量化竞争力。

3 土建承包商竞争力评价

3.1 土建承包商竞争力评价体系

竞争力评价可以从资源观、能力观和市场结构三个基本角度出发，由于国际承包商竞争力主要是指承包商承揽工程项目、获取更多营业额的能力，因此本文从资源观和能力观出发，建立土建承包商竞争评价体系。通过文献检索和筛选，得到 42 篇核心文献，其中中文 28 篇，英文 14 篇。对搜集到的文献进行竞争力评价指标的归纳统计，统计结果如表 1 所示。由此可以看出，市场能力、有形资源、无形资产、经营能力和国际化能力累计频次达到 64％，为主要影响因素。由于本文考察土建承包商针对高铁市场的竞争力，因此这里将市场能力细化为市场开拓能力和交通建设市场能力，这样更能反映高铁建设中土建市场的竞争力情况。因此本文的竞争力评价指标体系主要包含企业能力和企业资源两方面，企业能力包含国际化能力、市场开拓能力、交通建设市场能力、经营能力这四个方面，企业资源则包含有形资源和无形资源两个方面。

竞争力指标统计   表 1

要素	频数	频次	累计频次
市场能力	23	0.19	0.19
有形资源	19	0.16	0.35
无形资源	13	0.11	0.45
经营能力	12	0.10	0.55
国际化能力	10	0.08	0.64
财务能力	9	0.07	0.71
管理能力	9	0.07	0.79
创新能力	8	0.07	0.85
盈利能力	6	0.05	0.90
技术能力	5	0.04	0.94
研发能力	2	0.02	0.96
质量管理能力	2	0.02	0.98
谈判能力	1	0.01	0.98
安全管理能力	1	0.01	0.99
偿债能力	1	0.01	1.00

考虑数据的可获得性、有效性、简要性、可比性，本文以 ENR 报告作为二级指标的数据来源，结合 ENR 数据特点选取二级指标。

国际化能力是指承包商开拓海外市场的能力，ENR 报告中包括承包商的国际营业额（X_1）直接反映承包商国际化程度和能力，通过 ENR 连续两年的数据求出的国际营业额增长率（X_2）能够反映国际化能力的动态变化情况，将国际营业额和国际营业额增长率纳入国际化能力指标的构成要素，可从静态和动态两方面更加客观地衡量承包商的国际化能力；同理，市场开拓能力是指承包商获取新合同或者新订单的能力，选取新增合同额（X_3），以及计算合同额增长率（X_4）进行衡量；交通建设市场能力是指承包商开拓交通建设市场的能力，可用国际交通市场营业额（X_5）、交通市场营业额增长率（X_6），以及交通建设营业额占总营业额的比例（X_7）来衡量，用交通建设营业额比例（X_7）反映承包商内部对于交通建设市场的重视程度，能够更加全面的考量承包商的交通建设市场能力；经营能力反映了承包商可持续经营能力，用总营业额增长率（X_8）进行衡量。有形资源指的是承包商的财力和实物资源，其最终将会转化为企业的营业额和利润，选取承包商总营业额（X_9）来衡量承包商的有形资源；无形资源指价值产生过程中没有发生损耗的、隐性的因素，本文选择品牌价值（X_{10}）以及是否为本土企业（X_{11}）这两个指标来衡量承包商的无形资源。因此，土建承包商的竞争力指标评价体系如图 1 所示。

3.2 竞争力评价指标权重

竞争力分析本质上是一种多目标决策问题，因此可以采用层次分析法（AHP）确定指标权重，该方法将复杂问题按层次分解为若干因素，并对因素之间的重要程度做两两比较，以得出各因素重要程度的权重（郭金玉，2008）。层次分析法的运用包含四个步骤，首先需构建层次结构模型，将问题层次化；然后根据决策者打分构造各层次的判断矩阵；第三部是检验判断举证一致性；通过一致性检验后最终计算各层要素对于总目标的总和权重（邓雪，2012）。本文指标数量较多，因此采用Matlab软件来实现特征矢量的计算以及一致性的检验。本文中的判断矩阵均通过一致性检验，并由此获得一级指标的权重和各二级指标构成要素占一级指标的权重，两次权重相乘便得到指标的综合权重，具体权重如表2所示。

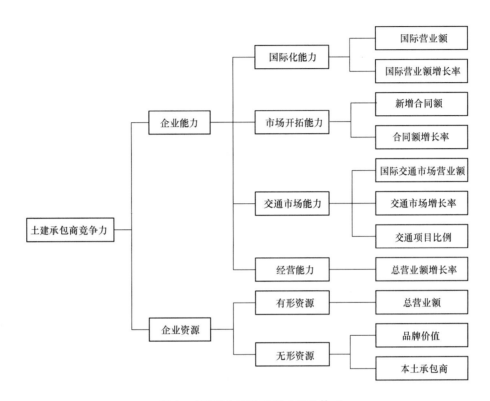

图1 土建承包商的竞争力评价体系

土建承包商竞争力评价指标权重 表2

竞争力指数	一级指标	一级指标权重	二级指标	二级指标构成要素	二级指标权重	综合权重
承包商竞争力	企业能力	0.62	国际化能力	X_1—国际营业额	0.27	0.17
				X_2—国际营业额增长率	0.13	0.08
			市场开拓能力	X_3—新增合同额	0.06	0.04
				X_4—合同额增长率	0.06	0.04
			交通市场能力	X_5—国际交通市场营业额	0.27	0.17
				X_6—交通市场增长率	0.06	0.04
				X_7—交通项目比例	0.08	0.05
			经营能力	X_8—总营业额增长率	0.07	0.04
	企业资源	0.38	有形资源	X_9—总营业额	0.38	0.15
			无形资源	X_{10}—品牌价值	0.38	0.15
				X_{11}—本土承包商	0.24	0.09

4　基于BP神经网络的土建承包商竞争力分析

4.1　样本选取及数据预处理

本文以美国ENR报告作为数据来源，根据指标特征选取2015～2016两年的ENR250年度排名报告，作为BP神经网络的训练数据集。同时选取2016～2017两年的ENR250年度报告，作为BP网络的预测评价集，对土建承包商竞争力进行详细分析，验证BP神经网络在竞争力评价方面的适用性。本文聚焦于交通类承包商，经筛选和统计，共选取2015～2016年ENR 250中123家交通类承包商作为训练数据集，2016～2017年ENR中133家交通类承包商作为预测评价集，这两部分构成本文的研究样本。

在数据收集和预处理部分，从ENR报告中可直接获取国际营业额、新增合同额、国际交通市场营业额、总营业额和交通项目比例5个指标；而国际营业额增长率、合同额增长率、交通市场额增长率可通过连续两年的ENR报告运算得到；品牌价值根据ENR的排名顺序进行打分，最前50名为5分，51～100名为4分，101～150名为3分，151～200名为2分，201～250名为1分；是否为本土企业为虚拟变量，本文考虑的目标市场为欧洲高铁市场，欧洲企业打分为1，非欧洲打分企业为0。由于各个指标的资料单位不一，而且数值大小差异很大，故在训练神经网络之前需要进行归一化。本文使用Matlab中的mapminmax函数进行归一化，归一化后的数据分布在$[0,1]$之间。归一化后的数据乘以各个指标的权重进行加总就可以得到竞争力指数CI（Competitiveness Index）。以正规化后的样本资料为神经网络输入，以竞争力指数CI为神经网络输出，就可以训练出遵循数据内在非线性规律的神经网络。

2015～2016年与2016～2017年的数据预处理过程一致，因此本文只列出2015～2016数据预处理结果，如表3所示。

训练数据集归一化结果　　　　　　　　　　　　　　表3

编号	X_1—国际营业额	X_2—国际营业增长率	X_3—新增合同额	X_4—合同增长率	X_5—国际交通市场份额	X_6—国际交通市场增长率	X_7—交通项目比率	X_8—总营业增长额	X_9—总营业额	X_{10}—品牌价值	X_{11}—本土企业	竞争力指标CI
1	1.00	0.31	1.00	0.03	0.48	0.09	0.25	0.23	0.34	1.00	1.00	0.62
2	0.76	0.31	0.69	0.04	0.29	0.08	0.20	0.21	0.23	1.00	1.00	0.52
3	0.60	0.56	0.94	0.05	1.00	0.10	0.87	0.47	0.61	1.00	0.00	0.65
4	0.56	0.36	0.49	0.05	0.50	0.08	0.47	0.23	0.38	1.00	0.00	0.55
5	0.52	0.28	0.09	0.02	0.26	0.09	0.26	0.22	0.21	1.00	0.00	0.36
6	0.46	0.72	0.29	0.04	0.34	0.14	0.38	0.54	0.15	1.00	0.00	0.42
7	0.41	0.39	0.34	0.04	0.38	0.09	0.48	0.31	0.14	1.00	0.00	0.38
8	0.41	0.38	0.44	0.04	0.45	0.08	0.57	0.26	0.25	1.00	0.00	0.51
9	0.39	0.36	0.31	0.04	0.27	0.09	0.36	0.28	0.14	1.00	0.00	0.44
10	0.35	0.40	0.79	0.05	0.12	0.11	0.17	0.37	0.35	1.00	0.00	0.37
11	0.31	0.44	0.25	0.02	0.08	0.09	0.13	0.37	0.14	1.00	0.00	0.30
…	…	…	…	…	…	…	…	…	…	…	…	…
119	0.00	0.30	0.00	0.00	0.00	0.04	0.19	0.42	0.04	0.00	0.00	0.06
120	0.00	0.19	0.01	0.08	0.00	0.06	0.43	0.23	0.02	0.00	1.00	0.15
121	0.00	0.34	0.00	0.01	0.01	0.08	1.00	0.34	0.02	0.00	0.00	0.10
122	0.00	0.36	0.00	0.01	0.00	0.08	1.00	0.31	0.01	0.00	0.00	0.10
123	0.00	0.16	0.01	0.05	0.00	0.01	0.03	0.54	0.00	0.00	0.00	0.04

4.2 BP神经网络训练

采用 Matlab 软件来构建人工神经网络，并实现 BP 神经网络算法。建立的神经网络的输入层有 11 个神经元，对应于样本的 11 个评价指标；根据经验公式，隐藏层设置为 10 个神经元；输出层为 1 个神经元，对应于竞争力评价指标 CI。训练迭代次数上限设为 1000 次，训练目标精度为 0.0001，学习速率为 0.05。在神经网络训练过程中，需要挑选检验样本对训练结果做检验，检验样本一般选择总样本数量的 10% 左右。通过 Matlab 随机过程，本文选取其中 12 个样本作为检验样本，其余 111 个样本则作为训练样本输入神经网络，经过 6 次迭代（Iteration）后创建的神经网络达到精度要求，停止训练。网络训练完成后，将测试组的 12 个样本输入 BP 神经网络预测其 CI，并与目标输出进行对比。BP 神经网络预测输出如图 2 所示，BP 神经网络预测误差如图 3 所示。

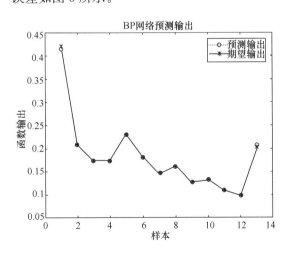

图 2 BP 神经网络预测输出

通过图 2 和图 3 可以看出，BP 神经网络输出与期望值拟合程度高，最大绝对误差为 0.01，最大相对误差为 0.045，由此可以说明建立的神经网络具有良好的泛化能力（陈丰，

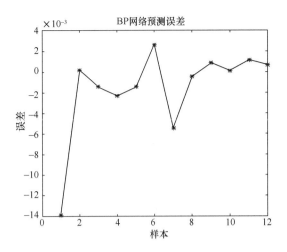

图 3 BP 神经网络预测误差

2013），具体误差值如表 4 所示。同时，也证明了建立的 BP 神经网络不存在过拟合的情况，具有良好的预测能力，能够有效反映训练样本所蕴含的隐含关联和规律，能够很好地对交通类土建承包商的竞争力进行评价。

BP 神经网络预测误差值　　　表 4

编号	竞争力指标 CI	网络输出	绝对误差	相对误差
9	0.443679	0.442231	−0.00145	−0.00326
10	0.365085	0.365197	0.000112	0.000307
12	0.248443	0.249609	0.001166	0.004693
13	0.436287	0.43397	−0.00232	−0.00531
20	0.254141	0.248694	−0.00545	−0.02143
24	0.302536	0.288643	−0.01389	−0.04592
39	0.180676	0.179233	−0.00144	−0.00799
57	0.225948	0.225501	−0.00045	−0.00198
66	0.161519	0.164122	0.002603	0.016113
95	0.103907	0.104089	0.000182	0.001756
118	0.084111	0.084783	0.000672	0.007991
122	0.095374	0.09625	0.000876	0.00918

4.3 BP神经网络预测及竞争力分析

使用 MATLAB 软件，运用已建立好的 BP 神经网络，对 2016～2017 年 ENR250 中 133 家交通类承包商的竞争力进行预测评价，并从国家层面和企业层面两个角度分别对土建承包商竞争力进行分析。在国家层面上，首先对于国际交通类承包商竞争力进行整体分析，随后对中国和国际交通类承包商进行对比分析，判断我国土建承包商在国际中的地位以及竞争优势所在。在企业层面，主要针对中国承包商开拓欧洲高铁市场进行分析，对中欧的具体承包商企业进行对比分析，为我国承包商开拓欧洲高铁市场提供决策支持。

2016～2017 年 ENR250 中 133 家交通类承包商，其中有 36 家中国承包商。由于不同的承包商之间存在较大的差距，全体承包商进行无差别的竞争力评价不能准确反映承包商的竞争优势和竞争差距。因此，为了更为科学合理的分析土建承包商的竞争力，本文将 133 家土建承包商分为四个层次。第一层次为市场领先者、第二层次市场挑战者、第三层次市场追赶者、第四层次市场跟进者（Kotler，2012）。

市场领先者在行业中占主导地位，拥有很强的竞争力。经分层，有 21 家承包商属于市场领先者，BP 神经网络预测 CI 值在 0.63～0.3 之间，平均竞争力指数为 0.43。市场挑战者在行业中处于第二位，拥有较强的竞争力，很有机会成为市场领先者。共有 39 家承包商属于第二层次，BP 神经网络预测 CI 值在 0.2～0.3 之间，平均竞争力指数为 0.25。市场追赶者相对于参与市场竞争而言，更关注企业自身的成长和发展，竞争力不强，属于市场中的大多数群体。共有 54 家承包商属于第三层次，BP 神经网络预测 CI 值在 0.1～0.2 之间，平均竞争力指数为 0.15。市场跟进者属于行业中规模相对较小的企业，或者为新进入企业，大多数为专业化经营企业，具有很大的成长空间，目前市场竞争力较弱。第四层次共有 19 家承包商，BP 神经网络预测 CI 值小于 0.1，平均竞争力指数为 0.08。可以看出，不同层次的承包商之间，存在较大的竞争力差距。具体划分，如表 5 所示。

国际承包商竞争力分层分析 表5

层次	公司数量	公司名称	得分区间	平均得分
第一层 市场领先者	21	ACS, ACTIVIDADES DE CONSTRUCCIÓN Y SERVICIOS, Madrid, Spain CHINA COMMUNICATIONS CONSTRUCTION GROUP LTD., Beijing, China VINCI, Rueil－Malmaison Cedex, France HOCHTIEF AG, Essen, Germany CHINA STATE CONTRUCTION ENGINEERING CORP. LTD., Beijing, China ……	>0.3	0.43
第二层 市场挑战者	39	RIZZANI DE ECCHER, Pozzuolo del Friuli, Italy ACCIONA INFRAESTRUCTURAS SA, Madrid, Spain SACYR, Madrid, Spain SOCIETÀ ITALIANA PER CONDOTTE D'ACQUA SPA, Rome, Italy JOANNOU & PARASKEVAIDES GROUP, Guernsey, Channel Islands, U. K. ……	0.2～0.3	0.25

续表

层次	公司数量	公司名称	得分区间	平均得分
第三层 市场追随者	54	ZHONGMEI ENGINEERING GROUP LTD. , Nanchang, Jiangxi, China CONTRACTING AND TRADING CO "C. A. T. ", Beirut, Lebanon TAKENAKA CORP. , Osaka, Japan GRUPO ISOLUX CORSAN SA, Madrid, Spain THE ARAB CONTRACTORS CO. （OSMAN AHMED OSMAN）, Cairo, Egypt ……	0.1～0.2	0.15
第四层 市场跟进者	19	BEIJING URBAN CONSTRUCTION GROUP CO. LTD. , Beijing, China COMBINED GROUP CONTRACTING CO. (KSC), Kuwait City, Kuwait ZHEJIANG COMMUNICATIONS CONSTR. GROUP CO. , Hangzhou, China CHONGQING INT'L CONSTRUCTION CORP. , Chongqing, China SSANGYONG ENGINEERING & CONSTRUCTION CO. , Seoul, S. Korea ……	<0.1	0.08

本文的研究重点是中国承包商的竞争力，因此把 36 家中国承包商也按照相同的原则进行分层，并与国际承包商对比分析，分析我国承包商在国际中的地位。其中，中国有 5 家承包商属于市场领先者，竞争力均值为 0.46；2 家属于市场挑战者，竞争力均值为 0.24；23 家属于市场追随者，竞争力均值为 0.15；6 家属于市场跟进者，竞争力均值为 0.09。整体而言，中国承包商在国际交通建设市场中具有一定的竞争力和市场地位，有 5 家承包商已经进入国际领先行列。但第二层次中国承包商数量过少，大多集中于第三层次，企业间实力差距大，存在很大的提升空间。此外，本文还对于不同层次的中国承包商和国际承包商进行详细的对比分析，如图 4 所示。图中"国际 L1"指的是国际承包商第一层的平均得分，"中国 L1"指中国承包商第一层次的平均得分。以此类推"L2""L3""L4"分别指第二、第三、第四层次承包商的平均得分。

由上图可知，在不同层次上，中国承包商和国际承包商之间的竞争力差异点并不相同，各层次的承包商应该进行准确的市场定位，从而采取不同的竞争策略。

首先，在第一层次上，中国承包商与国际承包商主要竞争力差异在于无形资源和有形资源两项，其余指标并不存在显著差异。在无形资源方面，中国承包商落后于国际承包商，这是由于我国承包商并没有进入欧洲市场承揽项目，在欧洲市场上存在空白，这也是我国需要开拓欧洲市场的重要原因之一。在有效资源方面，中国承包商领先于国际承包商，但同时国际化能力不存在差异，这就说明了中国国内建设量和建设需求旺盛，为我国承包商提供了巨额订单。总体而言，第一层次的中国承包商综合实力已经与国际水平相当，未来发展方向应该着重于积极开拓海外市场，提升海外知名度。依靠但是不过分依赖国内市场，积极利用国内市场中获取的利润，进军高端发达国家建设市场，减少国际营业额与国内营业额之间的差距，才能成长为国际领先的承包商。

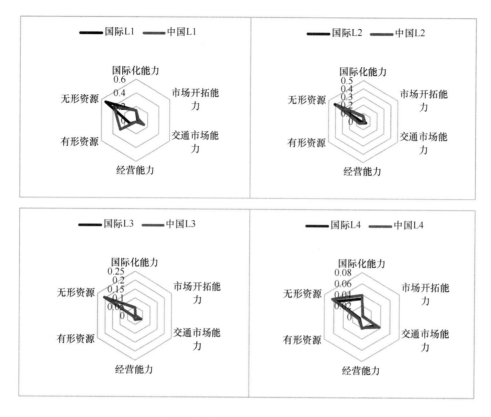

图 4　中国与国际承包商对比分析

其次，第二、第三层次的中国承包商与国际承包商在交通市场能力方面略显不足，总体而言各个方面不存在显著差异，竞争实力基本与国际同等水平相当。但是第二层次的承包商数量过少，还存在很大的提升空间。由于国际交通建设营业额占国际承包商总营业额比重最大，第二、第三层次的承包商若想获取更高的国际市场营业额，应当不断加强交通建设能力，提供国际化水平。同时，也不应满足于与国际同层次水平相当的位置，要不断加强各方面能力的提升，争取进入第一层次，实现我国承包商"走出去"且"走得好"的目标。

在第四层次上，作为市场跟进者中国承包商在各方面能力上已经全面反超国际同层次的承包商，但是也存在很大提升空间。可以看出第四层次的承包商在有形资源上明显弱于其他层次的承包商，也说明了第四层次的承包商占

有的市场份额很少，同时市场开拓能力弱，因此承包商应当积极参与市场竞争，开拓市场，以谋求企业的成长。

总体而言，中国承包商与国际承包商的竞争差异已经越来越小，中国承包商在低层次的竞争上已经与国际水平相当甚至优于国际水平，大批的中低层承包商使其成长为国际顶尖承包商的概率增高，同时进入 ENR250 的中国承包商数量也在逐年上涨，中国在国际承包市场中发展潜力十足。然而，各个层次的承包商都存在经营能力和市场开拓能力差的问题，这也说明了我国承包商在海外市场仍处于一个粗放式发展的阶段，距离精细化、战略化发展还有很长的距离。因此，中国承包商在进军国际市场的时候，要注重企业自身内部经营和市场开拓战略的选择，提高内部效率以获取更高的利润。

然而我国想要建设建成欧亚高铁，开拓欧洲高铁市场，必然会面临来自欧洲本土承包商的直接竞争。因此，对于欧洲高铁市场，本文从企业层面上，分别选取每个层次中排名第一的企业为了案例样本，对欧洲土建承包商与中国土建承包进行分层次竞争力分析。由于欧洲国家没有承包商处于第四层次，因此仅对前三个层次进行分析。如图5所示。

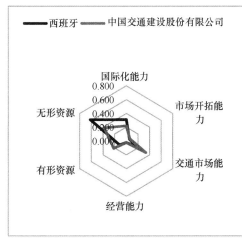

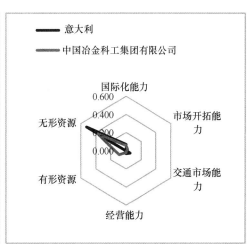

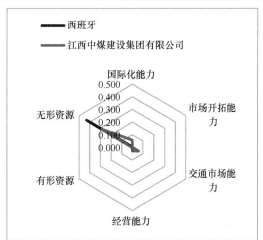

图5 中国与欧洲承包商企业对比分析

通过对比分析可知，在企业层面上不同层次的承包商，中欧之间的差距明显。中国承包商进入欧洲高铁市场，所面临的最强劲的竞争对手是西班牙的 ACS 公司。ACS 公司在全球133 家国际承包商中竞争力排名第一，中国交通建设紧随其后，排名第二，综合竞争力仅仅相差1%。从各个指标详细分析，中国交通建设的竞争优势在于强劲的交通市场能力和有形资源，然而在无形资源和国际化能力低于ACS，因此中国交通建设应该充分发挥自身在交通建设方面的专业化能力，不断发展新的国际市场，提升国际市场份额。

第二层次的中欧代表承包商为中国中冶集团和 RIZZANI DE ECCHER 公司，其竞争力排名分别为 37 和 22，然而在 ENR250 的排名中分别为 48 和 89，其主要原因是中冶集团的交通市场能力低于 RIZZANI DE ECCHER 公司，交通领域不属于中冶的优势领域。此外，中冶集团在市场开拓能力方面也存在不足，导致总体竞争力得分相差 19%。因此，中冶集团若要提升企业国际竞争力，开拓交通市场，应该采取多元化发展战略。

第三层次的中煤集团的竞争力略高于 GRUPO ISOLUX CORSAN SA 公司，但是不存在太明显的差距。中煤集团在国际化能力和经营能力方面都优于 GRUPO ISOLUX COR-SAN SA 公司，而 GRUPO ISOLUX COR-SAN SA 公司依靠着本土企业的优势，使得竞争力没有大幅落后，由此可以看出企业的无形资源对于企业竞争力起着十分重要的作用。此外，由于欧洲承包商没有处于第四层次的企业，因此不进行分析。

综上所述，我国顶级承包商与欧洲顶级承包商的竞争力相当，不存在显著差别。在二、三层次的中国承包商不属于专业化交通企业，交通类建设不属于其优势领域。因此，要提高我国在国际交通工程承包领域的实力和国际影响力，必须培养起一批专业化交通类企业，积极开拓国际市场，增大在国际交通市场中的份额。同时，也鼓励其他领域承包商，在保持自身发展优势的同时，采取多元化经营战略，满足国内国际上庞大的基础建设需求。此外，欧洲承包商多集中于中高层次，而我国承包商多数集中于中低层次，整体而言我国承包商与欧洲承包商之间仍存在较大的差距和很大的提升空间，关注增强企业的经营能力、国际化能力和市场开拓能力，全方位的提升企业竞争力。最后，可以看出中国承包商与欧洲承包商在无形资源方面存在很大的差距，主要原因是由于欧洲市场对于中国承包商而言属于空白地区，暂时没有中国承包商在欧洲承揽项目。因此，开拓欧洲市场对于中国承包商而言具有重要的意义：一方面填补市场空缺，获取欧洲市场项目，提升国际营业额；另一方面，欧洲市场是发达国家市场的代表，以进入欧洲市场为契机打开国际高端承包市场，与国际顶尖承包商竞争，加速中国承包商国际化进程，也为"一带一路"四大跨境高铁路线规划的实现奠定良好的基础。

5 结论

本文以高铁产业链中的土建承包商为研究对象，探讨中国承包商在国际高铁市场特别是欧洲高铁市场中的竞争力，为中国承包商提升竞争力，开拓欧洲高铁市场提供相应的建议。本文以 BP 神经网络作为研究方法，对于高铁土建承包商和动车承包商进行了竞争力分析，具体结论如下：

（1）在高铁土建承包商领域，中国承包商与国际承包商的竞争差异已经越来越小。在第一层次上，中国承包商依靠专业化交通建设能力和庞大的国内市场支持，综合竞争力与国际市场领先者差距较小。

（2）中国承包商在中低层次的竞争上已经与国际水平相当甚至优于国际水平，进入 ENR250 的中国承包商数量也在逐年上涨，中国在国际承包市场中发展潜力十足。无形资源对于企业竞争力十分重要，由于中国承包商缺乏在发达国家建设高铁的经验，国际高端建设市场认可度不足，导致中国承包商在开拓欧洲高铁市场时综合竞争力落后。

（3）各个层次的承包商都存在经营能力、市场开拓能力差和对国内市场依赖程度高的问题，说明了我国承包商在海外市场处于一个粗放式发展的阶段，距离精细化、战略化发展还有很长的距离。因此，中国承包商要依靠而不依赖国内市场，积极开拓国际市场，注重企业自身内部经营和市场开拓战略的选择，提高企业内部效率以获取更高的利润。

参考文献

[1] 李继宏．中国高铁"走出去"面临的机遇与挑战

［J］. 对外经贸实务，2015(1)：74-77.

［2］ 杨振华，曹光四 . 中国高铁项目整体出口现状及发展对策［J］. 商业经济研究，2015（34）：133-134.

［3］ Vickerman R. High-speed rail and regional development：the case of intermediate stations［J］. Journal of Transport Geography，2015，42：157-165.

［4］ Scott B R，Lodge G C. US competitiveness in the worldeconomy［J］. The International Executive，1985，27(1)：26-26.

［5］ Prahalad C，Hamel G. Thecore competence of the corporation'，HarvardBusiness Review［J］. PrahaladMay79Harvard Business Review1990：79-91.

［6］ Wernerfelt B. A resource - based view of the firm［J］. Strategic management journal，1984，5(2)：171-180.

［7］ Porter M E. Competitive strategy：Creating and sustaining superiorperformance［J］. New York：The free，1985.

［8］ 周全 . 基于核心竞争力的建筑企业可持续发展研究［D］. 武汉理工大学，2009.

［9］ 谢丽芳 . 我国工程总承包企业核心竞争力研究［D］. 中南大学，2010.

［10］ 黄敏，柳春娜，唐文哲，等 . 大型水电国际承包商核心竞争力评价研究［J］. 水力发电学报，2011，30(4)：235-240.

［11］ Goh A. Back-propagation neural networks for modeling complex systems［J］. Artificial Intelligence in Engineering，1995，9(3)：143-151.

［12］ Li C，Tang H，Ge Y，et al. Application of back-propagation neural network on bank destruction forecasting for accumulative landslides in the three Gorges Reservoir Region，China［J］. Stochastic Environmental Research and Risk Assessment，2014，28(6)：1465-1477.

［13］ 张坚，黄琨，陶树人 . 神经网络在施工企业综合能力评价中的应用［J］. 科技进步与对策，2003，20(5)：123-125.

［14］ 乔姗姗 . 基于遗传算法优化的 BP 神经网络在建筑工程投标报价中应用的研究［D］. 扬州大学，2012.

［15］ 张熠，王先甲 . 基于 AHP 和动量 BP 神经网络的工程项目承包商选择模型［J］. 数学的实践与认识，2014，21：008.

［16］ 郭金玉，张忠彬，孙庆云 . 层次分析法的研究与应用［J］. 中国安全科学学报，2008，18(5)：148-153.

［17］ 邓雪，李家铭，曾浩健，等 . 层次分析法权重计算方法分析及其应用研究［J］. 数学的实践与认识，2012，24(7)：93-100.

［18］ 陈丰 . 基于 BP 神经网络的建筑工程前期阶段成本估算方法［J］. 建筑经济，2013，（12）：89-91.

［19］ Kotler，Philip. A framework for marketing management［M］. Peking University Press，2012.

RAMS 理论在地铁设备维护策略优化中的应用

莫志刚[1]　李成谦[2]

（1. 南宁轨道交通集团有限责任公司建设分公司，南宁　530000；

2. 华中科技大学，武汉　430074）

【摘　要】　根据 RAMS（Reliability、Availability、Maintainability、Safety）体系结构，系统的安全性与可用性由系统的可靠性、可维护性来保障，且系统的可用性与安全性之间存在相互作用。然而，目前大多数地铁设备系统维护策略的制定主要依赖经验，设备维护方法与时机不当，维护资源分配不科学，造成设备故障率与维护费用居高不下，影响信号系统在运营中的安全性与可用性指标。基于 RAMS 体系规范，本文以地铁信号系统为例，构建了的 RAMS 评价指标体系，通过预测了信号设备的可靠性，建立了信号系统动态安全风险评估模型；提出了综合考虑设备综合关键度，在设定的安全风险阈值与可用度的条件下，通过计算得到信号系统平均可靠性与维护费用同时最优解的信号系统维护策略，并开发了信号系统运营综合维护管理平台。

【关键词】　地铁；设备系统；RAMS；维护策略

Application of RAMS Theory in the Maintenance Optimization for Metro Equipment

Mo Zhigang[1]　Li Chengqian[2]

（1. Nanning Rail Transit Co.，Ltd.，Nanning　530000；

2. Huazhong University of Science and Technology，Wuhan　430074）

【Abstract】 According to the RAMS theory，the system safety and availability are guaranteed by the reliability and maintainability of the system，and there is an interaction between the availability and safety. However，at present，most of the maintenance strategies of metro equipment system mainly rely on experience. The improper maintenance methods and timing of equipment and the unscientific allocation of maintenance resources lead to the high failure rate and huge maintenance costs，which affect the safety and availability of equipment system in operation. Based on the above theory，this paper takes Metro signal system as an example. We develop an evaluation framework for RAMS and establishes the dynamic safety risk assessment model of signal system by predicting its reliability. The critical degree of the equipment is proposed and fully considered. With the predetermined safety margins and availability threshold，the optimal maintenance strategy of signal system is obtained by balancing the reliability and average maintenance cost. An integrated maintenance management platform of signal system operation is developed finally.

【Keywords】 Metro；Equipment System；RAMS；Maintenance Optimization

1 研究背景

近年来，国内已有近 30 多座城市开通运营以地铁为主的轨道交通线路，运营总里程已超过 3000 公里，车站配数已超过 2300 个[1]。随着城市轨道交通发展进入网络化的运营模式后，在上下班高峰期、节假日等特定的时间段内，客流量的剧增给轨道交通的运营安全与服务质量带来了不小的挑战；同时，传统的运营设备维护模式将面临人员成本过高、司乘人员严重不足、人为操作失误过高等难题。

为提高城市轨道交通线网运营安全与服务质量，节省地铁运营公司的人力与财力，运用 RAMS（Reliability、Availability、Maintainability、Safety)[2]理论来提升设备的可靠性与可维护性在一定程度上决定其可用性与安全性，深入研究信号系统的可靠性与可维护性势在必行。在运营阶段，通过保养、维护、更新及技术改造等活动，维持、重置或延长设备的可靠性，改善设备的可维护性。然而，不科学的设备维护次数、频度及维护方式，不仅会影响、降低设备的可靠性，而且会增加不必要的维护费用。如何找到一种科学的方法拟合、预测设备在某时刻后的可靠性，并动态评估信号

关键系统的安全风险；如何根据设备的维护价值，并考虑技术进步与设备的关键度等因素，找出设备合理的维护频次与设备更新的最佳时机；如何运用新技术实现连续动态可视化监测、智能分析设备的运行状态，准确定位设备的故障点，改善设备的可维护性，保障地铁全自动驾驶模式下行车正点、安全运营指标，是一个亟待解决的重要工程课题。

RAMS 作为系统工程体系之一，法国、日本、英国、德国、美国等发达国家和地区均在轨道机车车辆方面成功地实施了 RAMS 工程[3]。其中以欧洲国家为代表，不仅仅建立了 RAMS 系列标准，使 RAMS 工程实现了系统化发展，还在其产品技术平台推广 RAMS 工程，使轨道交通产品的可靠性、维护性和安全性等指标得到了显著提高[4]。欧洲铁路用户采购列车时，招标文件中不但严格要求列车的结构形式和性能，而且对列车的 RAMS 提出定量指标[5]。美国机车车辆厂、铁路公司将 RAMS 技术的应用贯穿于机车全寿命周期的各个环节，建立了完善的关于 RAMS 的可靠性系统，形成了系统工程；在 20 世纪 90 年代，香港地铁率先推行 RAMS 管理，在充分考虑运营阶段的需求基础上，将特定的

RAMS 要求考虑在设计阶段。通过严格履行管理合同，确保 RAMS 要求的在系统设计与工程实施阶段得到充分的关注。

RAMS 的目标是保证"安全、可靠和高品质的产品"[6]，论文运用数学建模，研究信号系统 RAMS 各项指标间的关联规律、信号系统的可靠性评价与预测、安全评估；应用人工智能算法，研究信号设备的维护策略；开发信号设备综合维护管理平台，为保障地铁信号系统的安全性、可用性提供了一定的理论基础与实际应用方法。

2 地铁设备系统的 RAMS 目标

RAMS 活动存在于地铁信号系统的全寿命周期各个阶段。安全性与可用性、可靠性、可维护性的关系是 RAMS 分析中的最重要的环节，它们是矛盾的统一体，既有矛盾的对立面，又存在着矛盾同一性。学者李国正通过对地铁列车车载设备 RAMS 研究，也指出了可用性、可靠性、可维护性及安全性之间的关系[7]，铁道部董锡明总结了近代铁路发展以来可靠性和安全性的问题[8]，学者赵惠祥则是对城市轨道交通运营安全性与可靠性进行了相关研究[4]。

RAMS 是一个过程，它贯彻在一个系统对象从需求分析、概念设计、研制生产、运营运用、维护直到最后报废全部的寿命过程[9]，系统的 RAMS 活动对交付给用户的运营质量有明显的影响。系统不发生事故的能力称之为系统的安全性（S）；产品在一定的范围与一定的时限内，完成规定功能的能力称之为可靠性（R）；可靠性以平均无故障时间（MTBF）为度量；产品的可维护性是指根据规定的程序和方法在一定的条件及时间限制下对产品进行维护，使其维持或修复到预期正常工作状态的能力，用平均修复时间（MTTR）指标表示。

可用性表示产品在任一时间段内需要和开始工作时的可工作或可使用状态的程度称之为可用性（A），可用度表征可用性的概率度量。可用性（A）的计算基于可靠性的（MTBF）和可维护性的（MTTR）计算的结果（图 1）。

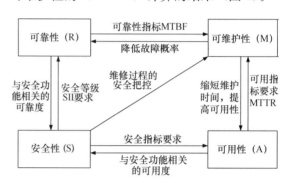

图 1　RAMS 因素关系模型

维护性表明设备维护的难易程度，并主要通过实施计划维护的时间、故障检测、识别与定位时间、系统故障后修复时间等维护所需的时间来影响可用性，为提高系统可用性，系统除了需要具有高的可靠性外，还须具有良好的可维护性，以便在较短时间内将系统状态恢复至正常状态。

安全性与可维护性的关系主要表现在对可能产生危及安全的系统失效、设备故障在维护过程中的安全把控，主要有人为因素、安全设备与规章制度、安全控制与措施等。

可维护性与可靠性均属于设备的固有本质属性。在可靠性方面，强调的是设备工作可靠，平均无故障时间 MTBF 越长越好；对于维护性来说，设备能够尽快地得到修复并投入使用。如果在一定的时间内 MTBF 越长，则留给维护的时间就越少，由此可见 MTBF 是可靠性对可维护性的要求。

安全性与可用性有矛盾的一面：安全性指标要求越高，高可用性指标要求就难以同时满足，在实际操作过程中需要权衡两方面的需求。如需同时提高系统使用中的安全性和可用性指标，仅可在保证系统可靠性和可维护性的前提下，通过不断控制和改善系统的维护条件、操作条件及外部环境等条件来实现。

可用性是指设备当前处于非故障状态的概率，而设备在此之前是否发生故障不予讨论，因此，系统的可用性与可靠性不同，且不小于可靠性。当设备是可修复时，可用性同时考虑了设备的可靠性和可维护性的综合度量指标。

3　基于RAMS的系统设备维护策略

3.1　地铁设备系统的RAMS评估体系

本文以信号系统为例，详细分析基于RAMS的地铁设备系统评估体系。根据系统的RAMS评估指标对节点设备维护参数的敏感度分析，评价地铁信号系统设备的综合关键度主要从四个维度出发（图2），一是设备故障后对行车服务可靠性的影响，二是设备故障后对行车安全风险的影响，三是设备故障的可维修性，四是设备故障对信号系统维护费用影响。

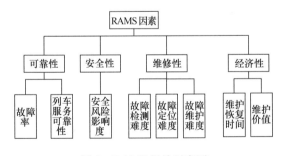

图2　RAMS相关因素图

在对各个因素的分析过程中，为了使关键度的评估因素等级划分简单明了，将每个因素的评分等级设定为5个等级。等级的划分是参考行业内相关标准进行设定。组件大部分因素的评分可以根据其故障的历史数据得出，分制采用百分制。8个评价因子的评分等级，如表1所示。

评估等级打分表　　　表1

	L1[10~20)	L2[20~40)	L3(40~60)	L4[60~80)	L5[80~100)
故障率	>1500	800~1500	600~800	600~800	>600
服务可靠性	准点	<5分钟	5~15分钟	15~30分钟	30分钟以上
安全影响度	可忽略	可预防	轻微	严重事故	灾难性事故
维护成本	<0.5万元	0.5~1万元	1~3万元	3~5万元	5万元以上
故障定位	简单	一般	较难	很难	非常难
维护价值	无	小	一般	较高	高
修复时间	<0.5小时	0.5~2小时	2~4小时	4~12小时	>12小时
故障监测难度	容易	较容易	一般	难	很难

通过分析信号系统设备对行车的安全风险影响度及列车服务可靠性、故障率、故障检测难度、故障定位难度、故障维护难度、维护恢复时间、维护价值8个方面三个维度及设备本身可维护性的影响，综合评估设备的关键度。设备故障信息采集来源复杂，利用层次分析法（AHP）计算设备的关键度：先对评估指标进行规一化、规范化处理，先根据信号系统构架构建评估对象的指标体系，对指标数据预处理，为便于不同类型与量纲数据之间的比较。模糊化后的判断矩阵更容易通过一致性检测，专家的判断更科学合理。

3.2　基于关键度的设备维护模式分类

专家根据故障、维护、运营服务延时等记录对信号子系统(CBI系统)的7个外接设备组件进行等级评估打分见表2。

CBI设备的综合关键度评分　　表2

	道岔	计轴	转辙机	信号机	站台门	紧停按钮	继电器
故障率	50	20	15	35	10	30	45
服务可靠性	70	15	70	40	30	20	15
安全影响度	60	10	55	50	20	40	30
维护成本	80	30	70	50	40	20	15

续表

	道岔	计轴	转辙机	信号机	站台门	紧停按钮	继电器
故障定位	10	15	20	30	30	20	10
可维护价值	10	15	35	30	15	15	15
维护时间	40	10	35	25	15	10	15
故障监测难度	15	15	35	10	15	10	20
关键度排序	32.55	20.16	41.25	25.36	23.28	15.67	23.52

由表 2 的计算结果判断，联锁外接设备组件的综合关键度排序为：转辙机＞道岔＞信号机＞继电器＞站台门＞计轴＞紧停按钮，同理，可计算信号其他子系统设备的关键度。综合关键度可以按一定的数字范围划分等级，每个等级对应不同的设备维护模式。参照以可靠性为目标的设备主动维护模式 RAMS 规则，运营维护人员可按一定的规则与综合关键度数值大小划分综合关键度等级，信号设备组件的维护模式与设备组件综合关键度等级相对应。本节研究的综合关键度划分类设备维护模式为地铁信号设备维护管理提供了一个定性的分析方法。

鉴于地铁信号系统的安全重要性与技术复杂性，结合信号系统可靠性指标对相关设备组件维护参数敏感度的分析，本章提出基于综合关键度定性分析设备维护模式（计划性预防性维护、基于状态的预防性维护、设备故障后维护）的分类方法与定量计算信号系统平均可靠性与维护费用的最优解研究地铁信号系统的维护管理策略。

信号设备按影响系统的安全重要性可以划分为关键设备与非关键设备。如图 3 所示，其中关键设备又可以划分为冗余关键设备与单点关键设备，"冗余"是指具备两套配置相同的部件独立运行，任意一套故障均不影响整个设备的运行；"单点"是指只配备一套部件，一旦故障，会使设备的功能无法正常实现，给整个系统带来不良后果。所有设备的分类是在设计过程中根据设计理念、产品特性、功能实现方式等因素统一制定的。由于非关键设备及冗余关键设备（单系）在故障时对信号系统整体功能实现的影响不大，本章节主要研究信号单点关键设备的 RAMS 评估及维护管理策略。

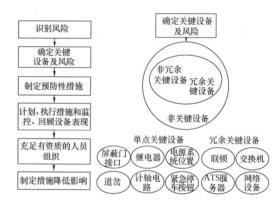

图 3 地铁信号系统设备分类

地铁信号系统的维护模式分为计划修、状态修、事后修，前两种模式属于预防性维护，见图 4。根据设备的重要性与故障率，计划修

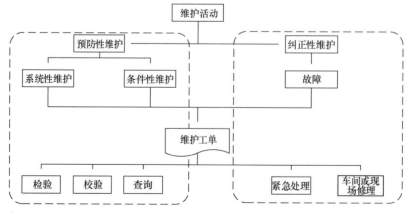

图 4 地铁信号系统维护作业图

又分日巡视，日检、双周检、月检等不同的等级，将繁多复杂的信号系统设备分类，并使之与设备的维护模式相适应，最终实现不同关键度的设备分类维护策略。

4　基于RAMS的地铁信号系统维护管理平台

信号系统设备故障检测、故障预警、故障分析诊断、故障定位的主要难点在于以下五个方面：现场故障数据来源复杂，干扰信息较大；信号系统故障预警不及时、不准确；信号系统故障发生时定位困难造成检修效率低下；执行层与决策层之间信息传递时效慢，信息反馈不及时，造成维护指令失控；设备档案数据量庞大，缺少有效工具进行单点高效调用与二次档案存储。

为解决以上五个问题，基于信号系统RAMS体系架构的安全风险评估模型，运用信号采集技术、故障根源搜索技术、设备可靠性预测技术、动态风险评估等方法，实时监测信号设备的运行安全状态，其运算结果可作为信号系统运营综合维护管理平台的安全风险警情输入，并进一步开展地铁信号系统运营综合管理平台的研究开发工作。

地铁信号系统运营维护管理平台由信号系统设备状态综合采集监测子系统、信号系统设备智能分析子系统、可视化信息子系统、综合维护管理子系统组成。（1）综合采集监测子系统通过实时监测轨道交通信号系统设备状态、发现信号系统设备隐患、分析信号系统设备故障原因，指导设备维护，对信号各子系统（ATS、ATP/ATO、CI、DCS等）的设备状态进行实时监测。（2）地铁信号系统设备综合运维系统针对车站监测的信息资源进行数据挖掘和智能分析，结合系统中各类实时信息和历史信息，进行设备趋势预警和预防性维护警

示，从而为维护人员提供科学的维护依据。（3）可视化信息子系统通过BIM技术创建三维信息模型，可利用三维信息模型作为信息载体，实现对故障设备的快速定位和设备属性查询，并可以将每次故障事件关键信息记录下来，和故障处理报告相互关联。（4）地铁信号系统运营综合维护管理平台提供一系列管理工具，包括应急指挥、安全风险源管理、标准化作业管理、设备管理、无纸化办公等。为设备维护的全过程提供支持。涵盖全生命周期设备管理、生产维护管理、应急指挥、安全风险管理、质量管理等工作环节。同时可以为无纸化办公提供信息化平台支持。

为了地铁信号系统设备创建三维信息模型，可利用三维信息模型作为信息载体，实现对故障设备的快速定位和设备属性查询，并可以将每次故障事件关键信息记录下来，和故障处理报告相互关联。基于BIM技术的设备维护管理系统利用运营维护模型数据，评估、改造和更新地铁信号系统设备维护计划，建立维护和模型关联的设备关联资产数据库，重要的数字资产包括信号系统设备相关联上下游专业及系统，为设备和系统（暖通空调、管道、电气、消防/生命安全、专业设备、构建传感器的网络和网络系统）；数据（制造商/供应商的信息：排序，模型和零件编号）；位置信息（建筑物、地板、房间和设备所在地的区域）；说明（类型，资产编号，设备组，临界性，状态）；属性（重量、功率、能量消耗等）；文件（规范、保证书、操作和维护手册、制造商指令、证书、测试报告）。结合BIM的3D建模技术，实现对设备机房、机柜的可视化远程集中监控管理。实时呈现设备故障信息，引导维护人员快速定位故障部件、更新或维护部件所需要的工具。关联设备管理系统，快速获取备品备件位置和库存信息。如图5、图6所示。

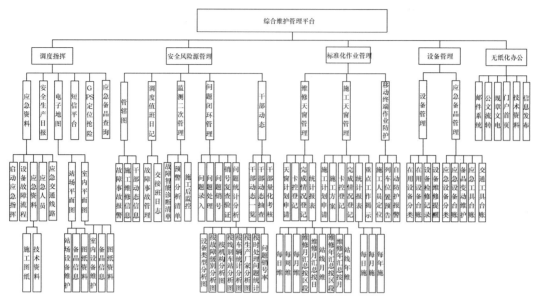

图 5　综合管理平台功能

图 6　设备维护管理系统设计界面图

5　结论

地铁信号系统是一个高安全风险、技术复杂的关键行车控制系统，本论文仅仅研究影响地铁行车安全的信号关键单点设备的维护管理，不考虑冗余关键设备与非关键设备的影响。依据铁路 RAMS 体系结构，论文建立了地铁信号系统关键单点设备运营维护阶段的 RAMS 评估体系，其 RAMS 元素间相互作用与相互影响，一方面，通过保养、维护、更新及技术改造等活动，维持、重置或改善信号系统设备的可靠性，并通过提高信号系统设备的可维护性，可有效保障地铁信号系统的安全性与可用性指标的实现。

参考文献

[1] 黎晓．"十二五"时期我国城市轨道交通发展策略探讨[J]．城市轨道交通研究，2011，14(08)：5-7＋12.

[2] Cotton W R，Pielke Sr．R A，Walko R L，et al．RAMS 2001：Current status and future directions[J]．Meteorology and Atmospheric Physics，2003，82(1)：5-29.

[3] 张志龙．轨道交通车辆 RAMS 工程技术应用和实践[J]．城市轨道交通研究，2012，15(04)：93-97.

[4] 赵惠祥．城市轨道交通系统的运营安全性与可靠性研究[D]．同济大学，2006.

[5] 陈红霞，孙强．国内外轨道交通 RAMS 标准规范的现状与比较研究[J]．科技创新与应用，2016，(11)：26-27.

[6] 吴婵，邵明．RAMS 在城市轨道交通牵引供电系统中的应用[J]．都市快轨交通，2009，22(02)：114-117.

[7] 李国正．基于 RAMS 的地铁列车车载设备维修策略与故障诊断研究[D]．北京交通大学，2013.

[8] 董锡明．近代铁路可靠性与安全性的几个问题[J]．中国铁道科学，2000，(01)：96-102.

[9] 张玲霞．导航系统故障检测与诊断及其相关理论问题的研究[D]．西北工业大学，2004.

专业书架

Professional Books

行业报告

《中国建筑业施工技术发展报告（2017）》

中国建筑集团有限公司技术中心
中国土木工程学会总工程师工作委员会　组织编写
中国建筑学会建筑施工分会

　　本书由中国建筑集团有限公司技术中心、中国土木工程学会总工程师工作委员会、中国建筑学会建筑施工分会组织编写，结合重大工程实践，总结了中国建筑业施工技术的发展现状、展望了施工技术未来的发展趋势。本书共分 25 篇，主要内容包括：综合报告；地基与基础工程施工技术；基坑工程施工技术；地下空间工程施工技术；钢筋工程施工技术；模板与脚手架工程施工技术；混凝土工程施工技术；钢结构工程施工技术；砌筑工程施工技术；预应力工程施工技术；建筑结构装配式施工技术；装饰装修工程施工技术；幕墙工程施工技术；屋面与防水工程施工技术；防腐工程施工技术；给水排水工程施工技术；电气工程施工技术；暖通工程施工技术；建筑智能工程施工技术；季节性施工技术；建筑施工机械技术；特殊工程施工技术；城市地下综合管廊施工技术；绿色施工技术；信息化施工技术。

　　本书可供建筑施工工程师术人员、管理人员使用，也可供大专院校相关专业师生参考。

征订号：31870，定价：70.00 元，2018 年 4 月出版

《国外住房发展报告 2017》

熊衍仁　沈绿文　主编
亚太建设科技信息研究院

　　本书是中国建设科技集团（原中国建筑设计研究院）亚太建设科技信息研究院接受住房和城乡建设部住房改革与发展司委托开展的课题研究成果。该成果每年出版一本报告，本书为 2017 年第 5 辑，系统地介绍法国、德国、俄罗斯、英国、巴西、美国、印度、日本、韩国、新加坡、南非等国家的住房建设发展情况，积累储备国外住房建设发展的详细数据，发挥"年鉴式"的信息工具作用，总结他们解决住房问题的经验教训和政策演进路径，为住房领域的研究者和政策制定者提供参考。

征订号：31944，定价：95.00 元，2018 年 4 月出版

《中国工程造价咨询行业发展报告（2017 版）》

中国建设工程造价管理协会　主编

　　本报告基于 2016 年中国工程造价咨询行业发展总体情况，从行业发展现状，影响行

发展的主要环境因素，行业标准体系建设，行业结构分析，行业收入统计分析，行业存在的主要问题、对策及展望，国际工程项目管理模式研究及应用专题报告等 7 个方面进行了全面梳理和分析。此外，报告还列出了 2016 年大事记、2016 年重要政策法规清单、造价咨询行业与注册会计师行业简要对比和典型行业优秀企业简介。

征订号：31290，定价：88.00 元，2018 年 1 月出版

《中国装配式建筑发展报告（2017）》

住房和城乡建设部科技与产业化
发展中心（住房和城乡建设部
住宅产业化促进中心）主编

本报告受住房和城乡建设部建筑节能与科技司委托，是由住房和城乡建设部科技与产业化发展中心（住房和城乡建设部住宅产业化促进中心）组织行业力量编写的国内第一本关于装配式建筑的发展报告，系统总结了我国装配式建筑的历史沿革和发展现状，梳理了有关政策和技术体系，展现了近年来示范作用显著的典型省市、龙头企业和试点示范项目的发展经验，涵盖面广，具有较强的行业导向作用。

征订号：30863，定价：60.00 元，2017 年 9 月出版

《中国建筑节能年度发展研究报告 2018》

中国城市科学研究会　主编
清华大学建筑节能研究中心　著

建设资源节约型社会，是中央根据我国的社会、经济发展状况，在对国内外政治经济和社会发展历史进行深入研究之后做出的战略决策，是为中国今后的社会发展模式提出的科学规划。节约能源是资源节约型社会的重要组成部分，建筑的运行能耗大约为全社会商品用能的三分之一，并且是节能潜力最大的用能领域，因此应将其作为节能工作的重点。

征订号：31831，定价：60.00 元，2018 年 4 月出版

《中国智慧城市发展报告 2016—2017》

中国城市科学研究会
住房城乡建设部城乡规划司
住房城乡建设部城市建设司　编

智慧城市建是我国新型城镇化的重要内容，是利用大数据、云计算、物联网、互联网及人工智能等多种信息技术集成应用于城市发展的创新路径，是实现城市经济转型、精细化管理、优化服务的重要途径。自 2012 年住房

城乡建设部开展国家智慧城市试点工作以来，智慧城市已经从概念探讨、理论研究阶段前行到了目前全面落地实施及部分运行管理的阶段，不少城市将智慧城市明确写入了本地"十三五"规划纲要及政府工作报告中去。国家也在宏观政策方面不断加强指导，2016年2月6日《中共中央 国务院关于进一步加强城市规划建设管理工作的若干意见》中明确提出推进城市智慧管理，强调"加强城市管理和服务体系智能化建设，促进大数据、物联网、云计算等现代信息技术与城市管理服务融合，提升城市治理和服务水平。加强市政设施运行管理、交通管理、环境管理、应急管理等城市管理数字化平台建设和功能整合，建设综合性城市管理数据库。推进城市宽带信息基础设施建设，强化网络安全保障。积极发展民生服务智慧应用。到2020年，建成一批特色鲜明的智慧城市。通过智慧城市建设和其他一系列城市规划建设管理措施，不断提高城市运行效率。"

征订号：904099，定价：68.00元，2018年5月出版

《江苏省绿色生态城区发展报告》

江苏省住房和城乡建设厅 编
江苏省住房和城乡建设厅科技发展中心

江苏是中国经济社会先发地区，城镇化水平比全国高出十多个百分点，但人口密集、城镇密集、经济密集，人均资源少、环境约束

大，高速的经济增长和快速的城镇化进程导致资源环境的约束日益趋紧，矛盾日益突出，成为限制江苏可持续发展的重大瓶颈。近年来，江苏把生态文明作为建设"强富美高新江苏"的重要抓手，以培育强大的转型发展和绿色发展新动力。江苏积极推进绿色发展，建设生态城市，在建筑节能和绿色建筑、节约型城乡建设、生态城区等方面开展了大量的工作，取得了积极的进展。

本次报告是我们关于江苏省绿色生态城区的第一次梳理分析，所有数据均来源于全省58个绿色生态城区的第一手调研研究资料（数据截至2015年底）。

征订号：31868，定价：89.00元，2018年6月出版

工 程 管 理

《工程管理知识体系指南（原著第四版）》

［美］希拉·莎 ［美］沃特·诺沃辛 编
何继善 等译

本书为《工程管理知识体系指南》（EM-BOOK）的第四版。该书最早由美国机械工程师学会（ASME）组织全美杰出专家编写，用于作为国际工程管理认证（EMCI）的指定用书。第三版开始由美国工程管理学会主要负责。

第四版为美国工程管理学会组织美国多名工程管理领域具有丰富实践经验的专家进行编写，它代表着工程管理领域最佳的可获信息。本版特别注意吸纳更多国际工程管理的内容。为了跟踪行业前沿，编者对战略管理、工程管理的法律问题和职业伦理与行为规范领域等内容也进行了更新。

本书由何继善院士、杨善林院士、丁烈云院士、陈晓红院士、刘合院士以及任宏教授、王孟钧教授、张少雄教授、王青娥副教授、王进副教授多位专家学者共同翻译。

征订号：31664，定价：80.00 元，2018年 5 月出版

《国际工程合约管理》

丛书主编：吴之昕

本书编著：赵丕熙　刘　平　朱印奇　杨成飞

本书作为《国际工程商务能力培训系列教材》五大模块之一，从实战角度系统梳理了国际工程项目实施全过程的主要合约商务管理工作，除总论部分外，包括了从"招标文件解读预评"到"合同关闭与工程结算"八项专业任务。

本书作者具有多年国际工程管理经验，书中探讨的都是在国际工程承包合约管理中经常遇到的问题，因此具有很强的实践性、实用性

和指导性。

征订号：32281，定价：45.00 元，2018年 10 月出版

《项目管理案例分析》

丛书主编　李桂君

本书编著　宋砚秋

本书在编写时注重理论在实践中的应用，重点关注项目评估、进度与计划控制、风险管理、多项目选择中的量化分析，以案例的形式较为系统地介绍了项目市场预测与战略分析、项目选址决策、项目财务分析、项目计划与控制、项目风险分析、项目投资的多方案比选及决策等方面的理论方法及量化计算过程，具有较强的知识性、系统性、实践性和可操作性。在每一个案例中都包含了案例背景、相关理论及方法、案例解析等内容，可作为本科生、研究生学习项目管理的量化分析方法的重要参考书目，也可作为从事项目投资决策、项目管理及风险控制的相关专业人士学习、应用和研究的参考书。

征订号：31060，定价：40.00 元，2018年 2 月出版

《财政投资评审实务与相关理论》

广州市财政投资评审中心

天津理工大学　编

本书共 3 篇 8 章，内容包括：财政投资评

审概论、国际与国内的财政投资评审比较与借鉴、设计概算评审、施工图预算评审、竣工结算评审、工程总承包模式下的财政投资评审、PPP 模式下的财政投资评审、基于内部控制理论的财政投资评审流程优化等章节。

征订号：30541，定价：55.00 元，2018年1月出版

《信息工程计价指南》

中国建设工程造价管理协会

目前，由于建筑领域的信息工程计价涵盖范围较广，跨越了信息系统工程、信息化工程、数据工程、软件工程、建筑工程，以及设备安装工程等诸多领域，同时，由于信息工程所开发的软件、硬件设备、运营与维护等工作内容的单件性、特殊性，以及不易定量性，使得其费用构成、计量与计价缺乏统一的衡量尺度，市场价格往往呈不确定性或报价差异较大。

为了满足市场及行业的需要，进一步加强和促进我国工程造价咨询企业信息化业务的拓展，我协会组织有关单位，依据和参照国家有关标准编制了本指南，旨在为业主在信息化方向的投资建设，以及专业人士编制信息工程造价业务提供信息工程的费用构成、计价方法、

取费模式，以及参考指标等方面的可参考依据。同时，本指南的编制也是填补我国当前建筑领域信息工程造价管理的一次有益尝试。

征订号：31203，定价：26.00 元，2018年2月出版

《建设工程施工治污减霾管理指南》

陕西建工集团有限公司　主编

本书较为系统地总结了当前建设工程施工现场大量行之有效、值得推广的治污减霾、环境保护管理措施和技术措施，内容图文并茂，文字浅显易懂，体现了法律法规、标准规范和政府主管部门的相关要求，对建设工程施工现场具有较强的指导性和操作性。

全书共包含11章和10个附录，主要内容包括：总则，术语，基本要求，扬尘治理措施，大气污染防治措施，噪声污染防治措施，光污染防治措施，水污染防治措施，土壤保护措施，建筑垃圾处理和资源化利用，地下设施、文物和资源保护等。

征订号：31579，定价：40.00 元，2018年2月出版

《工程造价司法鉴定实务解读》

丛书主编：张正勤

本书主编：宋艳菊

承发包双方定性的权责纠纷往往最终主要

以定量的工程价款来体现，而工程价款的确定需要有相应的专业知识和法律知识。因此，工程价款鉴定在工程纠纷案件中的作用就显得特别重要。本书的最大特点就是从实务出发将专业性和法律性有机结合来评析工程造价鉴定的要点。

本书的作者是具有造价工程师资质的律师，兼具专业知识和法律知识，且具有大量的实际经验，独创了"工程造价鉴定非诉法律服务"的模式。同时，也是《建设工程造价鉴定规范》GB/T 51262—2017 主要起草人。

征订号：31897，定价：50.00 元，2018年5月出版

《建筑工程合同专用条款编制及范例》

霍　湘　宋艳芹　编著

本书在全面遵循现有合同范本通用条款的前提下，从合同专用条款的书写范例入手，辅以对专用条款范例设置初衷的描述，来帮助建设单位管理人员理解和执行合同管理中的关键要素，从而约束承包人的履责行为与合同设定的项目目标保持一致，最终实现建设单位的投资意图。

征订号：31545，定价：38.00 元，2018年5月出版

《2017 版〈建设工程施工合同（示范文本）〉(GF—2017—0201)条文注释与应用指南》

宿　辉　何佰洲　主编

本书以 2017 版施工合同示范文本为对象，重点完成了以下三个方面的工作，其一是对协议书和通用条款部分进行了合同文本注释，以方便项目参与各方能够更为准确地把握条款的含义；其二是对于合同专用条款和合同附件部分提供了填写范例；其三是结合最高人民法院近年来形成的、较为稳定的裁判规则和裁判观点，使合同的使用者能够明晰司法机关对于合同履行中各种情形的裁判旨趣。

征订号：31544，定价：32.00 元，2018年1月出版

《房地产开发企业会计全程指导》

李桂君　孙　震　李慧玲　胡相球　编著

本书力求从实务出发，让实际操作人员有章可循，并照顾初涉房地产开发行业的企业财税人员的阅读习惯，按照房地产企业的开发业务流程，

对账务核算进行了讲解，这使得本书更加符合房地产企业的会计核算的实际情况，突出了行业特色。同时结合最新的企业会计准则及2016年的营业税改征增值税的相关政策，体现了最新的会计账务处理方法。

根据房地产开发的具体流程，本书详细讲解了获取土地阶段、开发建设阶段、竣工阶段、房地产销售阶段的成本费用核算、企业所得税的相关核算、增值税及土地增值税等相关税费的会计核算；同时对房地产开发企业涉及的投资性房地产、合作开发房地产、金融资产、负债等也进行了具体讲解。

本书由具有丰富房地产财务管理知识的人员和具有近20年实操经验的人员联合编写，在最大程度上体现了理论与实践的结合，期望能够给广大房地产企业的财务工作人员予以借鉴和参考。

征订号：30762，定价：50.00元，2018年2月出版

热点一：全过程工程咨询

《建设项目全过程工程咨询指南》

主编：陈全海　陈曼文　杨远哲　林　庆

主审：尹贻林　吴　静　何丹怡

本书将建设项目的全过程划分为决策阶段、设计阶段、发承包阶段、实施阶段、竣工阶段、运营阶段；讨论各阶段所需要的咨询产品以及该项目

所要解决的关键问题。通过将建设项目全过程各阶段与对应的咨询服务流程相匹配，使工程咨询单位、业主单位及政府部门清晰地了解到在建设项目的哪个阶段需要哪些咨询服务，以及如何开展这些咨询服务。解决现阶段管理条块分割无法打通、专业壁垒多的问题，实现全过程工程咨询目标。

征订号：31865，定价：59.00元，2018年4月出版

《全过程工程咨询实践指南》

主编单位　上海同济工程咨询有限公司

本书在编写时注重理论与实践相结合，系统地介绍了全过程工程咨询的基础理论和实际案例，将全过程工程咨询划分为决策阶段、设计阶段、实施阶段、竣工阶段和运营阶段，介绍了各阶段咨询服务程序、内容、方法和要求，还对绿色建筑咨询、投融资咨询、法务咨询、信息化咨询、政策咨询、PPP咨询等专项咨询也进行了全面分析，具有较强的系统性、知识性、实践性和可操作性。

征订号：32175，定价：88.00元，2018年7月出版

《建设工程项目全过程管理操作指南》

董发根　主编

《建设工程项目全过程管理操作指南》遵

循我国建设工程管理顺序，坚持通俗实用、主次分明、过程全面的编著原则，并有针对性地进行表达与叙述。全书对建设工程项目管理的全过程进行系统阐述，列出了建设工程项目建设各个建设时期的流程图以及各个建设时期、阶段和过程的先后建设程序及工作内容，强调了每个过程的注意事项并突出了市场调查、工程咨询、建设目标的确定、重要过程和关键点的把控、质量通病的产生与防治等内容，也是全书的亮点。

征订号：31090，定价：70.00 元，2017年11月出版

热点二："一带一路"与PPP

《"一带一路"国家工程与投资法律制度及风险防范》

上海市建纬律师事务所　组织编写

在"一带一路"倡议中，加强基础设施建设，推动跨国、跨区域互联互通是共建"一带一路"的优先合作方向。中国政府鼓励实力强、信誉好的企业走出国门，在"一带一路"沿线国家开展铁路、公路、港口、电力、信息通信等基础设施建设，促进地区互联互通，造福广大民众。加强投资贸易合作，促进投资便利化，扩大相互投资，是共建"一带一路"的另一优先合作方向。中国政府支持本国优势产业走出去，以严格的技术和环保标准，在"一带一路"沿线国家开展多元化投资，培育双边经济合作新亮点。

征订号：31921，定价：99.00 元，2018年4月出版

《PPP 项目全生命周期咨询业务指南》

中国建设工程造价管理协会

PPP 模式在我国基础设施与公共服务领域的推广方兴未艾，已经成为我国重要的投融资和建设模式之一。面对 PPP 项目咨询的发展新变化，抓住投资增长和市场化改革的历史发展机遇、顺应市场变革的要求是咨询企业发展的当务之急，为了帮助和指导广大咨询企业顺利开展 PPP 项目咨询服务工作，使咨询企业成为"项目决策的参与者、项目成本的控制者、项目价值的提升者、项目实施的管理者"，中国建设工程造价管理协会会同有关单位编制完成了《PPP 项目全生命周期咨询业务指南》。

本指南共包含九章和附则，主要内容包括：总则、术语、一般规定、项目立项阶段、项目识别阶段、项目准备阶段、项目采购阶段、项目执行阶段、项目移交阶段、附则。

征订号：31292，定价：65.00 元，2018年4月出版

《PPP 模式基础设施投资建设管理实践》

王 瑾 主编

PPP（Pubic-Private-Partnership），即政府和社会资本合作模式，是在基础设施及公共服务领域建立的一种长期合作关系，由社会资本承担投资、设计、建设、运营、维护大部分工作，并通过"使用者付费"及必要的"政府付费"获得合理投资回报，政府部门负责基础设施及公共服务价格和质量监管，以保证公共利益最大化。

征订号：31926，定价：98.00 元，2018年6月出版

《"一带一路"与 PPP 热点问题·风险防范·经典案例》

陈青松 任 兵 主编

本书对如何推进"一带一路"PPP 提出了独到的见解，并将具体案例融合到理论中，让读者对此有更深刻的理解，对投资"一带一路"PPP 的企业和行业人士具有较大的借鉴意义。本书可以作为相关政府决策部门、社会资本、金融机构、社会中介机构等 PPP 模式主体以及研究、操作"一带一路"PPP 项目的专业人士参考使用。

征订号：31835，定价：30.00 元，2018年5月出版

《"一带一路"的践行者——中亚跨国天然气管道投资与建设》

孟繁春 主编

本书详细阐述了中亚跨国天然气管道项目的投资与建设过程，共包括 9 章：中亚天然气管道与中国能源战略通道构建、中亚天然气管道前期规划（可研）与初步设计、中亚天然气管道投资决策与控制、中亚天然气管道合资公司建立与运作、中亚天然气管道 AB/C 线建设管理、中亚天然气管道投产准备与试运行、中亚天然气管道 AB/C 线项目后评价、中亚天然气管道建设经典案例集锦，以及中亚天然气管道投资与建设管理经验总结与理论提升。

本书适合中亚天然气管道建设者、"走出去"企业人员及其他工程建设人员参考学习。

征订号：32126，定价：58.00 元，2018年6月出版

热点三：信息化

《智慧建造关键技术与工程应用》

李久林 等著

本书系统总结了我国大型建筑工程数字化建造的实践经验，构建新兴信息技术与先进工

程建造技术高度融合的智慧建造概念体系、技术体系、评价体系，并在各示范工程中应用示范，形成相关实施指南。另精练介绍了槐房再生水厂工程、长沙梅溪湖国际文化艺术中心工程、跨永定河特大桥工程等 7 个大型工程项目的智慧建造技术应用实践，为读者提供实例介绍。

征订号：31174，定价：70.00 元，2017年 12 月出版

《装配式混凝土结构高层建筑 BIM 设计方法与应用》

焦 柯 主编

本书总结了作者近年在装配式建筑设计和 BIM 技术应用方面的实践成果，全书共 10 章，包括：概述、装配式高层建筑 Revit 样板、装配式高层建筑 BIM 建模方法、装配式建筑协同设计、建筑专业设计方法、结构专业设计方法、机电专业设计方法、装修专业设计方法、装配式建筑辅助设计软件、装配式高层保障房设计应用案例，并在附录给出了平面模块库。全书内容全面、翔实，具有较强的指导性和可操作性，可供从事装配式建筑设计的专业人员参考使用，也可供相关专业院校师生学习参考。

征订号：31681，定价：66.00 元，2018

年 5 月出版

《港珠澳大桥澳门口岸管理区项目施工 BIM 应用与实践》

中国港湾工程有限责任公司 焦向军 主编

本书是"BIM 技术及应用丛书"中的一本，以图文并茂的方式，全面介绍了港珠澳大桥澳门口岸管理区项目施工过程中 BIM 技术的应用。全书共分为 12 章，包括：项目介绍、BIM 应用实施策略、通关方案模拟 BIM 应用、项目施工组织设计 BIM 应用、总承建方 BIM 应用、市政工程施工专项 BIM 应用、土建施工专项 BIM 应用、钢结构施工 BIM 应用、机电施工 BIM 应用、装饰和幕墙施工 BIM 应用、竣工与维保 BIM 应用、总结与展望。本书可供建设行业各业主单位、承建方、参建方参考使用。

征订号：32054，定价：168.00 元，2018年 7 月出版

《BIM 建模与应用技术》

鲁丽华 孙海霞 主编

本书以工程实例为背景介绍建模的基本方法，建模工作注意事项以及使用高效率的建模工具软件。本书主要包括两部分内容，第一部分首先

介绍什么是 BIM，BIM 的发展及应用；其次，介绍 BIM 建模的各类软件，对 BIM 常用软件类型和特点进行了阐述。第二部分是 BIM 的应用，主要包括，建筑建模基础，结构建模基础，给水排水、暖通空调、电气建模基础。着重提高学习者和应试者 BIM 建模的实际操作能力。本书适合大土木类的不同专业或专业方向的学生使用。本书协调各个专业间的联系，不同专业的学生可以有重点地学习本专业的建模工程，也可以学习和参考相关专业的建模工程。

征订号：31902，定价：52.00 元，2018年 6 月出版

《市政道路桥梁工程 BIM 技术》

上海市政工程设计研究总院（集团）

有限公司　组织编写

张吕伟　程生平　周琳　主编

《市政道路桥梁工程 BIM 技术》由 4 个章节和 19 个附录组成。其中道路工程、桥梁工程分别形成独立章节，按下列几方面内容进行撰写：设计流程、模型系统、信息交换流程、信息交换内容、信息交换模板、应用案例；设施设备构件为独立章节，对模型中构件进行归类，确定每个构件属性，为市政设计行业构件信息库建立提供基础数据。19 个附录是本书的撰写重点，对各设计阶段交付信息进行归类、命名和详细描述，按照国家交付标准确定信息深度等级，可以作为国际 IFC 标准、IFD 标准、中国《建筑信息模型分类和编码》标准针对市政设计行业的补充内容。

本书适用对象主要是 BIM 专业技术人员，也可供设计人员作为 BIM 技术应用参考资料。

征订号：31791，定价：65.00 元，2018年 4 月出版

《市政隧道管廊工程 BIM 技术》

上海市政工程设计研究总院（集团）

有限公司　组织编写

张吕伟　刘斐　李宁　主编

本书为《中国市政设计行业 BIM 技术丛书》之一，由 4 章和 14 个附录组成。其中隧道工程、管廊工程分别形成独立章节，按下列几方面内容进行撰写，构筑物形式确定、设计流程、模型系统、信息交换流程、信息交换内容、信息交换模板、应用案例。设施设备构件为独立章节，对模型中构件进行归类，确定每个构件属性，为市政设计行业构件信息库建立提供基础数据。14 个附录是本书撰写重点，对各设计阶段交付信息进行归类、命名和详细描述，按照国家交付标准确定信息深度等级，可以作为国际 IFC 标准、IFD 标准、中国《建筑信息模型分类和编码》标准针对市政设计行业补充内容。

本书适用对象主要是 BIM 专业技术人员，也可供设计人员作为 BIM 技术应用参考资料。

征订号：31793，定价：55.00 元，2018年 4 月出版

热点四：小城镇建设

《世界特色小镇巡礼》

吴季松　著

本书作者特将媒体报道很少的六大洲78个国家的142个小镇的实地考察和亲身感受集于一书，馈于读者。其中包括了对历史的追溯，与市民的交谈，会见名人感受，对自然生态承载力的考察和对城市经济发展，以及不少有趣见闻的分析。国外有以古迹保护为核心的小镇，不只是保留孤零零的古迹，而是保护了一座古城，这就是世界文化遗产；国外有以自然风景为依托的小镇，不仅依靠胜景，而是保护了小城的环境，这就是世界自然遗产。借鉴世界小城镇的建设和发展，吸取经验，接受教训，在我国的小城镇建设中有十分重要的意义。

征订号：31168，定价：68.00 元，2018年3月出版

《新时期特色小镇：成功要素、典型案例及投融资模式》

住房和城乡建设部政策研究中心
平安银行地产金融事业部　编著

随着新型城镇化成为国家战略，特色小镇作为构建新型城镇化新格局的关键举措和推进全面建成小康社会目标实现的重要手段，走到了时代舞台的中央，获得了政府、专家学者，

企业等社会各界广泛的关注。但目前业内还没有一本对于特色小镇的发展理论和发展模式、融资模式、经营模式、国内外特色小镇成功案例进行系统梳理的著作。

本书作为住房和城乡建设部政策研究中心对于特色小镇的研究成果，内容包括特色小镇的发展理论和发展模式、发展战略与政策、形成要素和类型分析、成长规律、发展的机遇与挑战、融资渠道分析、经营模式和国内外特色小镇成功案例，是目前较为系统阐述特色小镇的图书。

征订号：31139，定价：50.00 元，2018年2月出版

《产城融合（城市更新与特色小镇）理论与实践》

陈　晟　著

中国房地产数据研究院和中国新型城镇化联盟通过研究，针对房地产的城镇化，提出产城融合、业城融合、资城融合的三融合的开发模式；对于特大城市的城市更新与中小城市的特色小镇，探索出了两种不同模式。本书分为上、中、下篇，从理论研究、案例分析和评价指标体系三个方面对产城融合问题作出深入探讨，值得广大师生、管理人员学习借鉴。

征订号：30676，定价：65.00 元，2017 年 10 月出版

《说清小城镇 全国 121 个小城镇详细调查》

赵　晖　主编

随着中央和地方各级政府积极出台支持小城镇发展的政策，企业和媒体等社会各界开始高度关注特色小镇、小城镇建设，呈现出全社会支持小城镇发展的良好氛围。本书由中华人民共和国住房和城乡建设部牵头，采取了抓住基本要素、实行彻底调查、实施

严谨分析等重要方法，以小城镇的人口、生活、经济和空间等社会发展中最基本的四大要素为研究核心并设计直观明确的调查问卷，组织中国建筑设计院城镇规划院、北京大学、同济大学等 13 家科研单位，1000 余人对全国 121 个小城镇进行了彻底调查研究，从水平、形态、结构、功能、作用、优劣势、内在机制、发展趋势等方面进行了科学严谨的分析，掌握了小城镇的第一手资料并形成了结论客观、表述通俗、形式生动的研究成果。

征订号：30749，定价：59.00 元，2017 年 9 月出版

城市建设与城市管理

《陕西省城乡公共空间风貌特色引导》

陕西省住房和城乡建设厅

城乡风貌特色营建是我国新型城镇化发展中的重要内容，对于增强中华文明自信、实现中华民族伟大复兴具有积极意义。本书是城乡风貌系列研究的拓展与深化，用理论指导实践，用实践践行理论，不断丰富和完善城乡风貌特色研究的框架体系。

征订号：31619，定价：150.00 元，2018 年 2 月出版

《城市的温度与厚度——青岛市市北区城市治理现代化的实践与创新》

汪碧刚　著

城市治理是全球性难题。经过改革开放近 40 年的发展，中国取得令世界瞩目的伟大成就，中国化解城市化快速发展进程中凸显问题的能力不断增强，尤其是城市

治理现代化持续推进，为解决这一世界难题贡献了中国智慧、提供了中国方案。本书以青岛市市北区为例，通过对其城市治理模式的审视，寻找一些解决城市治理难题的路径，为我国城市治理现代化提供生动的基层样本。

征订号：31146，定价：40.00元，2017年12月出版

《海绵城市十讲》

俞孔坚 讲 述 牛建宏 编著

本书包括如下十个部分："大脚"美学和海绵哲学；与水为友，弹性适应；充分利用雨水让土地回归丰产；最少干预，满足最大需求；让自然做功，营造最美景观；生态净化，变劣水为清流；消纳－减速－适应，系统集成、综合治理；建立海绵系统是个"挣钱的买卖"；借鉴农民智慧，建设海绵城市；海绵细胞，从家做起。

征订号：31503，定价：65.00元，2018年1月出版

《海绵城市专项规划编制技术手册》

赵格 魏曦 编著

《海绵城市专项规划编制技术手册》（以下简称《手册》）是来源于中国建设科技集团科技创新基金项目，由中国建筑标准设计研究院有限公司负责编制而成。

在《手册》的编制过程中，编制组在总结实践经验和科研成果的基础上，主要针对我国海绵城市专项规划编制中尚不明确的技术要点进行研究，形成编制海绵城市专项规划所必需的技术指导，促进海绵城市建设。《手册》包含七大方面内容：1.海绵城市专项规划基础资料搜集技术手册；2.海绵城市建设现状条件综合评价方法；3.海绵城市建设分区划分方法；4.海绵城市建设目标分解方法；5.海绵城市专项规划与其他规划衔接要点；6.海绵城市建设技术措施选择方法；7.附录。

征订号：31517，定价：39.00元，2018年3月出版

《城市综合管廊建设与管理系列指南》

本套指南共6册，分别为《城市综合管廊工程设计指南》《城市综合管廊工程施工技术指南》《城市综合管廊运行与维护指南》《装配式综合管廊工程应用指南》《城市综合管廊智能化应用指南》和《城市综合管廊经营管理指南》，本套指南的发行对规范我国综合管廊投资建设、运行维护、智能化应用及经营管理等行为，提升规划建设管理水平，高起点、高标准地推进综合管廊的规划、设计、施工、经营等一系列的建设工作和管廊全生命周期管理，具有非常重要的引导和支撑保障作用。

《城市综合管廊工程设计指南》

丛书主编　胥　东　本书主编　金兴平

　　本指南主要包括规划、勘察、总体设计、管线设计、附属设施设计、结构设计、智慧管廊平台设计、安全设计等内容。

　　征订号：31193，定价：42.00 元，2018年1月出版

《城市综合管廊工程施工技术指南》

丛书主编　胥　东　本书主编　莫海岗

本指南主要包括施工准备、测量、明挖法施工、浅埋暗挖法施工、盾构法施工、顶管法施工、现浇钢筋混凝土综合管廊施工、预制拼装综合管廊施工、防水工程施工、附属设施施工、安全文明施工等内容。

　　征订号：31194，定价：48.00 元，2018年1月出版

《城市综合管廊运行与维护指南》

丛书主编　胥　东　本书主编　胥东

　　本指南主要包括运行管理、主体结构维护、附属设施维护、应急管理、档案管理、运行维护评价等内容。

　　征订号：31227，定价：42.00 元，2018年1月出版

《装配式综合管廊工程应用指南》

丛书主编　胥　东　本书主编　莫海岗

本指南主要包括材料、结构设计、基坑工程设计、结构耐久性设计、预制结构的制作与运输、施工安装、工程验收、安全文明与绿色施工等内容。

　　征订号：31125，定价：45.00 元，2018年1月出版

《城市综合管廊智能化应用指南》

丛书主编 胥 东 本书主编 胥 东

本指南旨在加强智能化技术手段在城市综合管廊的规划、设计、建设和运营管理等过程中的应用，实现综合管廊的全面感知、智能监测、灾害预警、仿真模拟等智慧化管理，提高综合管廊服务质量和运营效率。同时为促进资源共享和信息互通，推进信息系统、数字化管理系统、智慧城市深度融合奠定了基础。

本指南主要内容为综合管廊智能化技术基础、总体设计、建设内容、功能应用和展望。

征订号：30927 定价：40.00 元 ISBN：978-7-112-21501-0

《城市综合管廊经营管理指南》

丛书主编 胥 东 本书主编 宋 伟

本指南主要包括综合管廊的基本属性、综合管廊成本、综合管廊效益分析、建设模式、费用分摊、合同管理、风险管理和资产管理等内容。

征订号：30926

定价：40.00 元 ISBN：978-7-112-21502-7

《城市地下综合管廊全过程技术与管理》

中国安装协会 组织编写

《城市地下综合管廊全过程技术与管理》一书本着"科学系统、精炼实用"的编写原则，遵循"过程方法"，贯穿规划、设计、建造和运维全过程，内容全面而系统；

本书基于国内外典型项目的成功经验，多维度介绍了城市地下综合管廊建造与运维各个阶段的代表性做法，开阔了视野，同时又紧扣国内现状，对城市地下综合管廊全过程技术与管理进行了全面系统的阐述，具有很强的实用性和指导性；本书还汇编了当前国内已经建成、投运并具有影响力和代表性的典型工程案例，技术先进、内容详实，具有很强的借鉴作用；上述特点，确保了本书能真正以专业者的视角，为筹划管理者提供参谋、为规划设计者提供建议、为建造施工者提供技术、为运营维护者提供思路。

征订号：31149，定价：39.00 元，2018年3月出版

《中等城市土地使用与交通一体化规划》

苏海龙 著

本书针对新型城镇化快速推进的背景下，我国中等城市土地使用与交通协调发展的困境与问题，以土地使用与交通一体化规划决策支持系统建构为主线，结合案例城市，着重研究

规划决策过程的模拟，并通过可视化途径展现不同决策的政策后果，为城市规划、城市交通等多个部门决策者、规划师和普通公众提供一个互动沟通的共享决策平台，以促进城市土地使用、交通、资源环境的协调发展，并为城市可持续发展提供具体的决策支持和对策建议。主要创新体现在，从理论上建构了一体化决策支持框架；从实践上开发了包含土地使用和交通组件在内的土地使用与交通一体化规划决策支持系统（Land Use and Transportation Integration Planning Support System，简称 LUTIPSS），试图通过一体化模型进行定量分析，并以可视化的途径实现不同空间政策及交通政策在土地使用与交通交互过程中的影响。

征订号：32043，定价：56.00 元，2018年7月出版

《新型能源基础设施规划与管理》

深圳市城市规划设计研究院

杜　兵　卢媛媛等　编著

　　本书阐述了应用较为广泛的新型能源设施规划及管理方面的内容。全书分为两篇，第一篇新型一次能源利用设施介绍了太阳能、风能、生物质能、天然气分布式

能源四类设施的规划与管理；第二篇新型二次能源利用设施介绍了负荷预测新方法、新型主网系统、配电网设施、新型输送通道四方面的规划与管理内容。本书对各类新型能源设施的规划应用方法进行了较为系统的介绍，对二次能源领域的新方法、新类型规划进行了较为深入的阐述。全书还附有多个国内外新型一二次能源利用设施规划的典型案例，内容详实，较为实用。

征订号：30914，定价：42.00 元，2018年1月出版

《低碳生态市政基础设施规划与管理》

深圳市城市规划设计研究院

俞　露　曾小瑱　等编著

　　本书系统介绍了低碳生态市政基础设施规划与管理相关的各项内容，包括理念篇、技术篇、规划篇、管理篇四部分内容。通过总结国内外先进市政技术应用经验和梳理国内低碳生态市政设施规划管理实践，对低碳生态市政设施的发展历程、内涵要求、关键技术、目标和指标、规划编制指引、规划编制技术方法、相关标准与规范、规划管理、建设管理、运营模式等问题给出较为清楚和明确的解释。全书还附有丰富的技术应用实例和详细的规划编制实例，资料新颖、内容全面，以实用性为主，兼顾理论性。

征订号：32251，定价：49.00 元，2018年9月出版